## 第3章 さあ始めよう！ ITエンジニアと数学　数学プログラミング入門

## ■ 本書について

機械学習や人工知能はさまざまなシステムで導入され、ITエンジニアにとって必須の技術になりつつあります。本書は、プログラマーやシステムエンジニアを対象とし、主に機械学習の基礎を学び、その原理を理解するためにITと数学の関係から解説するものです。いずれの記事もSoftware Design本誌で非常に人気のあった特集記事を再録したものです。今回は各記事ともに、筆者の皆さんに内容を確認いただき、必要な場合は修正および加筆をしてアップデートをしております。

## ■ 初出一覧


・序章　Software Design 2017年1月号 第2特集
データサイエンス超入門　機械学習をどう学ぶべきか？

・第1章　Software Design 2019年1月号 第1特集
ITエンジニアのための機械学習と線形代数入門

・第2章　Software Design 2019年3月号 第1特集
ITエンジニアのための機械学習と微分積分入門

・第3章　Software Design 2017年12月号 第1特集
さあ始めよう！　ITエンジニアと数学　数学プログラミング入門


## ■ 免責



## ■ 商標、登録商標について

データ
サイエンス
超入門

序章 **特別寄稿**

# 機械学習をどう学ぶべきか?
## ——数学とコンピュータのつなぎ方

P.2

Author 中井 悦司

機械学習や人工知能をITシステムと組み合わせて、さまざまなサービスが使われています。私たちの生活にすでに浸透してしているといっても過言ではありません。広告のリコメンドシステムや、GoogleのGmailを始めとしたいろいろなアプリを使っていると、機械学習や人工知能が使われていることを実感できます。すでに存在するアプリを使えばすぐにその恩恵を享受できそうですが、ITエンジニアならば、やはり根本からその原理を知っておくともっとうまく使えるようになります。序章では機械学習の基本原理を解説します。

データサイエンス超入門

# 機械学習をどう学ぶべきか？ 数学とコンピュータのつなぎ方

2016年のIT業界でもっともホットな話題は、AI(人工知能)だったといっても過言ではないでしょう。しかし、AIを形容するものとしてディープラーニング、機械学習、データサイエンスなどなどたくさんの言葉が上がってきますが、実際には何が必要なのか今一つ真実に迫っていません。本特集では、『ITエンジニアのための機械学習理論入門』の筆者の中井悦司さんに自著も絡め、学び方を紹介していただきました。

Author 中井 悦司(なかい えつじ) Twitter @enakai00

## 人工知能って一体何だ?!

ここ数年、AI(人工知能)が各種メディアで取り上げられるようになりました。Google Trendsで調べてみると、2015年ごろから、「人工知能」というキーワードの検索数が上昇していることがわかります(**図1**)。最近では、Webのオンライン記事だけではなく、新聞やテレビ番組の中でも「AI」という言葉を目にすることがあります。

しかしながら、その一方で、多くの人が「結局のところAIって何なんだろう？」という疑問を持っているのではないでしょうか。これは、多くの記事において、「なんとなく最先端ですごそう！」というイメージを与えるために、AIという言葉を明確に定義しないまま、「AIで○○を実現」といった表現を用いていることが原因のようにも思われます。

**▼図1 「人工知能」の検索トレンド**

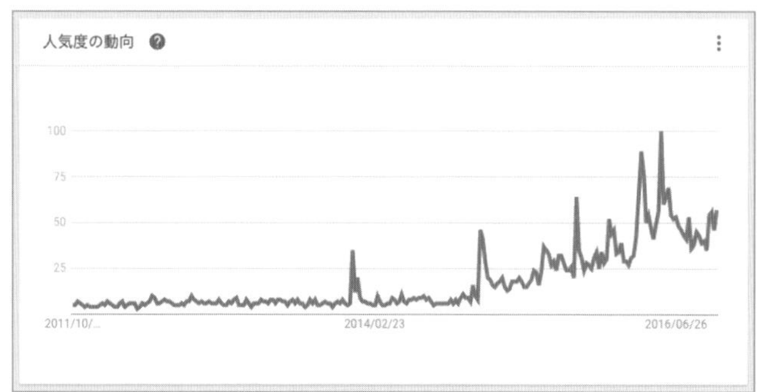


AIの研究にはそれなりに長い歴史があり、学術的にはいくつかの定義がありますが、現在のメディアにおける用法を見ていると、「あたかも知性を持っているかのように感じられる製品やサービス」を指してAIと呼んでいると考えるとスッキリするかもしれません。人間のように会話をするチャットボット、人間のプロ棋士と対等に対局する囲碁プログラム、そして、人間のドライバーと同じように自動運転する車などは、まさにこの例と言えるでしょう。

そして、これらを実現するために、機械学習、あるいは、その一分野であるディープラーニングが利用されています。この後で説明するように、機械学習は、「未知のデータに対して予測を立てる」ということができます。とりわけ、ディープラーニングの発展により、一部の領域では、その予測の精度が圧倒的に向上しました。その結果、コンピュータープログラムによって、「あたかも知性を持っているかのような判断」が実現できるようになったというわけです。そういう意味では、「AIで○○を実現」という表現は、「あたかも知性を持っているかのような製品・サービスの実現に利用される機械学習を中心としたデータ収集・分析技術を応用して、○○を実現」と頭の中で変換しておくのがよさそうです。

## データサイエンスにおける機械学習

「未知のデータに対して予測を立てる」という機械学習のしくみを理解するうえでは、データサイエンスにおける機械学習の役割を押さえるとよいでしょう。データサイエンスもまた、AIのようにさまざまな妄想(？)が膨らむキーワードですが、ここでは、「過去のデータをもとにして、科学的な手法でビジネス上の予測／判断を行う取り組み」と考えることにします。ビジネス上の予測／判断において過去のデータを参照するというのは、特別に珍しいことではありませんが、最終的には過去の経験や直感で判断することも少なくありません。このような直感を排除して、科学的なプロセスで予測／判断を行うことがデータサイエンスのゴールになります。

それでは、この「科学的なプロセス」とは、いったいどのようなものでしょうか？　簡単に言うと、「仮説と検証の繰り返し」です。過去のデータに含まれるパターンを見つけ出して、同じパターンが将来のデータにも当てはまるものと仮定します。この仮定の下に未来を予測して、ビジネス上の判断を行います。そして、この仮定が正しかったかどうかを検証したうえで、再度、より正確な予測ができる新たなパターンを見つけていきます。

この全体像は、**図2**のようにまとめることができます。ビジネスゴールを鑑みて適切なデータを収集したうえで、そこに機械学習のアルゴリズムを適用することで、過去のデータに含まれるパターンを発見します。これにより、将来やってくる新しいデータに対する、なんらかの「判断ルール」を得ることができます。ただし、ここで得られる「ルール」は原始的なものですので、最後に、この原始的なルールを実際のビジネス上の判断へと変換していきます。

一般に、データサイエンティストには、幅広い知識が求められると言われますが、その理由は、この全体像からも理解することができます。まず、機械学習で用いるデータは、ビジネスプロセスの中で生み出されたものですので、それぞれにビジネス上の「意味」があります。ビジネスゴールを鑑みて、分析して意味のあるデータを選び出す、あるいは、必要なデータの収集方法そのものを考える必要があります。つまり、データの中身に対する知識が要求されます。

**▼図2　データサイエンスの全体像**

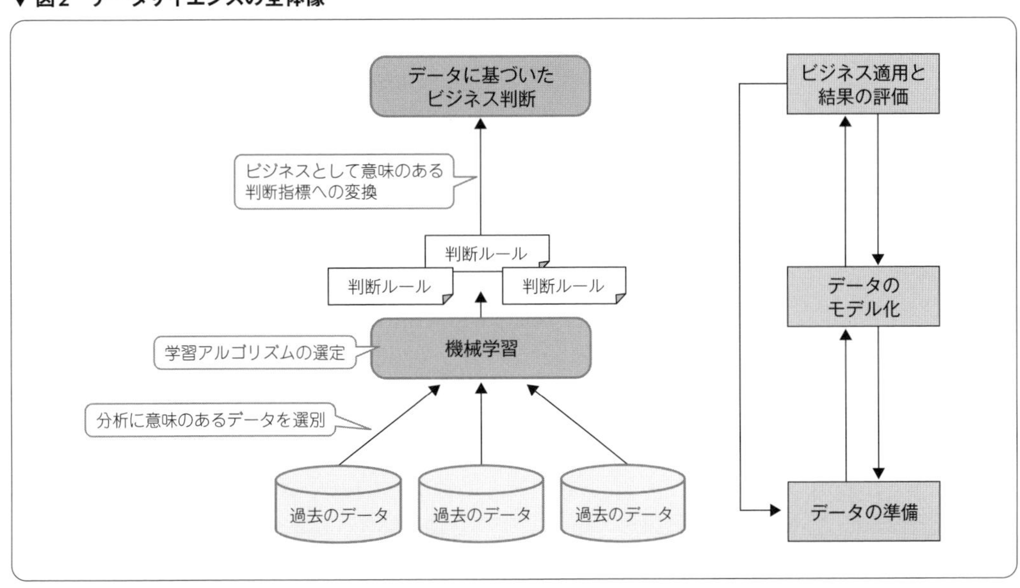

そして、機械学習のアルゴリズムには、さまざまな種類がありますので、解くべき問題の種類やデータの性質に応じて、適切なアルゴリズムを選定する必要があります。あくまでも科学的な営みですので、1つ選べば終わりというわけではありません。複数のアルゴリズムを適用した結果を比較しながら、予測／判断に、より有用なものを選び出すという作業も必要です。──そして、ビジネス上の判断における有用性を判定するには、当然ながらビジネスそのものの理解が必要です。

過去のデータを分析して、過去の事実を明らかにするというのは、ある意味ではそれほど困難なことではありません。データサイエンス、そして、機械学習のチャレンジは、そこから、未来の予測、すなわち、まだ見たことのない未来のデータにも当てはまる普遍的なパターンを見つけ出すところにあります。この普遍的なパターンを発見するという努力の中で、前述のAIの例でも触れた、「あたかも知性を持っているかのような」高い精度の予測が実現できるようになったといえるでしょう(裏を返すと、機械学習を応用したAIは、本当の意味での「知性」を持っているかどうかはよくわかりません。「AIで○○を実現」という記事タイトルを見て、もやっとした気持ちになるのは、このあたりにも理由があるのかもしれません)。

▼図3　月別の平均気温データ

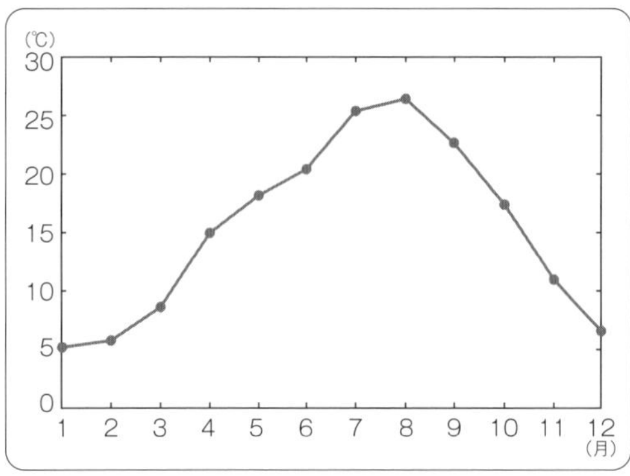


▼図4　データの背後にあるなめらかな曲線

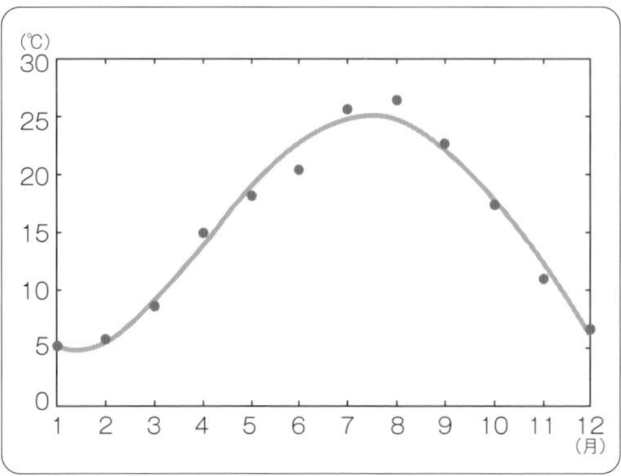


## 最小二乗法で学ぶ機械学習の初歩

それでは、機械学習がどのようにしてデータに隠されたパターンを発見するのか、その方法を解説していきます。と言っても、その手続き自体は、それほど複雑なものではありません。ここでは、「最小二乗法による回帰分析」の例題を用いて、機械学習の基礎となる考え方を説明します。

まず、**図3**のグラフは、ある都市における、今年1年間の月別の平均気温を表します。このデータをもとにして、来年の月別の平均気温を予測するには、どのような方法が考えられるでしょうか？

**図3**に示したデータは、ガタガタした線で結ばれていますが、気候変動のしくみを考えると、**図4**のようになめらかな変化が背後に隠れていると想像することができます。このなめらかな変化に、その月々に固有のランダムな「ノイズ」が加わって、実際のデータが得られているものと仮定してみます。

もしもこの仮定が正しければ、来年の平均気温の予測値として、このなめらかな曲線上の値を採用することができます。来年もまた、月々に固有のノイズが加わるので、100%正確な予測にはなりませんが、確率的には、曲線上の値になる可能性が最も高いはずです。

そこでさらに、このなめらかな曲線は、次の4次関数で表されるものと仮定します。$x$に1〜12の数字を代入すると、その月の予想平均気温が計算されるということになります。

$$y = w_0 + w_1 x^1 + w_2 x^2 + w_3 x^3 + w_4 x^4 \quad (1)$$

(1)には、未知のパラメータとして$w_0 \sim w_4$が含まれており、この値を変化させると曲線のグラフも変化します。そこで、このグラフが**図3**のデータになるべくフィットするようにパラメータを調整します。この際に必要となるのが、データに対する「あてはまらなさ具合」を表す指標です。

この指標のとり方には、いくつかの方法がありますが、最小二乗法では、次の「二乗誤差」を使用します。

$$E = \frac{1}{2}\sum_{n=1}^{12}\left(\sum_{m=0}^{4} w_m n^m - t_n\right)^2 \quad (2)$$

**▼図5　二乗誤差の計算内容**

1月〜12月についてに合計

$$E = \frac{1}{2}\sum_{n=1}^{12}\left(\sum_{m=0}^{4} w_m n^m - t_n\right)^2$$

$n$月の平均気温の観測値

$y = w_0 + w_1 x^1 + w_2 x^2 + w_3 x^3 + w_4 x^4$ に$x = n$を代入したもの
（つまり、$n$月の予測平均気温）

一見すると複雑な式ですが、**図5**に示すように、その意味は簡単です。シグマ記号(Σ)は「和の記号」とも呼ばれ、足し算を表すものです。たとえば、内側のシグマは、(1)の足し算と同じもので、$n$月の予想平均気温にほかなりません。一方、$t_n$は、$n$月の実際の平均気温です。したがって、(2)は予想値と観測値の差を二乗したものをすべての月について足しあわせたものになります（コラム「束縛変数と自由変数」も参照）。

ここで、差を二乗するのは、すべての差を正の値に変換するためです。単純に差を足し合わせると、正の場合と負の場合がキャンセルしてしまいますので、これをさけるための操作です。そして、頭にある1/2は、この後の計算を少し簡単にするための一種の慣習です。特別な意味はありませんので、ここでは無視しておいてかまいません。

これで、「あてはまらなさ具合」の指標が決まりました。二乗誤差が大きいということは、予想と実データのズレが大きいということですので、これがなるべく小さくなるようにパラメータ$w_0 \sim w_4$を調整すれば、**図4**のようにそれぞれのデータの近くを通る曲線が得られるものと期待できます。

ここまでくれば、あとは数学の

## Column（コラム）「束縛変数と自由変数」

(2)に含まれる変数$n$と$m$は、プログラムコードにおいて、forループで使用するループ変数と同じ役割を果たします。シグマ記号は、この変数に値を順番に代入しながら、得られた値を足していくという、ループ処理にほかなりません。このとき、ループ変数と同様に、この処理に使用する変数の文字（(2)における$n$と$m$）は任意に取り替えることができます。数学の世界では、このように、数式内で任意の文字に置き換えられる変数を「束縛変数」と言います。ちょうど、その処理の中だけで使用するローカル変数のようなものです。

一方、$w_0 \sim w_4$などの変数は勝手に文字を取り替えるわけにはいきません。仮に取り替えるのであれば、すべての数式でおなじ置き換えをする必要があります。これは、ちょうど、プログラムコードにおけるグローバル変数にあたるもので、数学では「自由変数」と呼ばれます。

このように、プログラム言語と数学の記法には、類似する考え方が随所に隠されています。数学そのものをプログラムコードで代替するというのは無理がありますが、数学を学ぶ際には、プログラム言語の考え方がヒントになることも多いでしょう。

計算問題です。偏微分をご存じの方であれば、所定の公式を用いて、数式(2)を最小にするパラメータ$w_0$〜$w_4$を計算することができるでしょう。もしくは、データ分析用のライブラリ関数を用いれば、そのような公式を知らなくてもコンピュータに計算させることが可能です。実際のところ、**図4**の曲線は、TensorFlowのコードを用いて計算させた結果になります[注1]。

## 機械学習の3ステップ

さきほどの例を振り返ると、大きく、次の3つのステップで分析を進めたことがわかります。

①予想を与える数式(1)を仮定する
②数式に含まれるパラメータの良し悪しを判断する誤差関数(2)を定義する
③誤差関数を最小にするパラメータの値を計算する

実は、これが機械学習における手続きの基本となります。あまりにもシンプルで拍子抜けするかもしれませんが、多くの機械学習処理は、このパターンにあてはまります。

ちなみに、実際の機械学習で難しいのは、「モデル設計」の部分になりますが、その意味も上述の「3ステップ」にあてはめて理解することができます。たとえば、先ほどの例では、平均気温の背後にある関数を(1)の4次関数だと仮定しました。はたしてこれは、本当に「正しい」仮定なのでしょうか？――実は、ここには非常に深い問題があります。

ここでやろうとしているのは、未来の予測ですが、容易にわかるように、現実世界で未来のことを100%正確に予測するというのは、原理的に不可能です。つまり、①のステップにおいて、真に「正しい」仮定というのは原理的にあり得ません。それでも、何らかの数式を仮定して計算を進めることで、一定の成果をあげることができます。機械学習における「モデル設計」というのは、端的に言うと、①の数式を用意することにあたります。さまざまな可能性の中から、より正確な予想を実現する数式を見つけ出していく、これがモデル設計の作業です。

そして、この部分は、本質的に自動化することはできません。一部、「モデル設計を自動化する」と宣伝される技術もあるようですが、あくまで一定範囲の中から適切と思われるモデルを選び出すというだけで、まだ誰も考えたことのない、真に画期的なモデルを生み出せるわけではありません。ちなみに、近年のディープラーニングの発展の背景には、これまで試せなかったような複雑なニューラルネットワークを取り扱う計算技術の発展があります。これは、いいかえると、とてつもなく複雑なモデル(①の数式)を計算することが可能になり、さまざまな新しいモデルの提案が研究者によってなされてきたということです。

ニューラルネットワークが①の数式に対応する、と言われてもピンとこないかもしれませんが、この点については、後ほど解説することにしておきます。

## 機械学習に数学は必要か？

ここで少し話題を変えて、機械学習を学ぶうえでの数学の役割を考えてみましょう。最小二乗法の例では、「所定の公式を用いてパラメータが計算可能」と説明しました。このとき、「そうそう、こうすれば計算できるはずだよね」と頭に思い浮かんで、実際に手を動かして計算できる方は、おそらくは、大学初等レベルの数学の知識があるものと想像されます。さきほどは、「データ分析用のライブラリ関数を用いればよい」と書きましたが、実際のところ、自分で計算で

**注1)** コードの内容はGitHubで確認することができます(URL https://goo.gl/Dojgp4)。PC版のブラウザでアクセスすると、Jupyter Notebookのフォーマットで内容が表示されます。

きるものをプログラムコードに肩代わりさせることと、ライブラリ関数を中身のわからないブラックボックスとして利用することの間には大きな隔たりがあります。

これは、Linuxカーネルのしくみを勉強することに似ているかもしれません。Linuxにパッケージを導入してWebサーバを構築するには、インストール手順がわかっていれば十分ですが、実際にWebサーバの運用を始めれば、そういうわけにはいきません。最適なパラメータ値を設定したり、問題発生時に根本原因を探りあてるうえでは、カーネル内部の動作原理を知っているかどうかで、対応レベルは大きく変わります。

機械学習を利用するうえでも、さまざまな試行錯誤が発生します。あるライブラリ関数で計算した結果が本当に正しいのかどうか、思ったほど予測性能がよくなかった場合、どのような指標を見れば修正ポイントが見つけ出せるのか……。計算の中身を知らずにこれらを理解することはなかなか困難です。ただし、これは逆に言うと、一度、数学的な基礎が身につけば、機械学習は相当に身近なものになるということです。機械学習を学ぶうえでは、まずは次の3つの分野が大きな柱となります。

- 解析学（偏微分、積分、勾配ベクトルなど）
- 線形代数（行列計算、行列の固有値など）
- 確率統計（確率分布、期待値、分散など）

さきほど「大学初等レベルの知識」と表現しましたが、まさに、大学の新入生向けの教科書レベルの内容になります。高校レベルの数学に自信のある方は、書店で大学新入生向けの教科書を探すとよいでしょう（コラム「教科書との付き合い方」も参照）。

## 「数学徒の小部屋」へようこそ!

それでは、これから機械学習のために数学を学んでみようという読者に向けて、実際に数学を活用する際の「頭の使い方」を紹介したいと思います。筆者の書籍『ITエンジニアのための機械学習理論入門』（技術評論社）では、いくつかの数学的な計算を「数学徒の小部屋」というコーナーで紹介しています。これは、まさに大学初等レベルの数学の知識がある読者を対象に、正統的な教科書のノリで計算過程を示したコーナーです。

ここで言う「正統的」とは、数学の知識がある人には自明の計算過程は省略して、ポイントと

### Column（コラム）「教科書との付き合い方」

IT関連の技術書と同様に、数学の教科書にもいくつかの傾向があります。初心者向けに簡単な例を用いて説明するものから、厳密な定義や証明にこだわった硬派なものまで千差万別です。まずは、書店で実物を手にとって、「これなら読んでみたい」と思えるものを探し出してください。解析学と線形代数については、個人的には、朝倉書店の『数学30講シリーズ』（「微分・積分30講」「線形代数30講」「解析入門30講」）がおすすめです。

そして、ここが重要なポイントになるのですが、最初は、「この1冊を徹底的に読んで身につけよう！」とは考えないようにしてください。数学は、さまざまな考え方が組み合わせられた世界ですので、「同じ事柄について複数の書籍を参照する」ことがとても重要です。1つのテーマについて、最低限、2冊の本を用意して読み比べていきます。複数の書籍がそれぞれに違う言葉で、同じ内容を説明していることから、それらの共通点が見えてきます。これにより、どこが本当に理解するべきポイントなのかがわかります。

また、よく理解できない点については、「何が疑問なのか」ということを頭の片隅にずっと残しておく、これが重要です。その疑問を忘れずに残しておけば、ある時、思いもよらぬ方向からそのヒントが生まれてきます。教科書では、ほんの数ページで解説されている公式でも、歴史を振り返れば、偉大な数学者が何十年もかけて発見したものだったりします。あなた自身がそれを理解するのに数ヵ月かかったとしても、何も不思議なことではありません。

なる式変形のみを示すという意味です。しかしながら、数学を勉強しながらこの書籍にチャレンジしたという読者の方からは、「自明の計算過程」として省略された部分が理解できずに、かなり計算に苦労したという声をいただきました。そこで、「自明の計算過程」をあえて省略しなければどのようになるのか、その一例を紹介しようというわけです。紙面には現れませんが、実際に計算する場合、頭の中では、まさにこのような思考が繰り広げられているのです。

使用する例題は、先ほどの最小二乗法の計算です。ここでは、(2)を最小にするパラメータ$w_0 \sim w_4$を厳密に計算する公式を導きます。先に紹介したTensorFlowのコードでは、勾配降下法と呼ばれる手法で近似計算を行っているのですが、実はこの問題は、近似を使用せずに、厳密に答えを求めることができます。具体的には、次の連立方程式を解いていきます。

$$\frac{\partial E}{\partial w_m} = 0 \qquad (m = 0,\ \cdots,\ 4) \tag{3}$$

いきなり変な記号「$\partial$」が出てきましたが、これは偏微分記号で、「デル」と発音します。多数の変数を持つ関数に対して、ある特定の変数で微分することを表します。一般にある関数が最大・最小になる点は、微分係数が0という条件から計算することができましたが、これを多変数に拡張したものが(3)の条件式です。

次に、(2)の定義式から(3)の左辺、つまり、偏微分を実際に計算してみます。ここで、最初のコラムで説明した「束縛変数」に注意する必要があります。(2)に含まれる$m$は、和を計算するためのループ変数、つまり、束縛変数です。一方、(3)で偏微分を計算するパラメータ$w_m$の添字$m$は、ループ変数ではありません。0〜4のそれぞれの数字について、(3)が成り立つことを要求する自由変数です。いわば、グローバル変数$m$に0〜4の値を代入しながら、同じプログラムを5回実行するようなものです。誌面では、記号$m$になっていますが、実際に計算する際は、0〜4のどれかの値が代入されているものとしてください。

したがって、(2)をそのまま(3)に代入すると、違う意味の2種類の$m$が混ざって、計算がおかしくなります。いわば、グローバル変数とローカル変数がまじって、プログラムが正常に動作しなくなるような状況です。そこで、束縛変数は自由に文字を取り替えられるという性質を利用して、(2)の$m$を別の文字$m'$に置き換えておき、そのうえで(3)の左辺に代入します。

$$\frac{\partial}{\partial w_m} \frac{1}{2} \sum_{n=1}^{12} \left( \sum_{m'=0}^{4} w_{m'} n^{m'} - t_n \right)^2 = 0 \tag{4}$$

そして、このような複雑な式を微分する際に定番のテクニックは、「合成関数の微分」です。そのための準備として、次のように、左辺のカッコの中身を新たな関数$f_n(w_m)$として定義します。

$$f_n(w_m) = \sum_{m'=0}^{4} w_{m'} n^{m'} - t_n \tag{5}$$

(5)の右辺の$m'$はループ変数で、さまざまな値をとりながら足し算を実行していくわけですので、その中には、グローバル変数$m$に代入された値と同じものも含まれています。このため、(5)の右辺は、変数$w_m$の関数とみなすことができるわけです。また、$f_n(w_m)$の足元に添字$n$がついているのは、(5)の右辺に変数$n$が含まれていることを強調するためです。

そして、(5)を(4)に代入すると次式が得られます。

$$\frac{\partial}{\partial w_m} \frac{1}{2} \sum_{n=1}^{12} \{f_n(w_m)\}^2 = 0$$

ここで、微分と足し算の順番が入れ替えられることに注意すると、次が得られます。

$$\sum_{n=1}^{12} \frac{\partial}{\partial w_m} \frac{1}{2} \{f_n(w_m)\}^2 = 0$$

ここまでくれば、次の「合成関数の微分」の公式が適用できます。

$$\frac{\partial}{\partial w_m}\frac{1}{2}\{f_n(w_m)\}^2$$
$$=\frac{d}{df_n}\left(\frac{1}{2}f_n^2\right)\times\frac{\partial f(w_m)}{\partial w_m}$$

これは、式全体を$w_m$で微分する代わりに、文字$f_n$で微分をして、さらに$f_n$自身を$w_m$で微分したものを掛けるという意味です。掛け算の前側は、2次関数の微分の公式から$f_n$になり、後ろ側は、(5)の定義から$n^m$になることがわかります。ここでもまた、束縛変数と自由変数の関係に注意してください。(5)の和の記号では、$m'$は0〜4の値をとるので、$w_{m'}$のどれか1つは、必ず$w_m$に一致します。その部分の係数$n^m$が1次関数の微分の結果として残っているのです。

以上により、(4)は次のように変形されます。

$$\sum_{n=1}^{12} f_n\times n^m=0$$

これに(5)の定義式を再度代入すると、次式が得られます。

$$\sum_{n=1}^{12}\left\{\left(\sum_{m'=0}^{4} w_{m'}n^{m'}-t_n\right)n^m\right\}=0 \tag{6}$$

さらに、内側のカッコとその右ある$n^m$の掛け算を展開すると、次のようになります。

$$\sum_{n=1}^{12}\left\{\sum_{m'=0}^{4} w_{m'}n^{m'}n^m-t_n n^m\right\}=0 \tag{7}$$

いよいよゴールが近づいてきました。(7)は、見かけは1つの式ですが、$m=0,\ \cdots,\ 4$のそれぞれについて成り立つべき式ですので、実際には、全部で5個の方程式を表します。つまり、これは、5つのパラメータ$w_0\sim w_4$に対する5本の連立一次方程式なのです。

このような多数の変数を持つ連立一次方程式を効率的に解くために利用できるのが行列計算です。(7)を行列形式で書き直せば、逆行列を用いて、一気に答えを求めることができてしまいます。まず、(7)に含まれる和の記号の順番を取り替えると、次のように変形できます。気になる方は、(7)と(8)の和を実際に計算して、同じ結果になることを確認してください。

$$\sum_{m'=0}^{4} w_{m'}\sum_{n=1}^{12} n^{m'}n^m-\sum_{n=1}^{12} t_n n^m=0 \tag{8}$$

ここで、3ヵ所の和の計算を行列の掛け算における添字の計算とみなすことで、これを行列形式に書き直すことができてしまいます。結論から言うと、(9)の関係式になります。

$$\mathbf{w}^{\mathrm{T}}\mathbf{\Phi}^{\mathrm{T}}\mathbf{\Phi}-\mathbf{t}^{\mathrm{T}}\mathbf{\Phi}=0 \tag{9}$$

ここで、$\mathbf{w}$, $\mathbf{t}$, $\mathbf{\Phi}$(ギリシャ文字の大文字のファイ)は、それぞれ、次式で定義される縦ベクトル、および、行列になります。

$$\mathbf{w}=\begin{pmatrix} w_0 \\ w_1 \\ \vdots \\ w_4 \end{pmatrix},\ \mathbf{t}=\begin{pmatrix} t_1 \\ t_2 \\ \vdots \\ t_{12} \end{pmatrix}$$

$$\mathbf{\Phi}=\begin{pmatrix} 1^0 & 1^1 & \cdots & 1^4 \\ 2^0 & 2^1 & \cdots & 2^4 \\ \vdots & \vdots & \ddots & \vdots \\ 12^0 & 12^1 & \cdots & 12^4 \end{pmatrix}$$

(9)に含まれる記号Tは、転置行列を表すもので、値が縦にならんだ縦ベクトルは、値が横にならんだ横ベクトルになり、行列は、左上から右下に向かう対角線で折り返して、行と列を入れ替えたものになります。行列の掛け算の公式を思い出すと、(8)で表される5本の方程式が、(9)の1つの行列の計算式に絶妙にまとまっていることが確認できます。このあたりの式変形は連立方程式を解く際の定番のテクニックです。

この後は、単純な行列の式変形になります。まず、(9)の左辺第2項を右辺に移項して、両辺の転置行列をとります。

$$(\mathbf{\Phi}^{\mathrm{T}}\mathbf{\Phi})\mathbf{w}=\mathbf{\Phi}^{\mathrm{T}}\mathbf{t} \tag{10}$$

ここでは、転置行列の公式$(\mathbf{AB})^{\mathrm{T}}=\mathbf{B}^{\mathrm{T}}\mathbf{A}^{\mathrm{T}}$お

よび、$(\mathbf{ABC})^{\mathrm{T}} = \mathbf{C}^{\mathrm{T}}\mathbf{B}^{\mathrm{T}}\mathbf{A}^{\mathrm{T}}$を用いて変形を行いました。最後に(10)の両辺に左から$\mathbf{\Phi}^{\mathrm{T}}\mathbf{\Phi}$の逆行列$(\mathbf{\Phi}^{\mathrm{T}}\mathbf{\Phi})^{-1}$を掛けると次式が得られます。

$$\mathbf{w} = (\mathbf{\Phi}^{\mathrm{T}}\mathbf{\Phi})^{-1}\mathbf{\Phi}^{\mathrm{T}}\mathbf{t} \tag{11}$$

これが最後の答えです。$\mathbf{\Phi}$と$\mathbf{t}$の定義を思い出すと、これらは、与えられたデータ(月別の平均気温)から決まる具体的な数値を含んでいます。つまり、(11)は、与えられたデータからパラメータ$w_0 \sim w_4$を計算する公式になっているのです。どのようなデータが与えられたとしても、この公式から、即座に誤差関数を最小にするパラメータが計算できるという寸法です。

――以上の計算過程を見て、みなさんはどのように感じたでしょうか？　筆者の場合、(3)から(6)の式変形は、ほぼ暗算になります。「$m$を$m'$に読み替えて、このカタマリ((5)の$f_n$のこと)で微分して、後ろにカタマリの微分をかけて……」とブツブツ言いながら、(6)を書き下します。次に、この結果を(9)の行列形式に置き換えるところは、少し苦労します。(8)のような計算式を行列に書き直す際は、どちらが行でどちらが列になるのか混乱して、「うーん。とりあえずこの行列でどうだ！……あれ、行と列が反対だ。やっぱり入れ替えて……」というような試行錯誤を紙の上で行います。頭の中にあるアルゴリズムをプログラムコードで書き下す際の試行錯誤と、なんだか似ている気もします。

また、(3)から(11)にいたる計算式だけを見ていると、「確かにまちがってはいないけれど、本当にこれで正しい答えがでるのかなあ？」と不思議に感じる方もいるかもしれません。実は、この感覚はプログラムの動作に似ています。多数のクラスやアルゴリズムを組み合わせたプログラムコードは、中の動作を追いかけるのは相当に大変で、これで本当に正しく動くのか不安になるものです。このようなとき、実際にコードを実行して想定どおりの結果が得られると、何とも言えない「すっきり感」があるものです。(11)の公式もこのままにするのではなく、この計算式をPythonでプログラムコードに書き直せば、実際に実行して結果を確認することができます。平均気温を予測する例など、現実の問題に対して、適切な答えが得られたときは、まったく同じ「すっきり感」、あるいは、それを超えた「感動」が得られることでしょう。

すこしばかり手前味噌ですが、書籍『ITエンジニアのための機械学習理論入門』は、まさにこの点にも主眼をおいています。理論的な計算で得られた関係式を実際のコードとして実行し、その結果を確認していきます。これは、一般的な数学の教科書では、なかなか味わえない楽しみです。ここまで、機械学習のために数学を勉強するという観点で話をしてきましたが、実は、数学を勉強するためにも、機械学習は格好の教材なのかもしれません。

## ディープラーニングの学び方

数学の話が続いたので、ここで、ディープラーニングについて触れておきましょう。さきほど、ディープラーニングによって、機械学習における予測精度が向上したと説明しました。とは言え、ディープラーニングも機械学習の一分野であることに変わりはありません。

ディープラーニングの最大の特徴は、機械学習の「3ステップ」の①にあります。最小二乗法で平均気温を予測する例では、4次関数を用いて予測を行いましたが、これは与えられたデータを見て、筆者が直感的に選択したものです。より複雑なデータが与えられた場合は、より複雑な関数を用いる必要があるかもしれません。

この際、**図6**に示すような多数のノードが結合したネットワーク型の関数を利用すると、特定領域のデータについては、予測精度が格段に向上することが最近の研究でわかってきました。これがディープラーニングの正体です。数学の関数というと、1つの数式で表現されるイメージがありますが、一般には、何らかの値を代入

▼図6　ニューラルネットワークの例

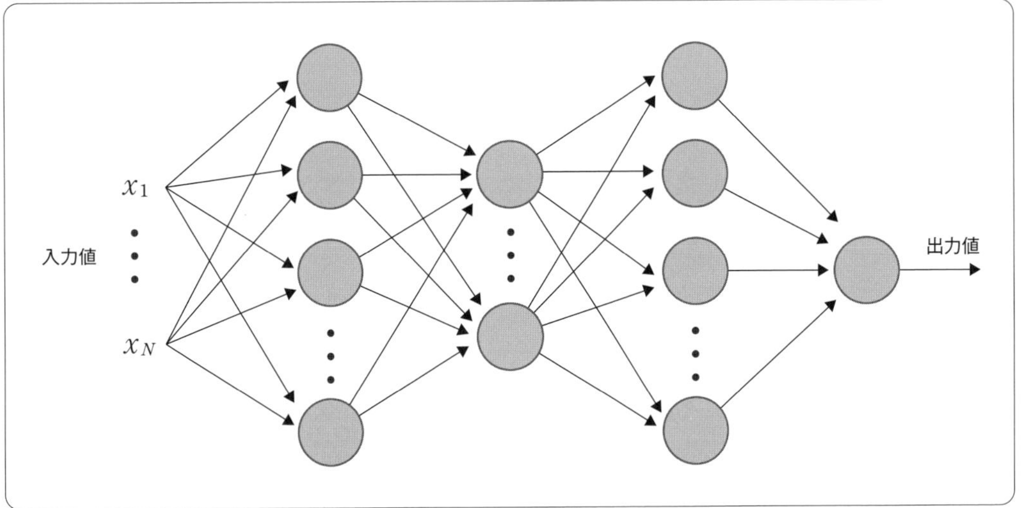


して、それをもとに計算した結果が得られれば、それは関数と言えます。

**図6**のニューラルネットワークでは、丸印で示されたそれぞれのノードが個別の計算を行います。各ノードの計算結果が順番に伝播して、最後の計算結果が得られます。これはちょうど、プログラムコードにおいて、複数の(プログラム言語における)関数を組み合わせて計算を進めていく様子と同じです。そして、ニューラルネットワークを構成する各ノードには、それぞ

## Column「ディープラーニングとAIの関係」

ディープラーニングというと、画像認識(画像の分類)の例がよく登場しますが、機械学習には、そのほかにも、利用目的に応じたさまざまなアルゴリズムがあります。最近では、分類アルゴリズム以外の分野においても、ニューラルネットワークを用いたモデルを適用することで、これまでになかった新しい機械学習の活用法が生まれようとしています。

たとえば、囲碁プログラムなどでは、強化学習やヒューリスティック探索と呼ばれるアルゴリズムがよく用いられています。世界チャンピオンとの対局で話題になったプログラムは、これらのアルゴリズムにニューラルネットワークを適用したものになります。

あるいは、与えられた画像からその種類を判別するニューラルネットワークを逆方向に利用すると、与えられたラベルに応じて、新しい画像を出力するということも可能です。これは、DCGAN(Deep Convolutional Generative Adversarial Networks)と呼ばれるアルゴリズムで、画像や音声データ(音楽)の自動生成に応用されています[注2]。これまで、自然な画像や音楽の生成は、コンピュータによる自動化が難しいと考えられていましたが、ディープラーニングによって、「あたかも知性を持っているかのような」レベルでの生成、すなわち、世間一般で言われるAI(人工知能)が実現可能になったというわけです。

ただし、これが本物の知性かどうかには、疑問が残ります。DCGANでは、ニューラルネットワークに対する学習処理において、「お手本」となる画像や音楽のデータを与えます。DCGANが生成するのは、これらの特徴を絶妙にブレンドした合成物に過ぎません。決して、ニューラルネットワーク自身が真に新しいものを生み出そうという創作意欲(?)を持っているわけではありません(「人間の芸術家も最初は人まねから入るだろう」と言われれば、そのとおりなのですが……)。

**注2)** DCGANのしくみは『DCGAN - How does it work?』(URL http://www.slideshare.net/enakai/dcgan-how-does-it-work)が参考になります。

れ個別のパラメータが含まれており、これら全体がこの巨大な「関数」のパラメータになります。

このような巨大な関数をプログラムコードで書き下すのは、それなりに大変ですが、この部分をなるべく簡単にコード化できるように助けてくれるのが、TensorFlowに代表されるディープラーニング用の機械学習ライブラリです。ネットワークを構成するパーツに対応したライブラリ関数が事前に用意されており、これらを組み合わせてニューラルネットワークを表現していきます。

そして、ニューラルネットワークが構成できたら、その後は、この「関数」による予想結果が、実際に与えられたデータにフィットするように多数のパラメータをチューニングしていきます。これは「3ステップ」の②③にあたる部分ですが、興味深いことに、②の部分は、ディープラーニングにおいてもさほど違いはありません。最小二乗法で用いた二乗誤差の定義を思い出すと、これは、関数による予測値と実際のデータの誤差を計算しているにすぎません。

前段のニューラルネットワークがどれほど複雑であったとしても(具体的な予測の内容は異なりますが)、最後に出てくる予測の形式は同じです。したがって、予測と実データのあてはまり具合の評価方法は、使用するニューラルネットワークに依存するものではありません。

ニューラルネットワークで大きく異なるのは、③のパラメータ値の計算です。最小二乗法の例では、偏微分を用いて、誤差関数を最小化するパラメータの値を正確に計算することができました。一方、多数のノードが結合した複雑なニューラルネットワークに対して、厳密な計算を行うことは困難です。そこで、勾配降下法などの近似計算を用いて、パラメータの値を決定していきます。ディープラーニング用のライブラリは、ニューラルネットワークに対して、このような近似計算を自動的に実行する機能を提供している点も特徴となります。

ただし、繰り返しになりますが、①で用意する数式、すなわち、データのモデルとして複雑なニューラルネットワークを使用するという点を除けば、ディープラーニングも通常の機械学習と基本的なしくみは同じです。さきほどの勾配降下法もディープラーニング専用というわけではなく、一般的な機械学習でも用いられる計算方法です。まずは、最小二乗法や勾配降下法など、機械学習の基本的な理論をおさえておくことが、ディープラーニングを理解する近道になるでしょう。

## 機械学習を学ぶためのツール

最後に、機械学習を学ぶための道具について説明しておきます。データ分析の世界では、伝統的に、R、もしくは、Pythonがプログラム言語として利用されてきました。機械学習、とりわけ、ディープラーニングの領域では、Pythonのライブラリが充実していますので、これから始めるのであれば、Pythonをお勧めしたいと思います。

データ分析の際によく利用されるPythonのライブラリには、次のようなものがあります。

NumPy：ベクトルや行列を扱うライブラリ
SciPy：科学計算用ライブラリ
matplotlib：グラフ作成ライブラリ
pandas：データフレーム(スプレッドシートタイプのデータ構造)を提供するライブラリ
scikit-learn：機械学習用ライブラリ

既存のアルゴリズムを適用して、機械学習処理を実行するうえでは、scikit-learnが実務でよく利用されています。ただし、ブラックボックスとして利用するだけでは、アルゴリズムそのものを理解するのは困難です。まずは、NumPyなどを利用して、簡単なアルゴリズムを自分なりに実装してみると、理解が深まるでしょう。また、アルゴリズムの実行結果は、matplotlibを用いて、グラフ表示するとさらに理解が深まります。これら基本的なライブラリの使い方は、書籍『Pythonによるデータ分析入門――NumPy、pandasを使ったデータ処理』(オライリー・ジャパン)、もしくは、筆者が公開しているスライド「データ分析ライブラリー」を参考にしてください[注3]。

また、Pythonのコードを作成・実行する際は、Google Colaboratoryの利用をお勧めします。Google Colaboratoryは、Webブラウザ上でコードの作成・実行を対話的に実施するためのツールで、データ分析のように、試行錯誤が必要な作業ではとても役立ちます。プログラムコードに加えて、説明文をマークダウン形式で書き込むことができるので、学習用のノートとして仕上げることも可能です(**図7**)。『ITエンジニアのための機械学習理論入門』のサンプルコードをGoogle Colaboratoryのノートブック形式に書き直したものをGitHubで公開していますので、こちらも有効活用してください[注4]。

**▼図7　Google Colaboratoryでコードを作成・実行する様子**

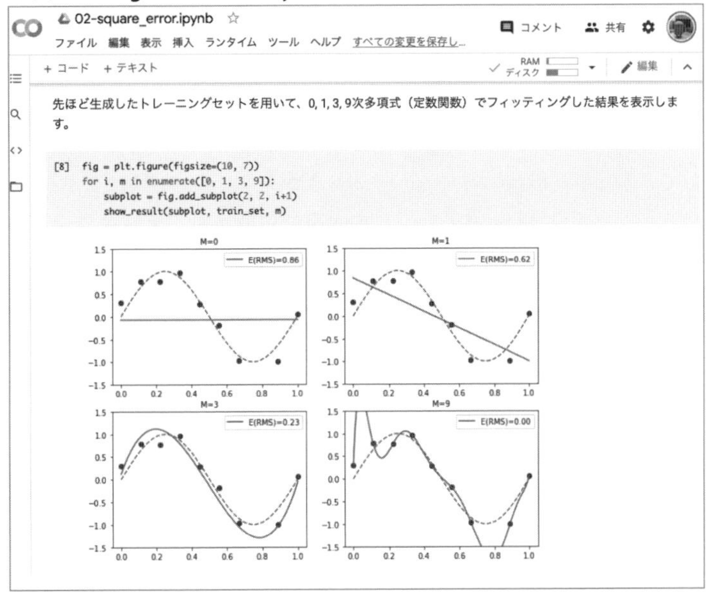


## まとめ

ここでは、データサイエンス、あるいは、AI(人工知能)という観点から、機械学習とディープラーニングの役割を整理しました。また、機械学習の手続きを「3ステップ」にまとめたうえで、具体的な計算例を交えながら、そこで必要となる数学にも触れました。

細かな計算の内容をここで理解する必要はありませんが、これから数学の学習にも挑戦しようという方は、まずは、その「世界観」を味わってみてください。数学は、何と言っても、基礎からの積み重ねが重要です。計算が苦手な方は、中学・高校生向けの参考書からでもかまいません。数学における「頭の使い方」をじっくりと学んでみるとよいでしょう。

また、最後に、機械学習を始めとするデータ分析で定番となるツールを紹介しました。本文で紹介したブログ記事などを参考に、まずは環境を整えて、お手本となるJupyterノートブックを実行してみてください。数式で書かれた抽象的な理論がPythonのコードになって実際に実行されていく、そんな感動を味わうことができるに違いありません。

注3) URL https://speakerdeck.com/enakai00/data-analysis-libraries
注4) URL https://enakai00.hatenablog.com/entry/2020/02/19/220357

## 追記：ITエンジニアと数学のこれから

「機械学習と数学」というテーマでSoftware Design誌の特集記事をまとめた本書に序章として、本記事(「機械学習をどう学ぶべきか？」)を取り上げていただきました。この記事を執筆したのは、2016年の年末ですので、それから4年以上が経過したことになります。機械学習に限定すれば、「解析学」「線形代数」「確率・統計」が3本柱になると説明しましたが、そのあと、実際にこれらをテーマとした数学そのものを学ぶための書籍も出版させていただきました注5。

かなり本格的な数学を扱う内容で、「本当にIT技術者向けなの？」という声をいただくこともありましたが、機械学習を正しく理解するために、数学的な内容から取り組もうという考え方は、着実に広がっているようです。つい先日も、数学を単元に含むことを「売り」にした機械学習の講座を見かけることがありました。とりわけ、解析学(微積分)と線形代数は、一般的なニューラルネットワークを理解するうえでも直接的に役立つことがよくわかります(「よくわからない……」という方は、本書のうってつけの読者ですので、ぜひこのあとの記事をていねいに読み進めてください)。

一方、確率についてはどうでしょうか？ 最近、機械学習にかかわるエンジニアの間で、「TensorFlow Probability」が話題になりました。これは、「確率分布」という確率統計学の主要パーツを扱うTensorFlowのライブラリーです。機械学習の背後には、確率統計学に基づいたさまざまな理論がありますが、TensorFlow Probabilityを用いると、確率の考え方そのものを機械学習の対象にできます。ここでは、TensorFlow Probabilityを題材にして、少し新しい話題を補足しておきましょう。

## 「確率」を扱う機械学習

機械学習を用いると、さまざまな値を予測できます。世の中には、確率的に発生する出来事がたくさんありますが、一般には、発生する可能性が最も高い値を予測することになります。しかしながら、場合によっては、さまざまな値がどのような確率で発生するのかという、事象の背後にある確率を含めて予測したほうが良いこともあります。

たとえば、**図8**は、TensorFlow Probabilityを用いて、「ガウス過程」と呼ばれる手法で「欠損値」の予測を行った結果です。黒丸で示されたデータは、横軸の値で6〜10の範囲が抜け落ちています。両側に広がるデータから、この抜け落ちた部分の値を予測しようというわけです。

**図8**には、複数の曲線が示されていますが、これらは、欠落部分を含むデータ全体の背後にある関数について、いくつかの可能性を示しています。そもそも正解を示すデータが存在しない問題ですので、理屈の上では無数の答えが考えられます。それぞれの答えに対して、それが「正解」である確率を推測したうえで、「くじ引き」を引くかのように、いくつかのサンプルを選択したのがこの結果になります。

このように、TensorFlow Probabilityを用いると、答えを1つに定めるのではなく、さまざまな可能性を広くとらえることが可能になります。欠落部分の中央付近では、予測された関数の上下の広がりが大きくなっていますが、これを見ると「このまわりにはデータがないので予測にあまり自信がありません」と機械学習モデルが正直に言っているようにも思えます。

ガウス過程の理論そのものは、古くからあるものですが、TensorFlow Probabilityのようなツールが広がれば、このような「確率」を取り扱う機械学習も、今後はより広く利用されるかも

注5) 『技術者のための基礎解析学』、『技術者のための線形代数学』、『技術者のための確率統計学』いずれも中井悦司・著、翔泳社・発行

▼ 図8　ガウス過程を用いた欠損値の予測

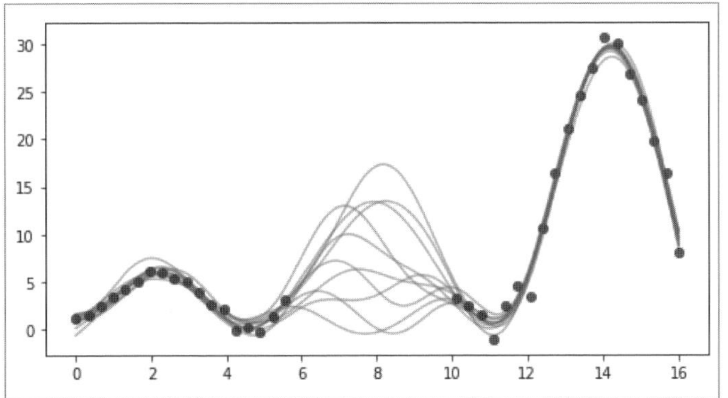

しれません。この予想が当たるかどうかはわかりませんが、確率統計学についても、基礎から深く学んでおくと、きっと役に立つことがあるでしょう。

## 迷ったときは「アルゴリズム」を学ぼう

機械学習に限らず、プログラミングの世界そのものにも数学との大きなかかわりがあります。最近は、「コンピューターサイエンスを学び直したい」という声を聞くことも多くなりました。ただし、漠然と「コンピューターサイエンス」と言っても具体的なイメージがわかない方も多いかもしれません。そこでお勧めなのが、基礎的な「アルゴリズム」の勉強です。

本記事でも紹介したGoogle Colaboratoryを使えば、対話的にPythonのコードが実行できるので、さまざまなアルゴリズムを実際に試行錯誤しながら学ぶことができます。アルゴリズムの勉強を通して、プログラマの視点から数学の世界へ足を踏み入れるのもおもしろいかもしれません。

もちろん、プログラミングにおけるアルゴリズムの考え方は、機械学習の中でも利用されています。たとえば、強化学習ではエージェントによる学習データの収集と、機械学習モデルの学習処理を並行して行います。どのような手順でデータを集めて、そして、どのような手順でモデルを修正すれば、より効率的にモデルの精度が上げられるのでしょうか？　これはまさに、プログラミングにおける最適化問題の一種でもあり、「動的計画法」などのアルゴリズムが活用されることになります[注6]。SD

中井悦司（著）A5判／296ページ
定価3,278円（本体2,980円＋税10%）
ISBN 978-4-297-11515-9

注6）詳しくはこちらの書籍が参考になります：『ITエンジニアのための強化学習理論入門』中井悦司・著、技術評論社（2020）

技術評論社

ITエンジニアのための

# 機械学習理論入門

Machine Learning for Software Engineers

機械学習(Machine Learning)のツールやライブラリは内部でどのような計算をしているのか? 計算で得られた結果にはどのような意味があり、どのようにビジネス活用すればよいのか?――という疑問を持つエンジニアが増えています。本書は機械学習理論を数学的な背景からしっかりと解説をしていきます。そしてPythonによるサンプルプログラムを実行することにより、その結果を見ることで機械学習を支える理論を実感できるようになります。

中井悦司 著
A5 判/240ページ
定価(本体2,580円+税)
ISBN 978-4-7741-7698-7

大好評発売中!

こんな方におすすめ
・プログラマ
・ITエンジニア

Software Design plus

技術評論社

改訂新版

# プロのためのLinuxシステム構築・運用技術

好評につき重版してきた『プロになるためのLinuxシステム構築・運用』が、最新版のRed Hat Enterprise Linux(ver.7)に対応し全面的な改訂を行った。これまでと同様に懇切丁寧にLinuxのシステムを根底から解説する。そして運用については、現場で得られた知見をもとに「なぜそうするのか」といったそもそも論から解説をしており、無駄なオペレーションをせずに実運用での可用性の向上をねらった運用をするためのノウハウをあますことなく公開した。もちろん、systemdもその機能を詳細にまとめあげている。

中井悦司 著
B5変形判/272ページ
定価(本体2,980円+税)
ISBN 978-4-7741-8426-5

大好評発売中!

こんな方におすすめ
・Linuxシステム管理者
・サーバ管理者、ネットワーク管理者など

# 第1章



# ITエンジニアのための 機械学習と線形代数入門

## どうやって行列を理解して使いこなすか？

「AI／機械学習」が一般社会へ浸透していったのがここ数年の流れではないでしょうか。ITエンジニアにとって、たくさんの潜在ニーズがそこにあり、新たな未来を切り拓く可能性が広がっています。しかし、機械学習をもっと活用するためにはその本質である線形代数に触れることが必要です。それにもかかわらず近年は高校での教育課程の変化により大学に進学してから学ぶ方も増えているため１つの壁（ギャップ）となっています。本特集では、機械学習（ディープラーニング）を理解するために必要な線形代数の基礎知識を振り返り、いま最前線でどのように利用されているのか、専門家である筆者達がやさしく解説を試みました。ベクトル・行列などは、抽象化のための強力な道具であり、機械学習のモデリングにおいて背骨になる超基本的な概念で、これを知らないのはもったいないの一言に尽きます。本特集で高校数学から振り返り、最新技術へキャッチアップしましょう。

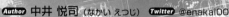

# 1-1 ニューラルネットワークの視点から 線形代数と機械学習

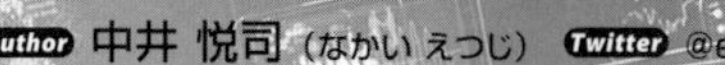

Author 中井 悦司（なかい えつじ） Twitter @enakai00

機械学習、AIはシステム開発に深く浸透しつつあります。IT業界の発展を推進するエンジンともいえます。ITエンジニアにとって、機械学習を学ぶにあたり、1つの壁になるのが数学の概念です。指導要領の変化の影響もあり、代数幾何——すなわち線形代数は必須なのに、学ぶ機会を逃してしまう人も多いのではないでしょうか。本特集で習得の手がかりを得てください。

## 線形代数と機械学習の関係とは?!

ついに（！）本誌でも線形代数が特集されることになりました。機械学習ブームが広がる中で、「ITエンジニアが数学をどう学ぶべきか」という話題がチラホラと聞こえるようになりましたが、世間の反応は、まさに千差万別のようです。「機械学習を使いたければライブラリをインポートすればいいだけ。数学なんか知らなくてもいい」という過激な意見もあれば、「え？　数学を勉強していないITエンジニアなんているの？」という、これまた反応に困ってしまうコメントをいただくこともあります。

とはいえ、本誌でこのような特集が組まれるということは、IT業界の中で、「これから数学の勉強をはじめたい」と考える方が少なくないことは、まちがいないでしょう。ただ、ITエンジニアと数学という関係でみたときに、いつも説明に困るのが、「学ぶべき数学の範囲」、そして、「それがどう役に立つのか」という点です[注1]。

機械学習に絞って考えるなら、よくある説明は、「確率統計学、解析学、線形代数の3つです」というやつですが、これらの教科書に書かれている用語や知識が、そのまま機械学習に登場するかというと、そんなことはありません。機械学習の専門書に登場する数式だけを表面的にみれば、それらは、前述の教科書のほんとうにごく一部です（図1）。

たとえば、線形代数の教科書には、「行列計算」「一次変換」「行列式と逆行列」「固有値・固有ベクトル」「行列の対角化」など、さまざまな基礎概念が登場します。しかしながら、これらの言葉がすべて機械学習の教科書に出てくるというわけでもありません。それでは、「これらを全部知らないと機械学習は理解できないの？」という質問には、どのように答えるのが正解なのでしょうか？

——これまた千差万別の意見がでてきそうで、ドキドキしますが、筆者の回答は、「全部やったほうがよい」です。線形代数というのは、線形空間とよばれる数学的な「構造物」が持つ性質をさまざまな側面から解き明かそうという学問であ

▼図1　機械学習に登場する数学は「氷山の一角」

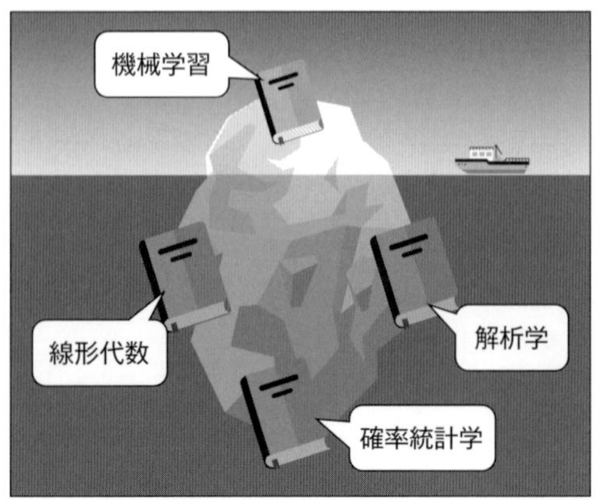


注1）「数学を勉強するとプログラミングの何に役立つか解説してください！」といった質問に困惑した経験のある方は、ぜひ一緒に語り合いましょう。

り、前述の基礎概念は、すべて、この線形空間の性質に関連しています。個々の知識も大切ですが、真のゴールは、「線形空間を知る」ということなのです。

そして、ニューラルネットワークなど、機械学習で利用される道具の中には、実は、線形空間と同じ構造が隠されています（**図2**）。線形代数を通じて線形空間の性質を理解していれば、この隠れた対応に気づいた瞬間に、「あぁ。これって線形空間なのね。うん知ってる知ってる」という感じで、一気に視界が広がります。そして、「線形空間ということは、きっとこういう性質があるだろう」とさまざまな性質が容易に理解できるようになります。

**▼図2　ニューラルネットワークと線形代数の関係**

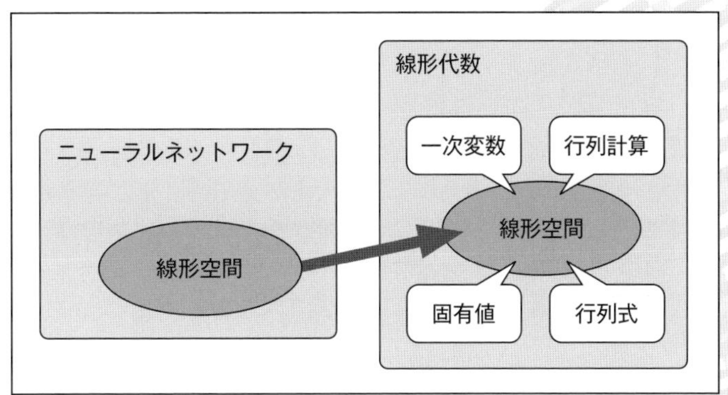


この一気に視界が広がる感覚（快感）こそが、線形代数の醍醐味であり、機械学習のために線形代数を学ぶ意義といえます。**図1**で見たように、表面的に関係するのはごく一部ですが、その下に隠れた巨大な本質を知ることで、より広い視点で機械学習の世界を見渡すことができるようになるのです。

線形空間の一般的な性質を知らないまま、ニューラルネットワークの働きを個別に理解することも、もちろん、不可能ではありません。しかしながら、「そのために必要な数学だけを部分的に学ぶ」のではなく、**図2**の関連を念頭におきながら、まずは、線形空間そのものを知ることを目指して、一般的な線形代数の教科書に取り組むことをおすすめしたいと思います。

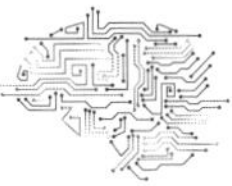

## ニューラルネットワークに隠された線形空間

さて……、前節では、「機械学習に限定せずに、線形代数そのものを学びましょう」と言いましたが、ここから線形代数の解説をはじめてしまうと、本誌が全290ページの教科書になってしまいます[注2]。そういうわけにはいかないので、ここでは、「ニューラルネットワークに隠された線形空間の構造」をテーマにしたいと思います。

より正確に言うと、ニューラルネットワークの個々のノード（ニューロン）は、アフィン変換（線形変換＋平行移動）と非線形変換の組み合わせになっており、これにより、「線形変換だけではできない何か」を実現しています。この後は、簡単な分類問題を用いて、これらの関係を説明していきます。**図2**に示した「隠された線形空間」の存在をうまく感じ取ってみてください。

## アフィン変換による特徴量の抽出

ニューラルネットワークの解説に入る前に、まずは、アフィン変換だけを用いた分類処理を説明します。よくある例題ですが、**図3**のように$(x_1,\ x_2)$という2つの座標を持つ平面にちらばった、●と×のデータを直線で分類する「線形分類」の問題です。このようなとき、一般には、機械学習のアルゴリズムを用いた最適化処理、すなわち、「パラメータチューニング」で、**図3**に示した境界線が決定されるという説明がなされます。具体的には、まず、求めるべき境界線の方程式をパラメータ$w_0$, $w_1$, $w_2$を含む形で、

$$w_1x_1 + w_2x_2 + w_0 = 0 \tag{1}$$

**注2）** そういえば、最近、そんな教科書を書いた記憶が……。そうそう、『技術者のための線形代数学』（中井悦司・著、翔泳社、2108年）ですね。

▼図3　$(x_1, x_2)$ 平面のデータを直線で分類

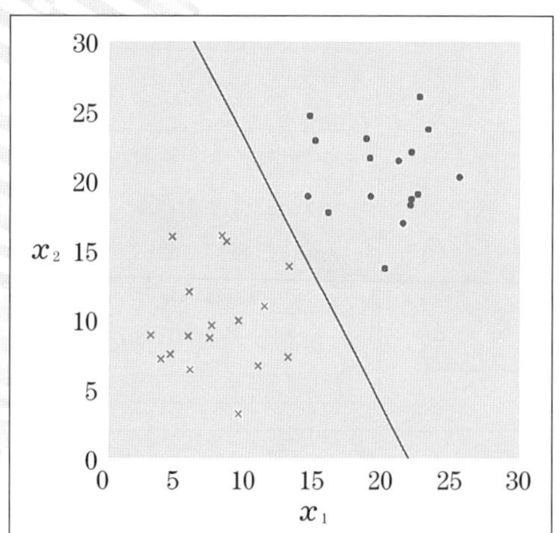


▼図4　アフィン変換によるデータのマッピング結果

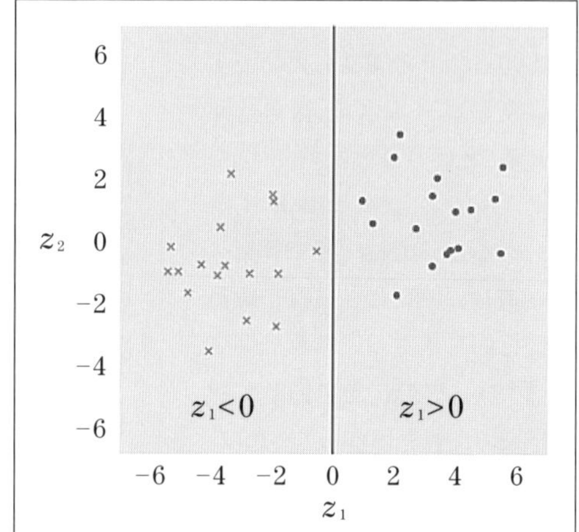


と表します。$w_0$, $w_1$, $w_2$の値を修正していくと、(1)が表す直線の方向がさまざまに変化しますが、機械学習のアルゴリズムを適用すると、これらの値が自動で「いい感じに」決定されるというわけです。

ここで用いたアルゴリズムがロジスティック回帰であれば、さらに、「各点のデータが●である確率」が決まります。(1)の左辺を$x_1$, $x_2$関数としたものを

$$f(x_1, x_2) = w_1x_1 + w_2x_2 + w_0 \tag{2}$$

とおくと、$f(x_1, x_2) = 0$の点がちょうど境界線に対応して、「●である確率」は0.5になります。そして、$f(x_1, x_2)$の値が正の方向に大きくなると、「●である確率」も大きくなり、逆に、負の方向に小さくなると、「●である確率」も小さくなるという寸法です[注3]。

ここで、このようなロジスティック回帰の結果を「アフィン変換」という観点で見直してみます。たとえば、さきほどの関数$f(x_1, x_2)$が、具体的に、

$$f(x_1, x_2) = 0.38x_1 + 0.20x_2 - 8.3 \tag{3}$$

と決まったとします。このとき、やや唐突ですが、次式で決まる$(x_1, x_2) \Rightarrow (z_1, z_2)$の座標変換を考えてみます。

$$z_1 = 0.38x_1 + 0.20x_2 - 8.3 \tag{4}$$
$$z_2 = -0.20x_1 + 0.38x_2 - 3.0 \tag{5}$$

ここでは、$(z_1, z_2)$を座標とするもう1つの平面があり、$(x_1, x_2)$平面のひとつひとつの点が、(4)(5)の計算式によって、$(z_1, z_2)$平面の点にマッピングされると考えてください。これは、行列を用いて表すと次のようになります。

$$\begin{pmatrix} z_1 \\ z_2 \end{pmatrix} = A\begin{pmatrix} x_1 \\ x_2 \end{pmatrix} + \mathrm{v}$$

$$A = \begin{pmatrix} 0.38 & 0.20 \\ -0.20 & 0.38 \end{pmatrix},\ \mathrm{v} = \begin{pmatrix} -8.3 \\ -3.0 \end{pmatrix}$$

言い換えると、この変換は、行列$A$による一次変換（線形変換）とベクトルvによる平行移動を組み合わせた変換で、一般にアフィン変換と呼ばれるものになります（P.24のコラム「一次変換／アフィン変換の復習」も参照）。今の場合、特に行列$A$は、直交行列の定数倍になっており、回転と拡大・縮小を合わせて行う効果がありま

注3）(2)の値を具体的な確率値に変換する方法まで知りたいという方は、『ITエンジニアのための機械学習理論入門』（中井悦司・著、技術評論社、2015年）を参考にしてください。

▼図5　より複雑なデータ配置の例

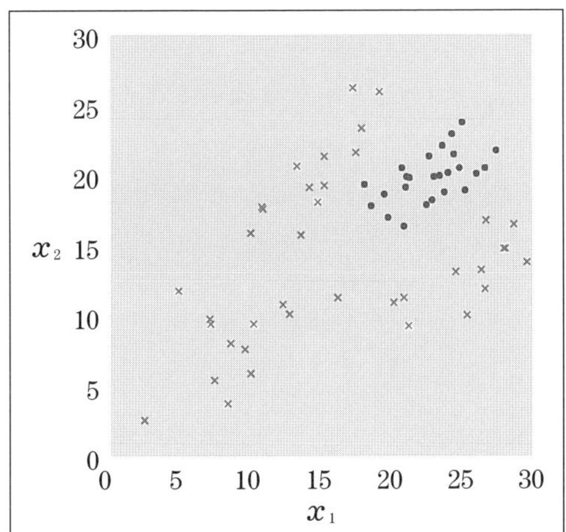

▼図6　アフィン変換によるデータのマッピング結果

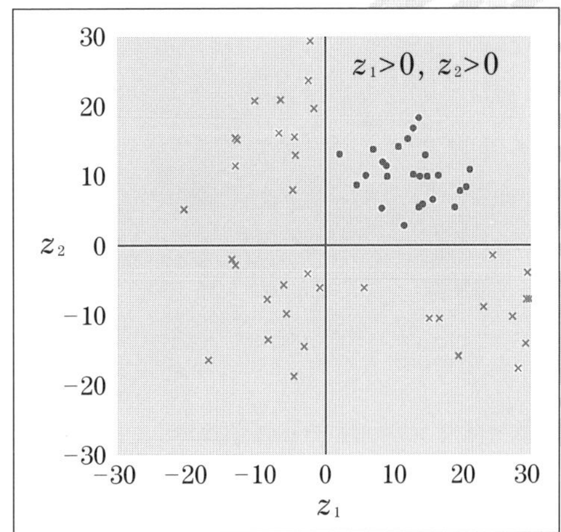


す。「……うむ。何のことだかよくわからん」という方は、**図4**の変換結果を見れば、一目瞭然でしょう。

**図3**を「回転＋平行移動」したものが**図4**であり、これにより、●と×の境界線が原点を通る垂直な直線になっています[注4]。つまり、もとの$(x_1,\ x_2)$平面では、2つの座標、$x_1$と$x_2$の組み合わせで●か×かを判別する必要があったものが、$(z_1,\ z_2)$平面では、1つの座標$z_1$の符号だけで●と×が判別できるのです。一度、$(z_1,\ z_2)$の世界に移ってしまえば、判別に不要な座標$z_2$は捨ててしまってもかまいません。

実は、(3)と(4)を見比べるとわかるように$z_1$と$f(x_1,\ x_2)$は同じものになっています。つまり、関数$f(x_1,\ x_2)$を決定するアルゴリズム(たとえば、ロジスティック回帰)は、もとの座標$(x_1,\ x_2)$から、「判別に必要な情報だけを抽出した新しい座標$z_1$を再構成する」という処理を行っているのです。機械学習の世界では、よく、「特徴量を抽出する」という言い方がなされますが、この$z_1$が、まさに、判別に必要な「特徴量」というわけです。

なお、本節の冒頭では、**図3**の分類問題を「線形分類」と呼びましたが、一般に、(4)(5)のようなアフィン変換を用いてデータを分類する手法を線形分類と呼びます。

注4）正確には縮小も行われていますが、ここでは本質ではないので気にしないでください。

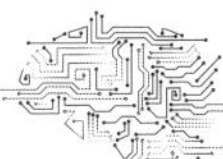

## アフィン変換からニューラルネットワークへ

前節の例では、$(x_1,\ x_2)$平面から$(z_1,\ z_2)$平面へのアフィン変換を一度行えば、即座に、判別に必要な特徴量$z_1$を得ることができました。これは、**図3**のように、もとのデータが直線で分類できるきれいな配置をしていたからです。それでは、**図5**のような配置のデータではどうなるでしょうか？

この場合は、何段階かに分けて特徴量を抽出する必要があります。まずはじめに、さきほどの(4)(5)と同様に、$(x_1,\ x_2)\Rightarrow(z_1,\ z_2)$の座標変換(アフィン変換)を次のように行います。

$$z_1 = 2.3x_1 - x_2 - 20 \qquad (6)$$
$$z_2 = -0.90x_1 + 2.6x_2 - 21 \qquad (7)$$

これらの変換の係数をどのようにして求めたかは、今は気にしなくても大丈夫です。この場合は、単純な「回転＋平行移動」ではなく、2つの座標軸の角度を変える、より一般的な線形変換と、平行移動の組み合わせになっており、**図6**の結果になります。この結果を見ると、次の

▼図7　$y = \tanh x$ のグラフ

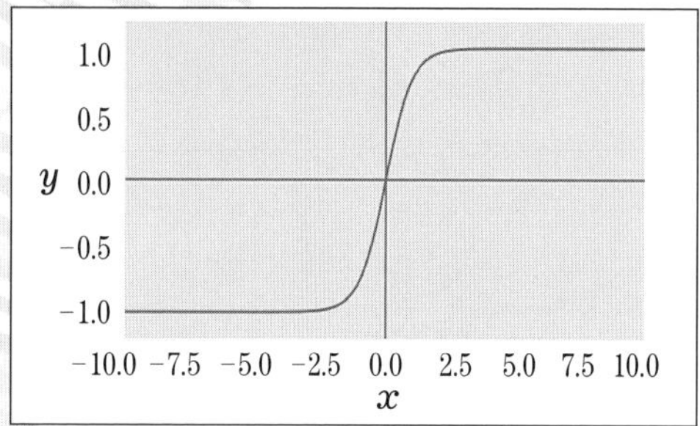


簡単な判別ルールが思い浮かぶでしょう。

・$z_1 > 0$ かつ $z_2 > 0$　⇒　●
・その他の場合　⇒　×

　これで十分簡単に判別できるようになりましたが、まだ、さきほどのように、「1つの変数だけで判別する」とまではいきません。ここからさらに、判別に必要なたった1つの「特徴量」を抽出するには、「非線形変換」が必要となります。──と言っても、難しく考える必要はありません。いまの場合、判別に必要な情報は、$z_1$ と $z_2$ の符号であり、値の大きさそのものは関係ありません。そこで、符号情報を抽出するために、関数tanh（ハイパボリック・タンジェント）を追加して、(6)(7)を次のよう変更します。

$$z_1 = \tanh(2.3x_1 - x_2 - 20) \qquad (8)$$
$$z_2 = \tanh(-0.90x_1 + 2.6x_2 - 21) \qquad (9)$$

　さて、このtanhとは、いったい何者で、なぜこれで、符号情報が抽出できるのでしょうか？

　実は、関数 $y = \tanh x$ のグラフは、図7のような形状になっており、$x = 0$ を境にして、$y$ の値が $-1$ から $+1$ に急激に変化するという特性を持っています。したがって、たとえば、(8)のtanhの中にあるアフィン変換の出力が正の値であれば、$z_1$ は $+1$ に近い値をとり、逆に負の値であれば、$z_1$ は $-1$ に近い値を取ります。つまり、tanhには、近似的に符号を取り出す効果があるのです。

▼図8　アフィン変換に非線形変換を加えた結果

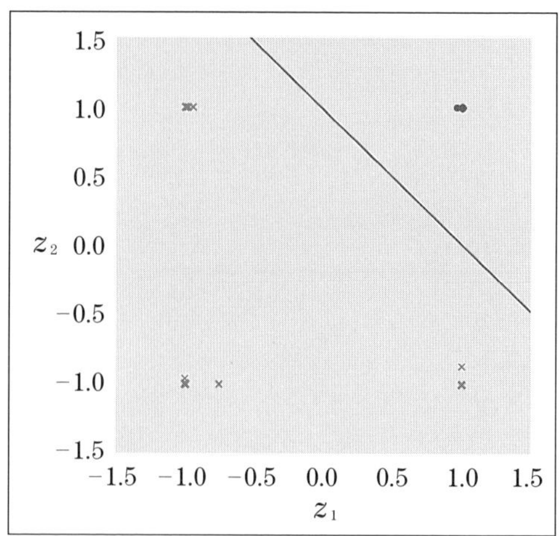


　実際、(8)(9)で座標変換した結果を図示すると、図8のようになります。●のデータは、すべて、$(z_1, z_2) = (+1, +1)$ のまわりに集中していることがわかります。言ってみれば、(8)(9)は、連続的に変化する $(x_1, x_2)$ の値を「バイナリー変数の組」$(z_1, z_2)$ に変換しているのです。

　ここまでくれば、最終のゴールへはあと一歩です。(8)(9)で変換された $(z_1, z_2)$ を新たなデータ群と思って、図3のデータ群と同様に線形分類のアルゴリズムを適用します。図8には、すでに境界線を引いてありますが、変換後のデータであれば、このような直線で分類できるのは自明です。したがって、最終的には、

$$f(z_1, z_2) = w_1 z_1 + w_2 z_2 + w_0$$

という1次関数の値によって、●と×を判別することが可能になります。すこしばかり長い説明になりましたが、ここまでの結果を図にまとめると、図9のようになります。

　──もうおわかりのように、実は、これは、ニューラルネットワークそのものです。入力データ $(x_1, x_2)$ を $z_1$ と $z_2$ に変換する処理が隠れ層の2つのノードに対応して、その後、これらを

線形分類する関数$f(z_1, z_2)$が出力層にあたります。隠れ層が1つで、その中のノードが2つだけという、世界で最もシンプルなニューラルネットワークと言えるでしょう。

▼図9　ニューラルネットワークの構造

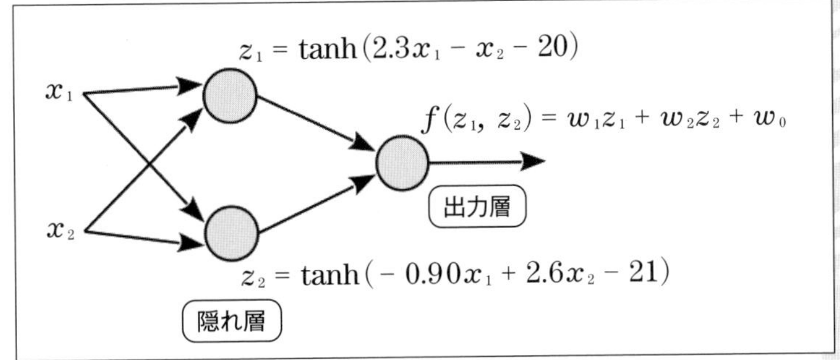


一般に、ニューラルネットワークについて、「線形変換に活性化関数を適用することで非線形効果を生み出す」という説明がなされることがありますが、これは、(8)(9)の関係式にほかなりません。とくに今の場合は、tanhが非線形効果を生み出す活性化関数に相当します。tanhは、連続的に変化する値を±1というバイナリ値に集約しているので、情報量という観点では、この変換によって情報量は減ってしまっています。しかしながら、与えられたデータを分類するという目的においては、この情報だけで十分であり、まさに、これらが分類に必要な「特徴量」というわけです。ニューラルネットワークは、線形代数の世界で記述されるアフィン変換に、tanhのような非線形関数を組み合わせることで、複雑なデータから巧妙に特徴量を抽出するしくみになっているのです。

なお、ここで利用した活性化関数tanhはあくまで一例であり、実際のニューラルネットワークでは、ReLUなど他の種類の活性化関数も用いられます。さらに、実用的な処理では、複数の隠れ層を多段に接続するなど、より複雑なニューラルネットワークが必要となります。ただし、そのような場合でも、アフィン変換と非線形変換の組み合わせという本質は、ほぼ変わりありません。隠れ層を多段にした場合の効果、あるいは、変換のパラメータを決定する最適化アルゴリズムそのものについては、一般的なニューラルネットワークの解説書を参考にしてください[注5]。

注5)『TensorFlowとKerasで動かしながら学ぶ ディープラーニングの仕組み ~畳み込みニューラルネットワーク徹底解説~』(中井悦司・著、マイナビ出版、2019年)など。

## まとめ

本稿では、$(x_1, x_2)$平面上のデータを$(z_1, z_2)$平面にマッピングすることで、より簡単にデータを分類できることを示しました。図3のデータであれば、「回転+平行移動」することで、図4のようになり、1つの座標$z_1$の符号だけで分類できるようになりました。図5のような複雑なデータ配置の場合は、より一般的なアフィン変換にハイパボリック・タンジェントtanhを組み合わせることで、図8のような配置に変換することができました。

このように、与えられたデータに一定の変換を加えていくという考え方は、数学の基本的な発想の1つであり、線形代数における一次変換(線形変換)はまさにこの一例と言えるでしょう。アフィン変換、すなわち、「一次変換+平行移動」だけで頑張るのが線形分類のアルゴリズムであり、さらに、活性化関数による非線形変換を加えたものがニューラルネットワークということになります。線形代数という基礎知識を持つことで、ニューラルネットワークの構造がより見通しよく理解できそう——そんな感覚が持てたのではないでしょうか?

機械学習のアルゴリズムの中には、このほかにも線形代数の知識を背景としたものがたくさんあります。本特集を通して、機械学習と線形代数の関係をより広くつかみ、ぜひ、数学を学ぶモチベーションを高めてください。SD

## 一次変換／アフィン変換の復習

COLUMN

本文でも触れたように、一般に、一次変換（線形変換）と平行移動を組み合わせた変換をアフィン変換と呼びます。平行移動の部分は簡単ですので、ここでは、一次変換の部分について復習しておきます。

まず、一般に、次の形の座標変換$(x_1, x_2) \Rightarrow (z_1, z_2)$を一次変換、もしくは、線形変換と呼びます。

$$z_1 = a_{11}x_1 + a_{12}x_2$$
$$z_2 = a_{21}x_1 + a_{22}x_2$$

これは、行列を用いると、次のようにまとめることもできます。

$$\begin{pmatrix} z_1 \\ z_2 \end{pmatrix} = \begin{pmatrix} a_{11} & a_{12} \\ a_{21} & a_{22} \end{pmatrix} \begin{pmatrix} x_1 \\ x_2 \end{pmatrix}$$

より一般には、3次元以上の座標変換を考えることもできますが、ここでは、簡単のために、上記のような2次元座標の場合に限定します。そして、行列に含まれる4つの成分の指定により、さまざまな変換が行われるわけですが、一般には、**図A**に示した4種類の変換の組み合わせになることが知られています（厳密には、2つの軸を入れ替える、「反転」もあります）。

いずれも、$(x_1, x_2)$平面上の直線を$(z_1, z_2)$平面上の直線に変換するという特徴があります。直線を曲線に変換したり、あるいは逆に、曲線を直線に変換したりするようなことはできません。本文の**図5**から**図6**への変換では、縦方向と横方向のせん断を組み合わせて、**図B**のような変換を行うことにより、斜めに伸びたデータの配置をきれいな格子状の配置へと変換しています。

**▼図A　一次変換の基本要素**

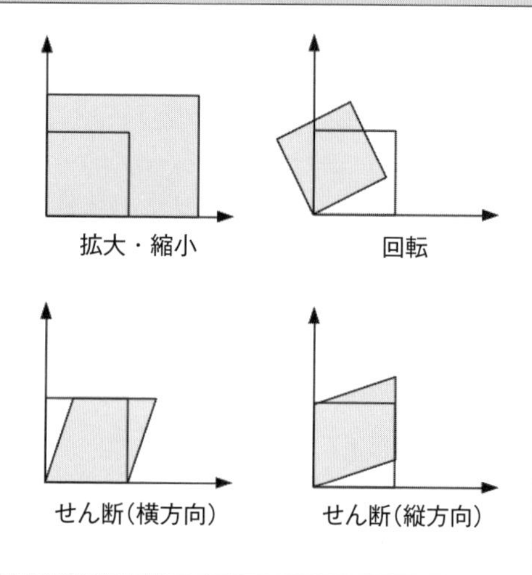


**▼図B　図5⇒図6の変換に利用した一次変換**

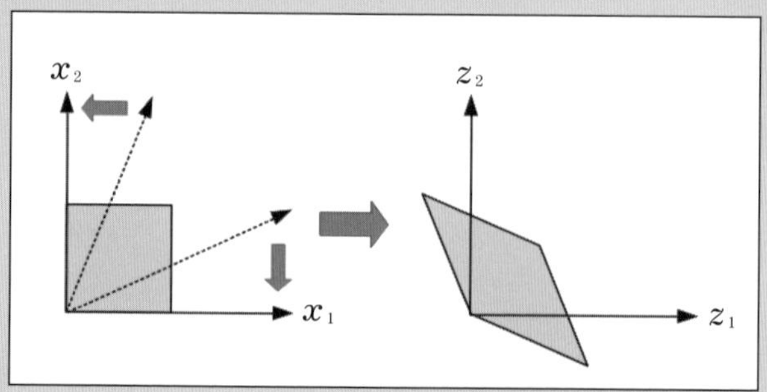

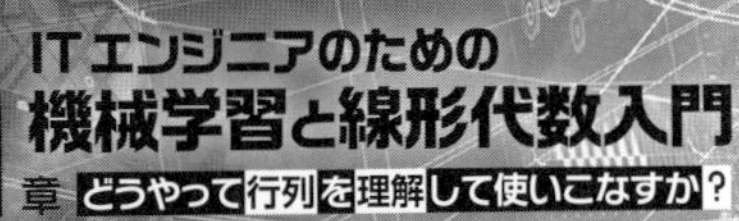


# 1-2 高校数学の復習 速習・線形代数

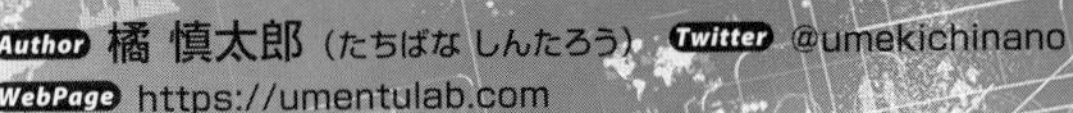

Author 橘 慎太郎(たちばな しんたろう) Twitter @umekichinano



WebPage https://umentulab.com
イラスト:タネグサ Twitter @tanegusa1221


線形代数は、大学だと学部によりますが1、2年次に履修することが多い基礎とされている分野です。ですが基礎とはいえ、線形代数だけでも十分に難しいと筆者は考えています。今回は比較的、機械学習の理論で扱われることが多い線形代数の一部分を紹介しています。本誌のサポートページで練習問題を公開します(回答は別途ダウンロードできます)。

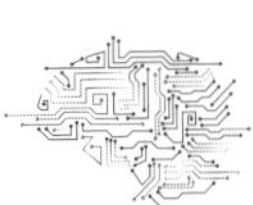

## 線形性

**線形性**をわかりやすく説明しようとすると逆に回りくどくなってしまうため、厳密な定義から紹介して、例を交えつつ理解してもらいます。線形性の定義は**図1**のとおりです。

たとえば、中学校のときに習う$f(x)=x$という関数を見てみましょう。グラフは**図2**のとおりです。

試しに$x=1$を代入すると$f(1)=1$になりますし、$x=-5$を代入すると、$f(-5)=-5$になりますね。この$f(x)=x$が線形性を持っているか、確認してみましょう(**図3**)。

$f(x)=x$というグラフは線形性を持っていることが確認できました。今度は、$f(x)=x^2$という関数ではどうでしょうか。$f(x)=x^2$のグラフは**図4**のとおりです。

また定義に従って、線形性を確かめてみましょう(**図5**)。

$f(x)=x^2$はどうやら線形性を持っていないようです。実は線形性を持っている関数は**図2**のように「グラフが直線である」という性質があ

**▼図1 線形性の定義**

関数 $f$ が任意の変数 $x, y$ と任意のある数 $\alpha$ に対して

(a)$f(x+y)=f(x)+f(y)$

(b)$f(\alpha x)=\alpha f(x)$

を満たすとき、$f$ は**線形性を持つ**という。

**▼図3 線形性の確認**

(a)

$f(a+b)=(a+b)=a+b$

$f(a)+f(b)=a+b$

より、$f(a+b)=f(a)+f(b)$ を満たしている。

(b)

$f(\alpha a)=(\alpha a)=\alpha a$

$\alpha f(a)=\alpha a$

より、$f(\alpha a)=\alpha f(a)$ を満たしている。

**▼図2 $f(x)=x$ のグラフ**

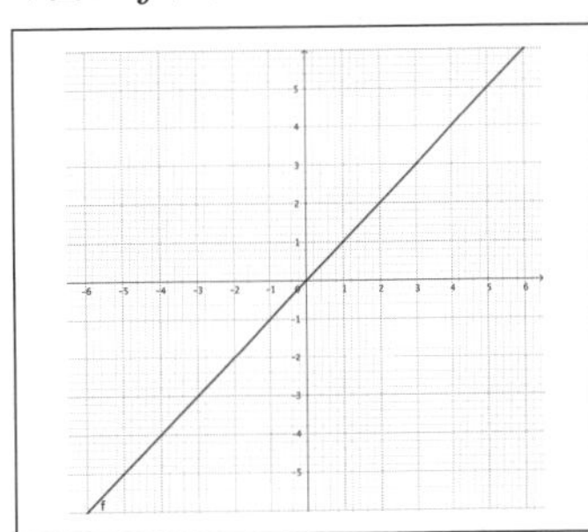

**▼図4 $f(x)=x^2$ のグラフ**

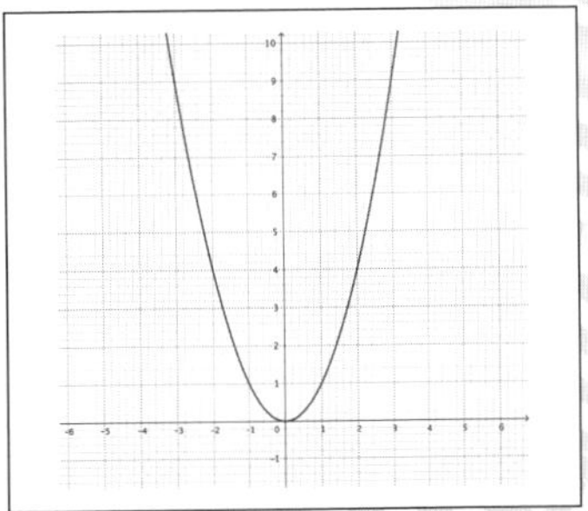

▼図5　線形性の確認

(a)
$f(a+b) = (a+b)^2 = a^2 + 2ab + b^2$
$f(a) + f(b) = a^2 + b^2$
より、$f(a+b) = f(a) + f(b)$ を満たしていない。
(b)
$f(\alpha a) = (\alpha a)^2 = \alpha^2 a^2$
$\alpha f(a) = \alpha a^2$
より、$f(\alpha a) = \alpha f(a)$ を満たしていない。

▼図6　$f(x) = 2x + 3$のグラフ

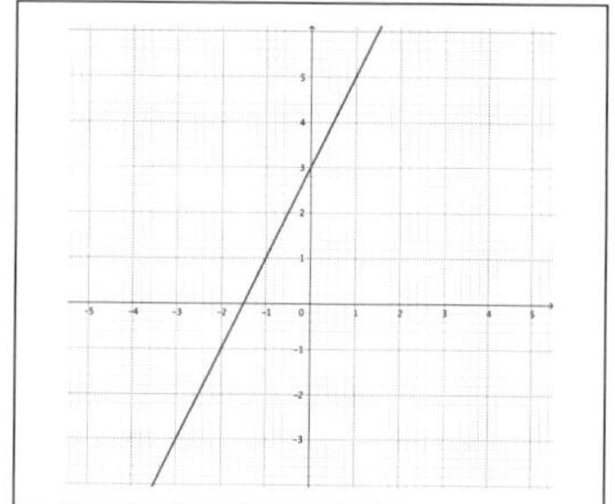

▼図7　線形性の確認

(a)
$f(a+b) = 2(a+b) + 3 = 2a + 2b + 3$
$f(a) + f(b) = (2a+3) + (2b+3) = 2a + 2b + 6$
より、$f(a+b) = f(a) + f(b)$ を満たしていない。
(b)
$f(\alpha a) = 2(\alpha a) + 3 = 2\alpha a + 3$
$\alpha f(a) = \alpha(2a+3) = 2\alpha a + 3\alpha$
より、$f(\alpha a) = \alpha f(a)$ を満たしていない。

▼図8　ベクトルの定義

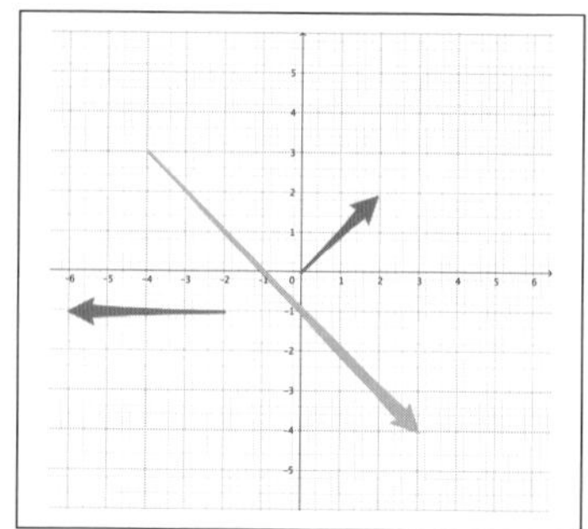

ります。では、$f(x) = 2x + 3$という関数はどうでしょうか。$f(x) = 2x + 3$のグラフは**図6**のとおりです。

先の例のとおり、定義に従って調べてみましょう(**図7**)。

$f(x) = 2x + 3$も線形性を持っていないようです。**図2**と**図6**を比較してもらうとわかるかと思いますが、**図2**は原点(x軸とy軸が交差している部分)を通っていることがわかります。

実は線形性を持つ関数は「原点を通る」、言い換えると「$f(0) = 0$である」という性質があります。つまり線形である関数は「原点を通る直線」という特徴があります。逆に、線形性を持たない関数は**非線形性を持つ**、と言います。

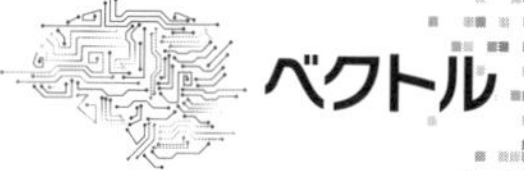

## ベクトル

### ▷ベクトルの定義

ベクトルは多くの方が高校2年生のときに習ったかと思います。高校のときのベクトルの定義は、「方向と大きさを持った量」と定義しています。ベクトルを簡単に表す方法として、矢印で表現することが多いです。

## 数学好きのための「写像」とは　COLUMN

本文では線形関数を定義し紹介しましたが、そもそも関数とはたとえば$y = f(x)$と書くと、$x$と$y$の2つの数の対応付けを意味します。しかし数学では、数かそれ以外の要素が入った**集合**をよく扱います。そのときに**写像**というものを定義して、ある集合と別の集合(もしくはその集合自身)の対応付けを行います。関数も“数の集合”から“数の集合”への対応付けであるため、写像の一種です。また、写像も関数と同様に線形性を定義できます。

▼図9　ベクトルの表現

$$\begin{pmatrix}1\\2\\3\end{pmatrix}\quad\begin{pmatrix}a\\b\\c\\d\\e\end{pmatrix}\quad\begin{pmatrix}a_1\\a_2\\\vdots\\a_n\end{pmatrix}$$

▼図10　ベクトルの演算

$$\begin{pmatrix}x_1\\x_2\\\vdots\\x_n\end{pmatrix}+\begin{pmatrix}y_1\\y_2\\\vdots\\y_n\end{pmatrix}=\begin{pmatrix}x_1+y_1\\x_2+y_2\\\vdots\\x_n+y_n\end{pmatrix}$$

$$\alpha\begin{pmatrix}x_1\\x_2\\\vdots\\x_n\end{pmatrix}=\begin{pmatrix}\alpha x_1\\\alpha x_2\\\vdots\\\alpha x_n\end{pmatrix}$$

▼図11　ベクトルの引き算

$$\begin{pmatrix}a_1\\a_2\\a_3\end{pmatrix}-\begin{pmatrix}a_4\\a_5\\a_6\end{pmatrix}=\begin{pmatrix}a_1\\a_2\\a_3\end{pmatrix}+\begin{pmatrix}-a_4\\-a_5\\-a_6\end{pmatrix}=\begin{pmatrix}a_1-a_4\\a_2-a_5\\a_3-a_6\end{pmatrix}$$

▼図12　ベクトルの和とスカラー倍

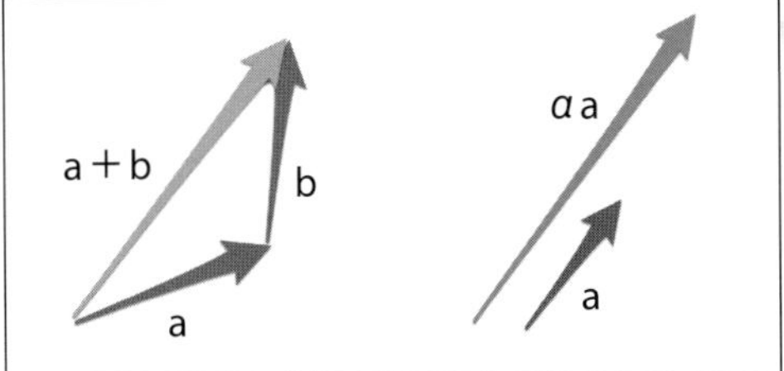


余談ですが、「あなたとは考え方のベクトルが違う」といった表現をしますが、この場合のベクトルは単に方向性という意味で使われています。ベクトル本来の意味とは異なるため、筆者は「方向性っていえばいいのになぁ」と思っています。

### ▷ベクトルの表現

さて、**図8**で平面上でベクトルを表現しましたが、我々は3次元までしか認識できません。しかし、機械学習などで使うベクトルは、もっと大きな次元のベクトルを扱います。ですので、ベクトルは**図9**のように表現します。

縦長の括弧の中に、縦に数字を並べています。数字の並んでいる数が、そのベクトルの次元です。**図9**の場合は、左から「3次元、5次元、n次元」のベクトルとなっています。また、ベクトルの中のひとつひとつの値をそのベクトルの**成分**といいます。

注意として、文章中ではベクトルを記述することが難しいため、$^T$という記号を使ってベクトルを表現します。たとえば$(1\ 2\ 3)^T$と書かれていた場合、縦に1 2 3と並んだベクトルを指します。

### ▷ベクトルの演算

ベクトルには和とスカラー倍が定義されます。演算は**図10**のとおりです。

注意として、「(3次元のベクトル)+(5次元のベクトル)」のような次元の異なるベクトルは和の演算はできません。引き算に関しては、**図11**のように和とスカラー倍を駆使することで計算できます。

ベクトルの和とスカラー倍を幾何学的に見ると、**図12**のようなことをしています。

ベクトルの和はちょうど、「2つの矢印をつなぎ合わせた結果」となり、スカラー倍は、「矢印を引き伸ばしたり縮めたりした結果」となっています。4次元以上のベクトルは可視化できませんが同じような結果となりますので、数式だけでイメージしづらい場合は幾何学的にはこのようなことになっているんだな、とイメージしてみてください。

### ▷ベクトルの内積

ベクトルの内積とは、2つのベクトルを**図13**のように定義される演算のことです。

▼図13 ベクトルの内積

$$< \begin{pmatrix} a_1 \\ a_2 \\ \vdots \\ a_n \end{pmatrix}, \begin{pmatrix} b_1 \\ b_2 \\ \vdots \\ b_n \end{pmatrix} >= \sum_{i=1}^{n} a_i b_i$$

▼図15 内積の線形性

ベクトル $x,y,z$ とある数 $\alpha$ に対して

$$< x+y,z >=< x,z > + < y,z >$$
$$< x,y+z >=< x,y > + < x,z >$$
$$< \alpha x,y >=< x,\alpha y >= \alpha < x,y >$$

Σ(シグマ)記号で怯えてしまう方もいるかもしれませんが、ざっくり言い換えれば、「2つのベクトルの成分同士をかけて足していく」というものです。簡単な例を見ていくことで内積はとても簡単なものだと感じてもらえるかと思います(**図14**)。

また、内積は前節で扱った線形性(双線形性)を持っています(**図15**)。

2つのベクトルの内積の結果が0になるとき、その2つのベクトルは**直交している**といいます。

### ▷ベクトルのノルム(長さ)

**図12**でベクトルを矢印で表現しましたが、矢印には長さがあるように、ベクトルにも長さを定義できます。ベクトルの長さのことを**ノルム**といいます。ベクトルのノルムは**図16**のように定義します。

複雑にみえるかもしれませんが、内積さえ計算してしまえばルートを計算するだけです。

### ▷ベクトル空間

これまで天下り的にベクトルを紹介してきましたが、ベクトルとは何かをお話するには、**ベクトル空間**を説明する必要があります。ベクトル空間とはいったい何なのでしょうか。厳密な

▼図14 内積は簡単

$$< \begin{pmatrix} 1 \\ 2 \\ 3 \end{pmatrix}, \begin{pmatrix} 4 \\ 5 \\ 6 \end{pmatrix} > = 1 \times 4 + 2 \times 5 + 3 \times 6$$
$$= 32$$

▼図16 ベクトルのノルム(長さ)の定義

$$\|x\| = \sqrt{< x,x >}$$

▼図17 ベクトル空間の定義の一部

ある集合 $V$ があり、任意の $V$ の要素 $\mathbf{a}$、$\mathbf{b}$ と任意のある数 $\alpha$ に対して、$\mathbf{a}+\mathbf{b}$, $\alpha\mathbf{a}$ が $V$ の要素になるように和とスカラー倍の演算が与えられている。

定義は専門書を参照していただければと思いますが、ベクトル空間は、**図17**の演算が定義されていて、さらに**うまい性質**を持った集合を指します。

なんのことかよくわからないかもしれませんが、前節の線形性の定義を思い出してみると、ベクトル空間の演算の定義とよく似ていることがわかります。実はベクトル空間には線形性があります。そもそもベクトル空間は、線形空間ともしばしば呼ばれます。我々が扱うベクトルというのはベクトル空間の要素です。

### ▷一次独立・一次従属・一次結合

ベクトルの特徴に**一次独立**と**一次従属**というものがあります。一次独立と一次従属の定義は**図18**のとおりです。

**図19**は一次独立の例です。

あるベクトルを他のベクトルの和やスカラー倍で表現することを**一次結合**といいます。いくつかのベクトルが一次独立であるというのは、「その中の1つのベクトルを、それ以外のベクトルの一次結合で表すことができない」ことを指します。逆に一次従属であるとは、「その中の1つ

のベクトルを、それ以外のベクトルの一次結合で表すことができる」ことを指します。これらの性質は次節の行列でも重要な性質です。

▼図18　一次独立と一次従属の定義

V をベクトル空間とする。このとき、任意の $x_1, x_2, \ldots, x_n$ と任意の数 $\alpha_1, \alpha_2, \ldots, \alpha_n$ に対して

$$\alpha_1 x_1 + \alpha_2 x_2 + \ldots + \alpha_n x_n = 0 \Rightarrow \alpha_1 = \alpha_2 = \ldots = \alpha_n = 0$$

が成り立つとき、$x_1, x_2, \ldots, x_n$ は **一次独立である**という。
また、一次独立でないとき、$x_1, x_2, \ldots, x_n$ は **一次従属である**という。

### ▷基底

ベクトル空間の中で、**図20**の性質を持つベクトルの集まりを**基底**といいます。

(a)の性質は上で紹介したとおりですが、(b)に関しては少し解説します。(b)で言っていることを大雑把に言うと、「ベクトル空間$V$内のどのようなベクトルも、基底の一次結合で表すことができる」ということです。また、基底の個数を**次元**といいます。ベクトル空間の基底の例は**図21**のとおりです。

▼図19　一次独立の例

$\begin{pmatrix}1\\0\\0\end{pmatrix}, \begin{pmatrix}0\\1\\0\end{pmatrix}, \begin{pmatrix}0\\0\\1\end{pmatrix}$ はある数 $a_1, a_2, a_3$ に対して、

$$a_1\begin{pmatrix}1\\0\\0\end{pmatrix} + a_2\begin{pmatrix}0\\1\\0\end{pmatrix} + a_3\begin{pmatrix}0\\0\\1\end{pmatrix} = \begin{pmatrix}0\\0\\0\end{pmatrix}$$

と仮定すると、

$$\begin{pmatrix}a_1\\a_2\\a_3\end{pmatrix} = \begin{pmatrix}0\\0\\0\end{pmatrix}$$

より、$a_1 = a_2 = a_3 = 0$ のときのみイコールが成り立つことがわかる。
よって $\begin{pmatrix}1\\0\\0\end{pmatrix}, \begin{pmatrix}0\\1\\0\end{pmatrix}, \begin{pmatrix}0\\0\\1\end{pmatrix}$ は一次独立である。

基底$[(1\,0\,0)^T, (0\,1\,0)^T, (0\,0\,1)^T]$は中から2つ取り出して内積をとると、どの組み合わせでも0になることがわかります。また各ベクトルのノルムをとると1になります。このようなノルムが1の直交する基底のことを**正規直交基底**と呼びます。

▼図20　基底

$V$ をベクトル空間とする。
このとき、ベクトルの集合 $\{x_1, x_2, \ldots, x_n\}$ に対して
(a) $\{x_1, x_2, \ldots, x_n\}$ は一次独立である
(b) $\{x_1, x_2, \ldots, x_n\}$ は $V$ を**張る**
とき、$\{x_1, x_2, \ldots, x_n\}$ は $V$ の**基底である** という。

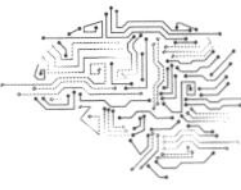

## 行列

### ▷行列の定義と種類

**行列**とは、数字を長方形型に配置したものを指します。具体的には**図22**のようなものです。

ベクトルも行列の1つです。ベクトル以外にも特徴的な行列があります。たとえば、**図22**の(b)のような正方形型の行列を**正方行列**といいます。また、ベクトルと同様に行列内のひとつひとつの数を**成分**といい、正方行列の対角線上の成分を**対角成分**といいますが、**図22**の(c)のように対角成分以外が0の行列を**対角行列**といいます。さらに対角行列のうちで対角成分がすべて1の行列を**単位行列**といい、$I$と表します。最後にすべての成分が0の行列を**零行列**といい、O

▼図21　ベクトル空間の基底の例

$V$ を3次元のベクトル空間とする。このとき、

$$\begin{pmatrix}1\\0\\0\end{pmatrix},\begin{pmatrix}0\\1\\0\end{pmatrix},\begin{pmatrix}0\\0\\1\end{pmatrix}$$

は $V$ の基底であることを基底の定義に基づいて確認する。

(a) に関しては上で一次独立であることを示したため、省略する。

(b) に関しては、任意の V の要素 $\begin{pmatrix}x_1\\x_2\\x_3\end{pmatrix}$ に対して

$$\begin{pmatrix}x_1\\x_2\\x_3\end{pmatrix}=\begin{pmatrix}x_1\\0\\0\end{pmatrix}+\begin{pmatrix}0\\x_2\\0\end{pmatrix}+\begin{pmatrix}0\\0\\x_3\end{pmatrix}$$
$$=x_1\begin{pmatrix}1\\0\\0\end{pmatrix}+x_2\begin{pmatrix}0\\1\\0\end{pmatrix}+x_3\begin{pmatrix}0\\0\\1\end{pmatrix}$$

より、$\begin{pmatrix}1\\0\\0\end{pmatrix},\begin{pmatrix}0\\1\\0\end{pmatrix},\begin{pmatrix}0\\0\\1\end{pmatrix}$ の一次結合で表すことができた。

よって $\begin{pmatrix}1\\0\\0\end{pmatrix},\begin{pmatrix}0\\1\\0\end{pmatrix},\begin{pmatrix}0\\0\\1\end{pmatrix}$ は $V$ の基底である。

▼図22　行列

$$(a)\begin{pmatrix}1&2&3\\4&5&6\\7&8&9\\10&11&12\end{pmatrix}(b)\begin{pmatrix}2&1&4&5\\4&-1&9&3\\-3&2&6&1\\9&1&2&5\end{pmatrix}(c)\begin{pmatrix}1&0&0&0&0\\0&2&0&0&0\\0&0&3&0&0\\0&0&0&4&0\\0&0&0&0&5\end{pmatrix}$$

▼図23　行と列の覚え方

▼図24　転置行列

$$\begin{pmatrix}1&2&3\\4&5&6\\7&8&9\\10&11&12\end{pmatrix}^T=\begin{pmatrix}1&4&7&10\\2&5&8&11\\3&6&9&12\end{pmatrix}$$

(オー)で表します。

## ▷行列の大きさと成分

行列の成分は、**行**と**列**で位置を表します。行は「横」で列は「縦」です。意外と覚えづらいので、**図23**のように覚えることをお勧めします。

行という漢字の造り(右の部分)は横棒があるから横です。列という漢字の造りは縦棒しかないから縦です。はじめのうちは急に行や列と言われるとどちらかわからなくなりがちなので、ぜひこの方法で覚えてください。

**図22**をもとに説明しますが、一番上の行を1行目とし、下に行くに連れて番号が増えていきます。列も同様に、一番左の列を1列目とし右に行くに連れて番号が増えていきます。**図22**の(a)は4行3列の行列となります。また、各成分を行番号と列番号で表します。たとえば**図22**の(a)の4は「2行1列目の成分」、もしくは「(2, 1)成分」といいます。同様に、ある行列のi行j列目の成分を「(i, j)成分」といいます。

また、ある行列の(i,j)成分を(j,i)成分に取り替えることを**転置する**といい、行列の右上を $T$ という記号を付けて表します。また、転置した行列を**転置行列**といいます(**図24**)。

## ▷行列の演算

行列もベクトルと同じように和とスカラー倍を**図25**のように定義します。

行列の和の結果は、足す2つの行列の行数、列数と同じ大きさの行列になります。つまり、和を行う2つの行列は、同じ行数、列数である必要があります。スカラー倍に関しても、スカラー倍の結果の行列はスカラー倍をする前の行列の行数、列数と同じ大きさの行列になります。

ベクトルと違う点として、行列には**掛け算**も

▼図25　行列の演算定義

$$\begin{pmatrix} a_{11} & a_{12} & \dots & a_{1m} \\ a_{21} & a_{22} & \dots & a_{2m} \\ \vdots & & \ddots & \\ a_{n1} & a_{n2} & \dots & a_{nm} \end{pmatrix} + \begin{pmatrix} b_{11} & b_{12} & \dots & b_{1m} \\ b_{21} & b_{22} & \dots & b_{2m} \\ \vdots & & \ddots & \\ b_{n1} & b_{n2} & \dots & b_{nm} \end{pmatrix} = \begin{pmatrix} a_{11}+b_{11} & a_{12}+b_{12} & \dots & a_{1m}+b_{1m} \\ a_{21}+b_{21} & a_{22}+b_{22} & \dots & a_{2m}+b_{2m} \\ \vdots & & \ddots & \\ a_{n1}+b_{n1} & a_{n2}+b_{n2} & \dots & a_{nm}+b_{nm} \end{pmatrix}$$

$$\alpha \begin{pmatrix} a_{11} & a_{12} & \dots & a_{1m} \\ a_{21} & a_{22} & \dots & a_{2m} \\ \vdots & & \ddots & \\ a_{n1} & a_{n2} & \dots & a_{nm} \end{pmatrix} = \begin{pmatrix} \alpha a_{11} & \alpha a_{12} & \dots & \alpha a_{1m} \\ \alpha a_{21} & \alpha a_{22} & \dots & \alpha a_{2m} \\ \vdots & & \ddots & \\ \alpha a_{n1} & \alpha a_{n2} & \dots & \alpha a_{nm} \end{pmatrix}$$

定義します。ただし掛け算は少し複雑なため、まず掛け算を行える行列の条件を説明します。まず**図26**を見てみてください。

行列の掛け算を行うことのできる条件として、掛け算の「左側の行列の列数」と「右側の行列の行数」が同じである必要があります。また、掛け算の結果として出てくる行列の行数は「左側の行列の行数」となり、列数は「右側の行列の列数」となります。この時点で複雑ですが、慣れないうちは**図26**のように掛け算をする行列の行数と列数を書いてみて、上の条件を満たしているか確かめてみるといいでしょう。

▼図26　行列同士のかけ算

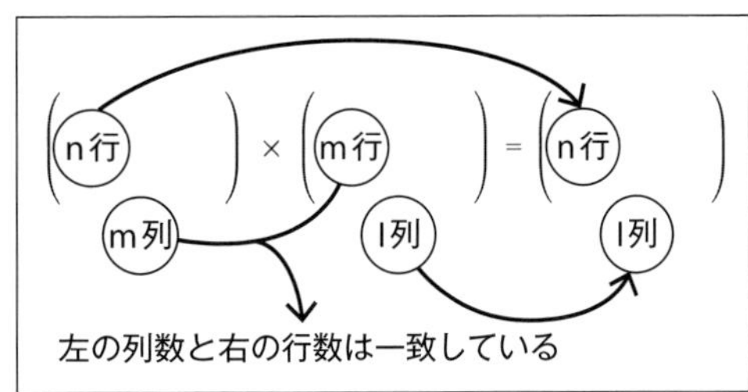


次に実際の計算ですが、こちらもまず**図27**をご覧ください。

左側の行列は「行」に注目し、右側の行列は「列」に注目します。次に、左側の行列の行（$i$行目とします）の成分と、右側の行列（$j$列目とします）の列の成分を順番にかけて足していきます。足した結果は、結果となる行列の(i,j)成分になります。たとえば、**図27**の左の行列の1行目は「(1 2)」で、右の行列の1列目は「$(1\ 2)^{\mathrm{T}}$」ですので、「$(1 \times 1) + (2 \times 2) = 5$」です。左側の行列の1行目と右側の行列の1列目でしたので、結果となる行列の$(1,1)$成分は5になります。同様に、左の行列のi行目の成分と右側の行列のj列目の成分を順番にかけて足していき、その計算結果が結果となる行列の(i,j)成分になります。

掛け算は慣れるまでたいへんですが、機械学習の理論では行列の掛け算がたびたび出てきますので、じっくり時間をかけて慣れていきましょう。

また数の掛け算の場合、たとえば2×3と3×2は同じですが、行列の場合は、AとBという行列があった場合、A×B と B×A は一般的には異なる結果になったり、そもそも行数と列数の関係で計算できなかったりします（数学的には**非可換性**といいます）。

### ▷単位行列と零行列

行列の定義の節で単位行列と零行列を簡単に紹介しました。数の場合、1とかけても元の数と変わりません。実は単位行列も、他の行列とかけても変化しません。また0は他の数と足し

▼図27　行列のかけ算の実際

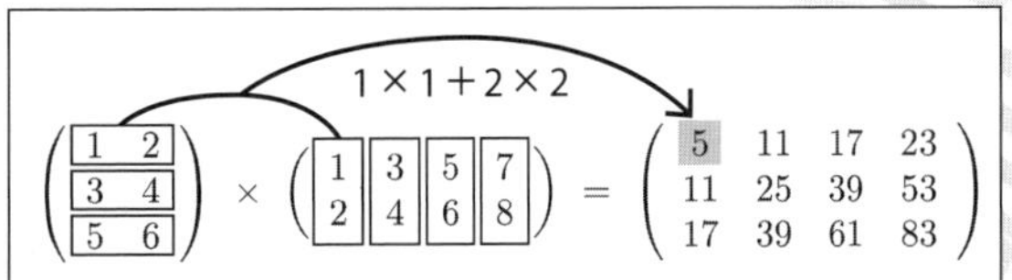

▼図28　連立方程式の解法

次の連立方程式を考える。

$$\begin{cases} x + 2y = 8 \\ 2x + 3y = 13 \end{cases}$$

各変数の係数を行列の成分にして行列を作る。

$$\begin{pmatrix} 1 & 2 & 8 \\ 2 & 3 & 13 \end{pmatrix}$$

基本変形して

$$\begin{pmatrix} 1 & 0 & \circ \\ 0 & 1 & \star \end{pmatrix}$$

となるように目指す。

$$\begin{pmatrix} 1 & 2 & 8 \\ 2 & 3 & 13 \end{pmatrix} \rightarrow \begin{pmatrix} 1 & 2 & 8 \\ 0 & -1 & -3 \end{pmatrix}$$

1行目を-2倍したものを2列目に加える

$$\rightarrow \begin{pmatrix} 1 & 0 & 2 \\ 0 & -1 & -3 \end{pmatrix}$$

2行目を2倍したものを1列目に加える

$$\rightarrow \begin{pmatrix} 1 & 0 & 2 \\ 0 & 1 & 3 \end{pmatrix}$$

2行目を-1倍する

以上より、x=2, y=3 であることがわかった。

ても変化しないように、零行列は他の行列と足しても変化しません。確認してみましょう。

## ▷行列の掃き出し

ここで少し本筋とはずれますが、**行列の掃き出し**というテクニックを紹介します。行列の掃き出しはよく、連立方程式を解くためのテクニックとして使われます。

行列の掃き出しは**基本変形**と呼ばれる次のようなルールで計算します。

### ◎行列の基本変形

①ある行をk倍する
②ある行をk倍したものを他の行に加える
③ある行と他の行を交換する

**図28**の連立方程式を解く例を見てみましょう。

この図の例では$x$、$y$の2つの変数の連立方程式を解きましたが、もっと多くの変数の連立方程式も同様に解くことができます。注意として、行列Aと、Aの掃き出しを行った結果の行列Bは異なる行列です（そのため**図28**の掃き出しはイコールではなく矢印で表現しています）。

## ▷行列式の計算

正方行列の特徴を知ることができるものとして、**行列式**があります。行列式の定義はとても複雑なため、興味のある方は専門書等で調べてみてください。正方行列Aの行列式は、det Aや|A|と表現します。

行列式の計算方法として、**たすき掛け**と呼ばれる計算方法がよく専門書等でも紹介されますが、これは2×2と3×3の正方行列にのみ限られる方法のため、汎用的ではありません。ここではどの大きさの正方行列でも計算できる、「行列の基本変形②」と**余因子展開**を使った行列式の計算方法を紹介します。

方針としては、次のとおりです。

### ◎行列式の計算方法

①行列の基本変形②を使って、1行目以外の1列目の成分を0にする
②1行目と1列目を切り取った右下の成分を行列に見立てて行列式を計算する
③元の行列の(1,1)成分と②で計算した行列式の値を掛け合わせる

2×2の正方行列に関しては**図29**のとおりです。

2×2の行列式の計算を行うと、1×1の行列式を計算する必要がありますが、1×1の行列式の値はその行列の成分と一致します。次に3×3の行列式の計算方法は**図30**のとおりです。

3×3の行列式の計算には2×2の行列式の計算が必要です。一般にn×nの行列式の計算を行うと、(n − 1)×(n − 1)の行列式が出てきます。(n − 1)×(n − 1)の行列式の計算には、(n − 2)×(n − 2)の行列式が出てきます。これを繰り返すことで最終的に2×2の行列式が出てくるため、(とても時間はかかりますが……)すべての正方行列の行列式は計算できます。注意として、行列式の計算方法①を行った結果、ある行の成分がすべて0になった場合、行列式の値は0になることが知られています(詳しくは後述する正則行列を参照してください)。

▼図29　行列式の計算方法(正方行列)

$\begin{pmatrix} 1 & 5 \\ 3 & 2 \end{pmatrix}$ の行列式は、

$$\begin{pmatrix} 1 & 5 \\ 3 & 2 \end{pmatrix} \to \begin{pmatrix} ① & 5 \\ 0 & \boxed{-13} \end{pmatrix}$$

1行目を−3倍したものを2列目に加える

より、$\begin{vmatrix} 1 & 5 \\ 3 & 2 \end{vmatrix} = ① \times \boxed{|-13|} = -13$

▼図30　3×3の行列式の計算方法

$\begin{pmatrix} 2 & 4 & 6 \\ -1 & 2 & 3 \\ 4 & 1 & 2 \end{pmatrix}$ の行列式は、

$$\begin{pmatrix} 2 & 4 & 6 \\ -1 & 2 & 3 \\ 4 & 1 & 2 \end{pmatrix} \to \begin{pmatrix} 2 & 4 & 6 \\ 0 & 4 & 6 \\ 4 & 1 & 2 \end{pmatrix}$$

1行目を1/2倍したものを2行目に加える

$$\to \begin{pmatrix} ② & 4 & 6 \\ 0 & 4 & 6 \\ 0 & -7 & -10 \end{pmatrix}$$

1行目を−2倍したものを3行目に加える

より、$\begin{vmatrix} 2 & 4 & 6 \\ -1 & 2 & 3 \\ 4 & 1 & 2 \end{vmatrix} = ② \times \begin{vmatrix} 4 & 6 \\ -7 & -10 \end{vmatrix} = 2 \times (4 \times \frac{1}{2}) = 4$

2×2の行列の行列式を計算する

## ▷行列のトレース

正方行列Aの対角成分の和をAの**トレース**といい、「Tr A」と表します(**図31**)。トレースには線形性があります。ぜひ本誌のWebで公開している、本特集の練習問題で確認してみてください。

▼図31　行列のトレース

$$\mathrm{Tr} \begin{pmatrix} x_{11} & x_{12} & \dots & x_{1n} \\ x_{21} & x_{22} & \dots & x_{2n} \\ \vdots & & \ddots & \\ x_{n1} & x_{n2} & & x_{nn} \end{pmatrix} = \sum_{i=1}^{n} x_{ii}$$

## ▷線形変換

ベクトルの節でベクトルを矢印で表しましたが、行列を使うことであるベクトルを回転させたり変形させたりできます。実際に例をみて確かめてみましょう(**図32**)。

**図32**では、$(1\ 1)^T$というベクトルを$(-3\ 2)^T$というベクトルに変形しました。このように、ベクトルを回転したり変形させる行列を**線形変換**といいます。線形変換という名前のとおり、線形性があります。「線形性って何だっけ?」と思った方は、線形性の節で確認してみてください。また線形変換に線形性があるか、確かめて

▼図32　線形変換

$$\begin{pmatrix} -3 & 0 \\ 0 & -2 \end{pmatrix} \begin{pmatrix} 1 \\ 1 \end{pmatrix} = \begin{pmatrix} -3 \\ -2 \end{pmatrix}$$

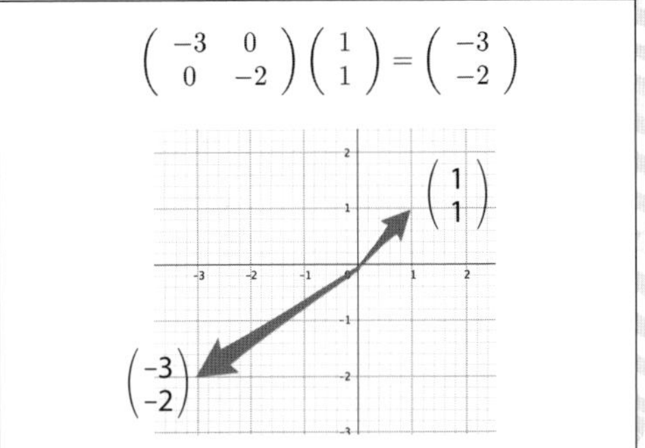

## 数学好きのための線形変換の解釈

COLUMN

Vをn次元ベクトル空間とします。このときAをV上の線形変換とするとAはn×nの正方行列です。ここで、VからVへの写像fを図33のように定義することで、fが線形写像になることが確認できます。

逆にいえば、ある線形写像fに対応する行列Aが存在する、という見方をすることができます。このAをfに対応する**表現行列**といいます。

**▼図33 線形写像**

$V$ を n 次元ベクトル空間とする。また、$A$ を $V$ 上の線形変換とする。このとき $V$ から $V$ への写像 $f$ を

$$f(x) = Ax$$

とすると、f は V 上の線形写像となる。実際、$x, y \in V$ と $\alpha \in \mathbb{C}$ に対して、

$$\begin{aligned} f(x+y) &= A(x+y) \\ &= Ax + Ay \\ &= f(x) + f(y) \end{aligned}$$

$$\begin{aligned} f(\alpha x) &= A(\alpha x) \\ &= \alpha Ax \\ &= \alpha f(x) \end{aligned}$$

が成り立っていることがわかる。

**▼図34 固有値と固有ベクトルの定義**

ある線形変換 $A$ とある複素数 $\lambda$ に対して

$$Ax = \lambda x$$

を満たす $x(\neq 0)$ が存在するとき、$x$ を**固有ベクトル**、$\lambda$ を**固有値**という。

固有値は、

$$\det(tI - A) = 0$$

を満たす t の値である。上式を**固有方程式**といい、左辺を**固有多項式**という。

**▼図35 行列式とトレースとの関係**

ある線形変換 $A$ と $A$ の固有値 $\lambda_1, \lambda_2, \ldots, \lambda_m$ に対して、

$$\mathrm{Tr}A = \sum_{i=1}^{m} \lambda_i \qquad \det A = \prod_{i=1}^{m} \lambda_i$$

が成り立つ。

みましょう。

### ▷固有値と固有ベクトル

**固有値**と**固有ベクトル**というものがあります。固有値と固有ベクトルの定義は図34のとおりです。

固有値は**固有方程式**の解です。一般に線形変換Aがn×nの正方行列の場合、固有方程式はn次方程式になります。注意として、一般的に固有値は「複素数」であることが知られています。複素数とは、よく「不思議な数$i$」といった表現で紹介されますが、二乗すると−1になる数を含む数です。

### ▷固有値

固有値は、上で紹介した行列式とトレースとの間に図35のような特徴があります。

ある正方行列のトレースの値は、その行列の固有値をすべて足した値を等しくなります。また正方行列の行列式の値は、その行列の固有値をすべてかけた値と等しくなります。

### ▷特徴的な行列

この節では、機械学習などで使われる特徴的な行列をいくつか紹介します。最初に紹介するのは**対称行列**です。対称行列の定義は図36のと

▼図36　対称行列

ある正方行列 $A$ に対して
$$A = A^T$$
が成り立つとき、$A$ を **対称行列** という。

▼図37　正則行列

ある正方行列 $A$ に対して
$$AB = BA = I$$
となる正方行列 $B$ が存在するとき、$A$ を **正則行列** という。
また、このときの $B$ を**逆行列**という。

▼図38　直交行列の定義

ある正方行列 $A$ に対して、
$$AA^T = A^TA = I$$
が成り立つとき、$A$ を **直交行列** という。

▼図39　上三角行列・下三角行列

$$\begin{pmatrix} x_{11} & x_{12} & x_{13} & x_{14} \\ 0 & x_{22} & x_{23} & x_{24} \\ 0 & 0 & x_{33} & x_{34} \\ 0 & 0 & 0 & x_{44} \end{pmatrix} \qquad \begin{pmatrix} x_{11} & 0 & 0 & 0 & 0 \\ x_{21} & x_{22} & 0 & 0 & 0 \\ x_{31} & x_{32} & x_{33} & 0 & 0 \\ x_{41} & x_{42} & x_{43} & x_{44} & 0 \\ x_{51} & x_{52} & x_{53} & x_{54} & x_{55} \end{pmatrix}$$

おりです。

上で紹介した、対角行列や単位行列なども対称行列の1つです。対称行列の特徴として、「固有値が実数になる」といった性質があります。次に**正則行列**です。正則行列の定義は**図37**のとおりです。

**図37**のBという行列のことを**逆行列**といいます。実数の世界では0以外の数に逆数(2の逆数は1/2など)が存在しますが、行列には必ずしも逆数が存在するとは限りません。この逆行列を持つ行列を正則行列といいます。正則行列の特徴として、「行列式の結果が0以外になる」、「行列の各列をベクトルとみなすと、それらのベクトルが一次独立となる」といった性質があります。次に**直交行列**を紹介します。直交行列の定義は**図38**のとおりです。

直交行列は(最後に紹介する)正規行列と正則行列の性質の両方を持ったような行列です。言い換えると「元の行列の転置行列が逆行列になる」という性質を持つ行列です。直交行列の特徴として、「ベクトルの内積の結果を変えない($<Av,Aw>=<v,w>$)」という性質があります。次に**上三角行列・下三角行列**を紹介します。上三角行列・下三角行列は**図39**です。

行列の対角成分より左下がすべて0の行列を上三角行列といいます。逆に、対角成分より右上が0の行列を下三角行列といいます。三角行列と指している場合は、おもに上三角行列を指すことが多いです。どちらの行列も特徴として、「対角成分が固有値になっている」ということが挙げられます。また任意の正方行列は正則行列を見つけることで上三角行列に変換できます(これを**上三角化**といいます)。

▼図40　正規行列の定義

ある正方行列 $A$ に対して
$$AA^T = A^TA$$
が成り立つとき、$A$ を **正規行列** という。

最後に**正規行列**を紹介します。正規行列の定義は**図40**のとおりです。

ある行列とその行列の転置行列の順にかけた結果と、転置行列と元の行列の順にかけた結果が同じくなる行列のことを正規行列といいます。正規行列の特徴として、「ある正則行列を見つけることで対角行列に変換できる(これを**対角化**といいます)」という特徴があります。対角化は上で紹介した上三角化の特別な場合です。

## どうやって線形代数を学んだらいいの?

### ▷手を動かすことが一番

線形代数に限らずの話になりますが、「手を動かすこと」に勝るものはありません。プログラミングは本を読んだだけではコードが書けるようにならないのと同様に、数学も問題を問いたり証明をする「感覚」を身につけていく必要があります。解けない問題に直面したときに、そのまま進めて解けるのか、それとも何かしらの迂回路を見つけて行く必要があるか、といったことを判断する必要も出てきます。そのために、多くの問題を解いたり、入門書などの証明を写しながらなぞってみることで何がわかって何がわからないかを明確にする必要があるのです。

機械学習で扱う線形代数に限って言えば、まず行列の計算をしてみましょう。計算するだけであればPythonやRなどのプログラミング言語を使うことで計算できますが、手計算をすることで、理論を理解する際に必要な計算テクニックを身に付けることができます。行列の計算のテクニックはとても奥深いです。

また、理論的な証明でどのような計算をしているのか、きちんと説明できるまで噛み砕いてみましょう。たとえば、「ある行列の逆行列をとる」といった場面が出てきますが、この章でも紹介したとおり、逆行列は正則行列でないと存在しません。そのため、逆行列をとるには元の行列が正則行列かどうか証明する必要があります。このように、問題を分解して理解していく能力が必要です。本誌のWebページ[注1]に練習問題(と解答)がありますので、ぜひ参照ください。

### ▷名著と呼ばれる本を手にとってみる

機械学習ブームのおかげでネット上にも多くの理論の解説が紹介されるようになりました。しかし筆者が見る限りでも、厳密さを欠いた説明もしばしば見受けられます。そこで、難しい本もありますが「名著」と呼ばれる本をいくつか手にとってみることをお勧めします。本だからといって間違っていないという保証はありませんが、確かさはネット上の情報の比ではありません。また、いくつか手にとってみる理由として、同じ線形代数でも著者によって考え方やアプローチが異なります。その中で自分が読み進めやすいものであったり、手元にある機械学習の理論のアプローチに近い本を探すことで、学習が捗るようになるかと思います。

### ▷「餅は餅屋」に聞いてしまおう

SNSで本の著者や有識者の方とつながりやすい世の中です。わからなかったら聞いてしまいましょう！　筆者もFacebookなどで受け付けています！　わからないことがあったら気軽に聞いてください！

## 最後に

機械学習を理解するうえで必要な問題を厳選しましたので、ぜひ本誌のWebページから練習問題をダウンロードし、問題を解いてみてください。理解度がとても変わります。また、今回は重要な定理の紹介に留めており、証明をしていません。それらに関しては自分で調べてみてください。本章では、機械学習で使うと思われる線形代数のことを書かせてもらいましたが、「ここまでやればいい」ということは、数学ではほとんどありません。興味がある方は線形代数の専門書を手に取ってみてください。きっと世界が広がりますよ！ SD

注1）https://gihyo.jp/magazine/SD/archive/2019/201901/support

# 1-3 画像の推論に挑戦 やさしくわかるディープラーニングと線形代数

Author 石川 聡彦（いしかわ あきひこ） 株式会社アイデミー 代表取締役社長CEO
Twitter @ai_aidemy

機械学習の中でも注目のディープラーニングの世界をのぞいてみましょう。画像の推論を行うしくみを通して、線形代数との関係を知ってください。

## ディープラーニングとニューラルネットワーク

### ▷人工知能・機械学習・ディープラーニング・ニューラルネットワークの関係性の整理

この章ではディープラーニングと線形代数の関係について述べながら、機械学習全体の流れを解説します。

まず始めに、ディープラーニングとニューラルネットワークについてです。人工知能・機械学習・ディープラーニング・ニューラルネットワークの関係性は、**図1**のとおりです。人工知能の一部が機械学習、機械学習の一部がディープラーニング、ディープラーニングの一部がニューラルネットワークを使ったアルゴリズム、となっています。

**▼図1　人工知能・機械学習・ディープラーニング・ニューラルネットワークの関係**

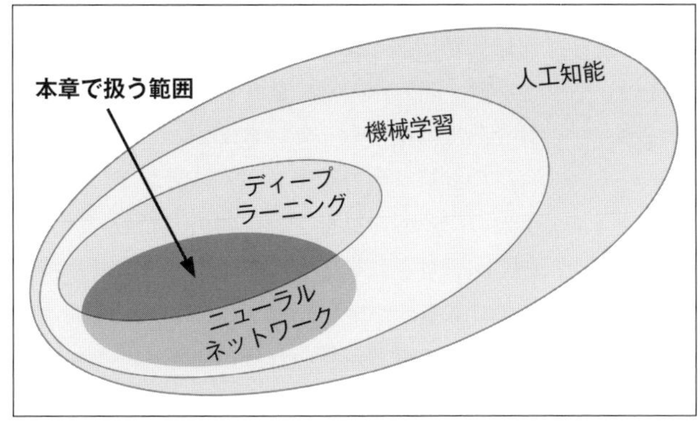


現行のディープラーニングの主流はニューラルネットワークを使ったアルゴリズムであり、本稿でも**図1**の矢印で示した範囲、ニューラルネットワークのアルゴリズムについて考えます。

### ▷神経細胞（ニューロン）と人工ニューロン

ニューラルネットワークとは人間の脳の中のしくみを数学的に模したものです。ニューラルネットワークについて説明するために、まず神経細胞（ニューロン）と人工ニューロンについて解説します。

人間の脳の中には神経細胞があります。神経細胞は、互いにつながり合いながら電気信号を受け取り、次の神経細胞に電気信号を送ります。この電気信号のやりとりによって、情報が処理されていると考えられています。これが人間の脳のしくみであり、模式化したものを**図2**に示します。

ここで1つの神経細胞に注目してみましょう。1つの神経細胞は複数の神経細胞から電気信号を受け取ります。その電気信号の和が、ある値を超えると発火し、次の神経細胞に一定の大きさの電気信号を送ります。発火するイメージを**図3**に示します。

この神経細胞を人工的に再現したものが、人工ニューロン（ノード）です。人工ニューロンも神経細胞（ニューロン）と同じように、さまざ

▼図2　神経細胞の模式図

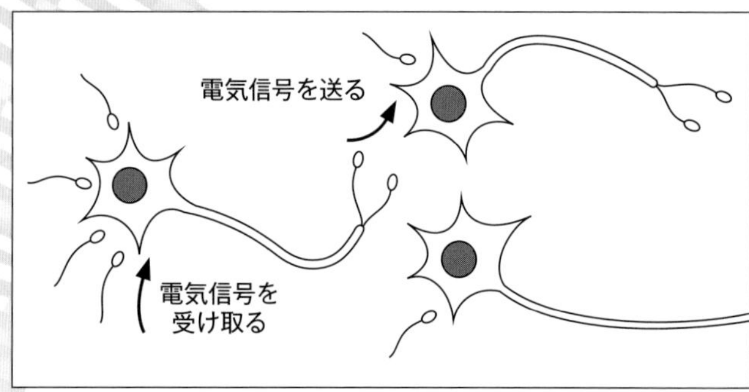


▼図3　ニューロンの発火

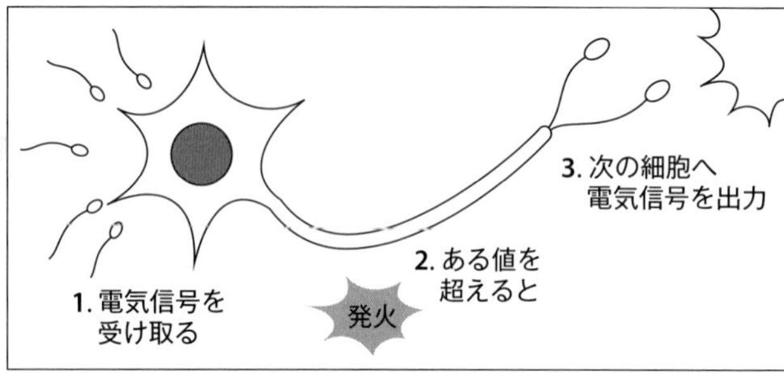


▼図4　人工ニューロンのイメージ

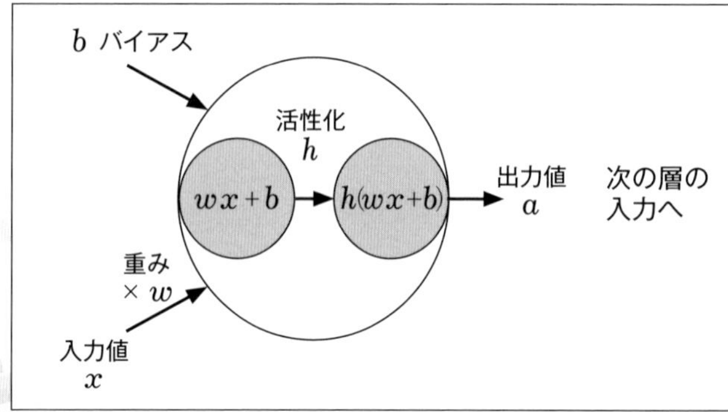


まな人工ニューロンから電気信号(値)を受け取り、人工ニューロン内で数値変換が行われ、その変換後の値を次の人工ニューロンへ伝えていきます。人工ニューロンのイメージを**図4**に示します。

以降では、ニューロンと言えば人工ニューロンを指すことにします。

ニューロンで行われている計算を詳しく見てみましょう。ニューロンは入力値$x$に対して、重み$w$を掛けたあとでバイアス$b$を足します。**図4**では、シンプルにニューロンを表現するために入力値$x$と重み$w$は1ペアだけ描かれていますが、ニューロンは任意の数のペアを入力に受け付けることができます。それぞれの入力値$x$と重み$w$の積に、バイアス$b$を足した値が活性化関数$h$によって変換され、変換値$a$を出力します。

このように、さまざまなニューロンから値が送られ、ニューロンの中で値が変換されます。その値がまた次のニューロンへ伝わっていく、という計算がニューロンの中で行われるのです。

## ディープニューラルネットワークの模式図と計算方法

次に、ディープニューラルネットワークの模式図と計算方法について解説します。

ディープニューラルネットワークとは、ニューロンを入力層1層・中間層2層以上・出力層1層として、合計4層以上になるように横に長く連ねたニューラルネットワークを指します。ニューロンを縦に並べたときの列のことを「層」と言います。模式図を**図5**に示します。

値は入力層に入力され、**図5**の模式図に従って値が変換されて次の層のニューロンに値が伝播します。そのニューロンで値が変換され、また次の層に値が伝播する、という計算を順々に繰り返していきます。

この計算は出力層まで順々に計算され、機械学習の「分類」の場合、最後の出力層の一番大きいニューロンに対応するようなカテゴリが推論結果である、というようにして、ニューラルネットワークの計算が行われるのです。

## ▷機械学習の「訓練」と「推論」

さて、機械学習には「訓練」フェーズと「推論」フェーズ[注1]があります。それぞれのフェーズに関して解説します。前節で解説したニューラルネットワークの計算は、ニューラルネットワークの重み$W$やバイアス$b$が決まっている状態で行えるものです。これらの重み$W$やバイアス$b$が決まっていれば、画像などの未知のデータに対して、それがどういう画像なのかを判定することができます。こういった未知のデータに対して機械学習モデルを適用することを「推論」と言います。

一方、機械学習の訓練とは、ニューラルネットワークの重み$W$やバイアス$b$を発見する方法が訓練です。この適切な重みやバイアスを発見するのにデータが必要です。ディープラーニングでは「多くのデータが必要」と言われますが、それは訓練によって適切な重み$W$やバイアス$b$の行列を見つけるためです。

機械学習は「教師あり学習」、「教師なし学習」、「強化学習」と3つのカテゴリに分かれますが、本稿では「教師あり学習」の例を考えましょう。教師あり学習に必要なデータは、入力層に入れるのに適切なデータと、その正解ラベル、つまり出力層の値です。

たとえば、データセットとして手描きの数字画像を用意したと仮定しましょう。その場合、0という画像に0というラベルが付いている、1という画像には1というラベルが付いているというように、正解ラベルが付いた画像のデータセットが必要になります。ここで、MNIST[注2]という画像のデータセットを例にとって考えます。MNISTは人工知能プログラミングのHello Worldと言われるほど最もメジャーなデータセットです。データセットの例は**図6**のとおりです。手書きの文字であるため、同じ数字でも、横棒が少し長かったり、全体的に横や縦に長かったりと形が少し異なります。また、点線の丸で示した画像のように、人間の目から見ても5なのか6なのか見分けが付かないものも含まれています。

さて、次節から、実際に「推論」と「訓練」に分

**▼図5　ニューラルネットワークの模式図**

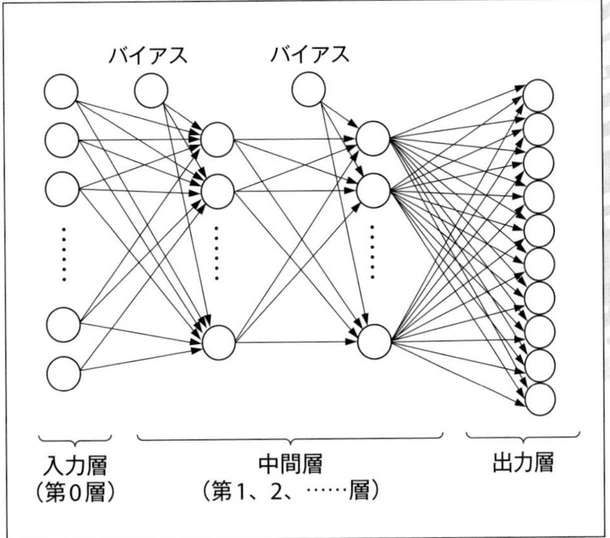


**▼図6　MNISTデータセットの例**

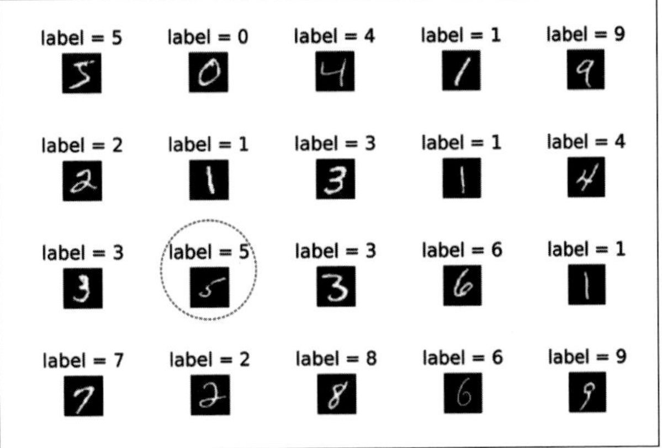


注1）「訓練」フェーズでは、訓練する過程においてニューラルネットワークで教師データを推論しながら進めていきます。そのため、「訓練」と「推論」は完全に分けることができない関係です。

注2）URL http://yann.lecun.com/exdb/mnist/

け、どのような計算が行われているのか順を追って確認していきます。

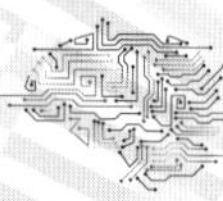

## 画像の推論に挑戦する

まず、「画像の推論に挑戦する」というテーマで、機械学習モデルはどのように画像の推論を行うのか、ステップに分けて解説します。

### ▷画像を行列化

始めに画像を行列化します。そもそも、画像というのは点の集まりでできています。たとえば、前節で解説したデータセットMNISTの場合、モノクロ画像が28ピクセル×28ピクセルで作られています。これは縦に28個、横に28個の点が連なっているということです。今回のデータセットはモノクロ画像なので、点1つ1つに対して、グレー度合いによって数字が割り振られています。白黒画像で0が白、255が黒を示しており、その中間値はグレーの度合いを示しています。

このように、画像はグレー度合いで1ピクセルごとに数字が割り振られているので、このMNISTの画像の場合は図7のように28行×28列の行列の値に変換することが可能です。

なお、本稿ではモノクロ画像を利用していますが、カラーの画像を扱う場合もあります。カラーの場合、たとえばRGBの色の具合、つまり赤の色の具合、緑の色の具合、青の色の具合という3指標でそれぞれの点を数字で表せるので、1つの画像につき3つの行列として扱うことができます。

このように、カラーの画像の場合もRGBの形で3つの行列という形、28ピクセル×28ピクセルであれば3つの28行×28列の行列という形に変換をしたうえで、機械学習の訓練が行われます。本稿では引き続きシンプルな例を考えたいので、モノクロの画像を考えましょう。

### ▷画像の正規化

次に行うことは画像の正規化です。画像の正規化とは、値を機械学習で訓練されやすいような形にデータを調整することを言います。

今回の場合、元データは0から255までの整数の行列になっていますが、正規化の作業ではすべて255で割って0から1までの値の行列になおします。このような正規化を行うことで、より早く機械学習の訓練が収束されることが知られています。

### ▷ニューラルネットワークで計算

さて、正規化された行列を使って、ニューラルネットワークによる計算を行います。

まず、最初の層には28行×28列の行列を入力するので、28×28＝784個のニューロンが置かれます。画像認識によく使われるディープラーニング手法のCNN(Convolutional Neural Network)では、最初の層は二28個×28個の二次元に配置されたニューロンに値を入力します。今回はシンプルなニューラルネットワークを考えたいので、784個のニューロンを1つずつ縦に並べるようなニューラルネットワーク

▼図7　画像を行列へ変換

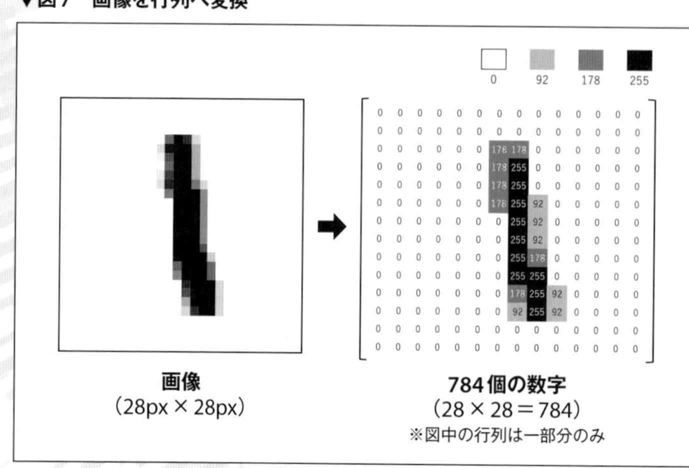

▼図8 ニューラルネットワークの構造

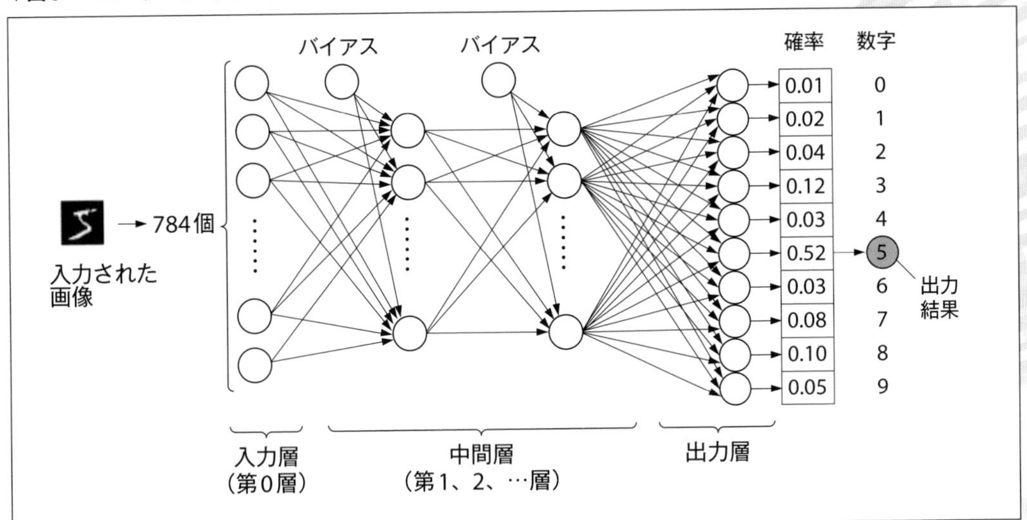


を考えましょう。こうした縦に1列に並んだニューロンの層を「全結合層」と言います。

さて、次に出力層に置くべきニューロンの数を考えましょう。今回の手書き数字画像の識別モデルの場合、10カテゴリへの分類を考えるので、出力層には全部で10個のニューロンを置きます。たとえば、上から1番目のニューロンの値が一番大きかったときは0である、上から2番目のニューロンの値が一番大きかったときは1である、というように10個のニューロンのうち、一番大きな出力値に対応したカテゴリを結果として返すのです。

中間層の数は、人の手でチューニングしながら中間層を置く数を決定します。基本的には中間層を2層以上置くものをディープラーニング（ディープニューラルネットワーク）と呼びます。**図8**のように作られたニューラルネットワークを使って画像を計算します。

### ▷内積計算を数回重ねて推論

**図8**のニューラルネットワークでは、行列の値1つ1つに対して重みがかけられることによって線形変換を行います。つまり、**図8**の場合、中間層の1層目に256個のニューロンを置くと仮定した場合、「256行784列の重み行列」と「784行1列の行列」の積が計算され、「256行1列の行列」ができるのです[注3]。このような線形変換を行い、活性化関数を挟んで非線形変換を繰り返すことで、特徴が抽出され、より高い精度で推論ができるようになるのです。

### ▷ニューロン内部での処理

ニューロンの内部では、数値の変換処理が行われます。この変換処理のことを活性化関数と呼びます。通常、活性化関数は中間層と出力層で使われます。活性化関数はニューラルネットワークの表現力を高めるクッションのようなもので、活性化関数は非線形関数が用いられます。ここでは、活性化関数としてよく使われる「ReLU関数」と「Softmax関数」を紹介しましょう。

まずは「ReLU関数」です。これは数式で、

$$\varphi(x) = \max(0, x) = \begin{cases} 0 \ (x \leqq 0) \\ x \ (x > 0) \end{cases}$$

と表される関数になります。数式を見ればわかるとおり、ReLU関数は入力が0以下であれば0を出力し、入力が0より大きいときは入力値を

注3） シンプルな例を考えるため、バイアスの影響を加味していません。以下も同様です。

そのまま出力する非常にシンプルな関数です。図にすると、**図9**のようになります。

さて、活性化関数としてReLU関数がよく使われる理由は次節で明らかになりますので、説明は次節に譲ります。ReLU関数は中間層の活性化関数として使われます。

次にSoftmax関数とは、出力層の活性化関数として使われる特別な関数です。Softmax関数を用いることで、最後のニューロンの出力値の合計が1になって、そしてそれぞれの出力値が確率で見なせることになるのです。

**図8**の出力値は、Softmax関数を適応させたものになっています。この場合、上から6番目のニューロンの値が最も大きく、その出力値は0.52となっています。今回のMNISTを学習する場合、ニューロンは上から「0」「1」……に対応することになっていますので、**図8**の場合は「52%の確率(確信度)で5である」と判定しているニューラルネットワークになります。

さて、今回のニューラルネットワークで、中間層を合計3層置き、それぞれニューロンを256個、128個、32個置いた場合、ニューラルネットワーク全体の構成図は**図10**のようになります。

このニューラルネットワークを使って推論が行われるのです。さて、この画像を推論するのに必要な重み行列は、「256行784列の重み行列$W1$」「128行256列の重み行列$W2$」「32行128列の重み行列$W3$」「10行32列の重み行列$W4$」と4つ出てきました。この重み行列を得るために行われる計算が、訓練と呼ばれるフェーズになります。

**▼図9　ReLU関数の線形**

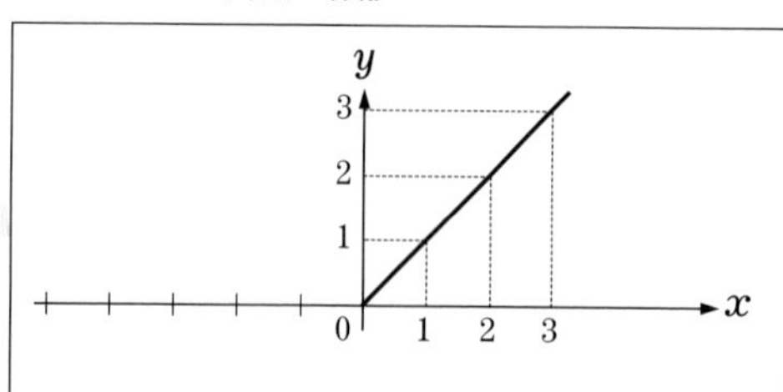


**▼図10　ニューラルネットワークの構成図**

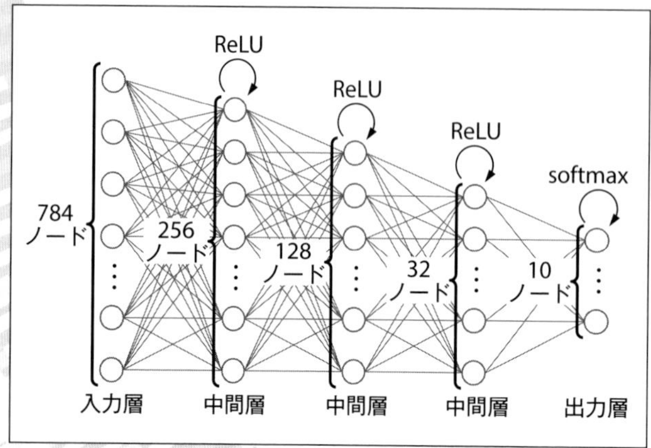


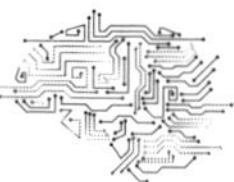

## 画像の訓練に挑戦する

それでは、画像の訓練がどのように行われるのか確認していきましょう。目的は、前節で確認したこの重み行列$W$を求めることです。最適な重み行列$W$を見つけることで、より精度が高い機械学習のモデルを作ることができます。

### 訓練とは「誤差」を最小化するような重み行列を見つけること

この「誤差」を最小化するような重み行列$W$はどのように見つけられるでしょうか？　今回は「教師あり学習」を扱うので、正解ラベル付きのデータセットを使って見つけることになります。

正解付きのデータセットでは、ニューラルネットワークの入力値と出力値の値が与えられます。与えられたデータのような入力があったときに、適切な出力を返すような重み行列$W$を見つけるのです。

実際の訓練の手順では、訓練する前にランダムな重み行列$W$が与えられます。もちろん、ランダムな重み行列$W$で計算する場合、出力値もランダムになり、正解の出力値と比べると大きな誤差が出ます。訓練は、この「誤差」を最小化するように計算が行われます。

## ▷損失関数の導入

誤差を定量化するために、まず損失関数を導入します。損失関数とはニューラルネットワークが出力した値と実際の値との誤差の関数を指します。こうした損失を計算する関数はさまざまあり、たとえば二乗誤差関数があります。これは、次のような数式で表されます。

$$E = \frac{1}{2}||\boldsymbol{t} - \boldsymbol{y}||^2$$

($\boldsymbol{t}$ = 正解ラベル, $\boldsymbol{y}$ = ニューラルネットワークの出力)

この関数は、正解ラベルとニューラルネットワークの出力を引いて二乗をした合計です。

ほかにも損失関数はさまざまですが、今回のように分類問題(0〜9までの10分類に分ける問題)の損失関数はクロスエントロピーを使うことが多いです。いずれにせよ、この損失関数で与えられた誤差を最小化していくように重み行列$\boldsymbol{W}$を調整していくことが目的になります。では、この重み行列$\boldsymbol{W}$はどのように調整されるのでしょうか?

## ▷勾配降下法の導入

最適な重み行列$\boldsymbol{W}$は図10の比較的シンプルなニューラルネットワークの構成図でさえ、「256行784列の重み行列$\boldsymbol{W1}$」「128行256列の重み行列$\boldsymbol{W2}$」「32行128列の重み行列$\boldsymbol{W3}$」「10行32列の重み行列$\boldsymbol{W4}$」と、数十万個の変数が登場します。そのため下に凸の二次関数の最小値問題のように、最小値を解析的に解くのは不可能です。したがって、近似的に値を計算することになります。

近似的な値を推定するため、まず勾配降下法を導入します。勾配降下法とは、関数のグラフを斜面に見立てて、関数の傾きを調べながら関数の値を小さくしていくような方向に少しずつ下りて行くことで、関数の最小値を近似的に求める方法です。

**図11**のように、さまざまな関数を考えたとき、少しずつ最小値に向かうように値をずらしていきます。関数をある任意の点で微分したとき、その値が正であれば接線の傾きが正、負であれば接線の傾きも負であることがわかります。そのため、関数を微分することで、**図12**のように、どっちの方向に歩を進めていけば最小値を取るのかわかるのです。

## ▷誤差逆伝播法の導入

まず、誤差逆伝播法の概念を説明していきましょう。誤差逆伝播法とは一言でいえば「ニュー

**▼図11　勾配降下法のイメージ**

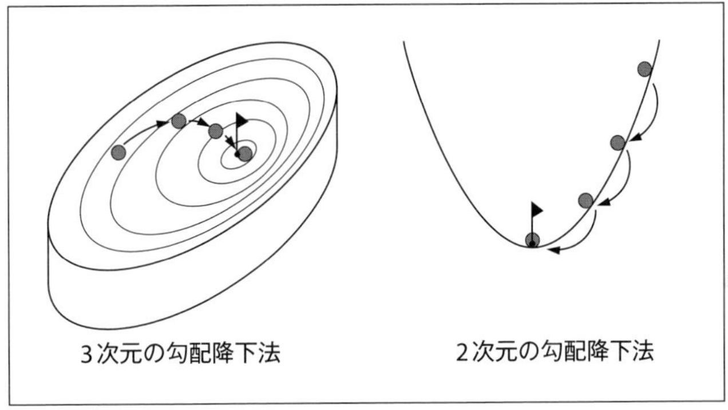


**▼図12　勾配降下法と微分**

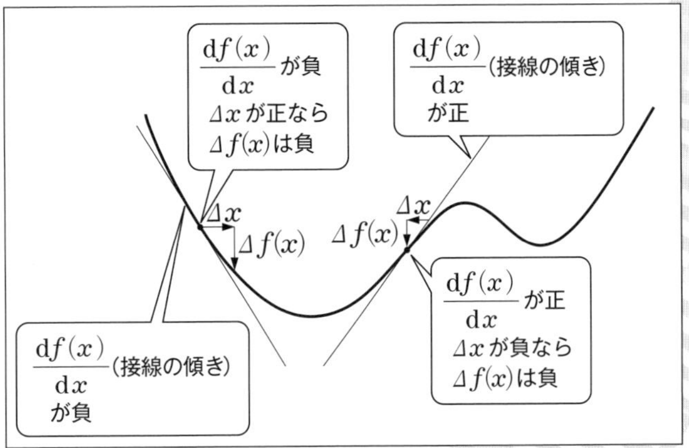

ラルネットワークの出力値の誤差を基に、出力層から入力層へ順に重みとバイアスを更新していく方法」のことです。「学習」フェーズでは、「推論」フェーズのときの順伝播とは逆に計算が進んでいくので「逆」伝播と言います（**図13**）。

ここでは、損失関数の大きさに応じて徐々に誤差を小さくしていくように、重み$W$をどのくらい動かして、誤差を小さくできるのか計算します。出力層に近い層の重み$W$から値を少しずつ修正していくような形になります。このとき、出力層に近いニューロンの活性化関数も微分されます。活性化関数として有名な「シグモイド関数」と「ReLU関数」を微分したときのグラフが**図14**です。

シグモイド関数を微分すると、最大値が0.25しか取られません。誤差逆伝播法を使って出力値に近いところから微分するので、ニューラルネットワークの層を増やすと、入力層まで誤差の値が伝わらず、うまく訓練ができないという「勾配消失問題」がありました。

そのため、現在はReLU関数の利用が主流です。ReLU関数を使うことで、微分すると1をとるので層をディープにしても誤差が入力層まで伝播されやすくなったのです。

**▼図13　順伝播と逆伝播**

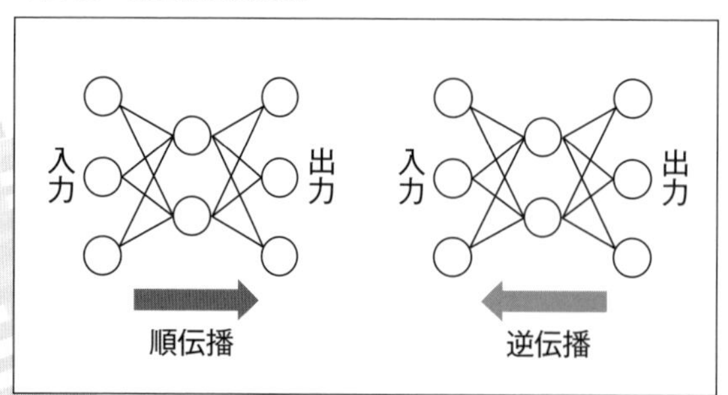


**▼図14　シグモイド関数の微分（左）とReLU関数の微分（右）**

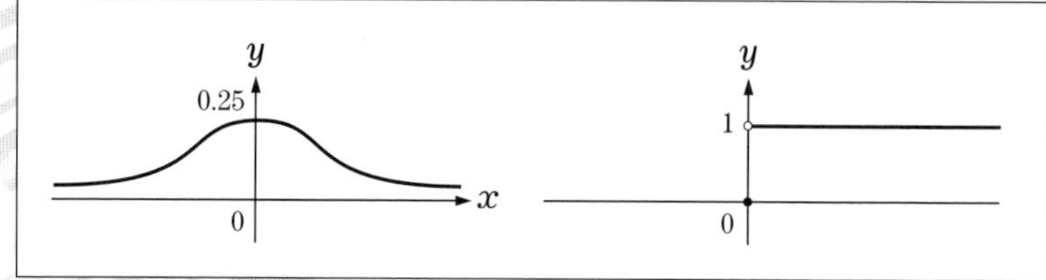


以上のように誤差逆伝播法を進めることで、最終的に与えられたデータセットとその正解ラベルにうまく整合する機械学習のモデルが与えられる形になります。

## ▷ミニバッチサイズとエポック数

さて、機械学習の実際の訓練では、シャッフルしたデータからまとまった数のデータを学習させ誤差を蓄積してから、先ほど紹介した損失関数の計算、勾配降下法、誤差逆伝播法による重みの更新を行うのです。たとえば10枚、20枚まとめていって誤差の値を合計して溜めていき、まとめて重みの更新を行うデータの数をミニバッチサイズと言います。たとえばミニバッチサイズは10、20などに設定し「画像10枚学習するごとに重みの更新」「20枚学習するごとに重みの更新」という形で設定していくのです。

次にエポック数です。エポック数とは、その画像のデータセットを訓練に何周するのかというような設定値です。たとえば、今回のMNISTの場合、全部で7万枚の画像があります。主として6万枚を訓練に使うことが多く、その6万枚の画像をバッチサイズ10で学習させたときには、6万÷10で6千回の重みの更新があります。

その6千回の重みの更新で、もしまだ精度が上がりきっていない場合は、エポック数をたとえば3、5などに設定します。そのデータセットを3周ないし5周使用してみて、重みの更新を続けるのです。

当然、重みの更新をし過ぎると、「過学習」という状態に陥ってしまい、データセット6万枚に最適化され過ぎた機械学習モデルができてしまいます。こうなると新しいデータを入れた際には精度が下がってしまうということもあります。そのため、訓練には使わないデータの正解率を見ながら最適なバッチサイズとエポック数、つまり重みの更新回数を決めていく必要があるのです。

以上のように、機械学習で行われている内容は最適な変換をする行列$W$を自動で見つけるところだけになります。ニューラルネットワークの層の数、バッチサイズやエポック数、活性化関数で何を使うのか、損失関数の設定など、これがすべて現状エンジニアの手で行う必要があり、これらはハイパーパラメータなどと言われます[注4]。

◀図15 『人工知能プログラミングのための数学がわかる本』
https://amazon.co.jp/dp/4046021969

▼図16 「Aidemy - 人工知能プログラミングを10秒ではじめよう」
https://aidemy.net

## ▷完成したモデルの評価

最後に完成したモデルの評価を行います。完成したモデルの評価は、画像の訓練に使わなかったデータセットを入れることでその正解率を見て評価を行います。

なお、評価には注意が必要です。モデルの評価を行うためのデータセットを入れたあとに、新しくチューニングしてはいけません。なぜならば、テストデータ(訓練に使用していないデータ)を一番大きい精度が出るようにして再度チューニングを行ってしまうと、テストデータも実質的には訓練データのようになり、過学習のような状態になる可能性があるからです。

したがって、機械学習を行う場合は、訓練データ・バリデーションデータ・テストデータという形でデータセットを3つに分けることがあります。これは、訓練データを使用して、機械学習モデルを作り、バリデーションデータを使用しながらチューニングを行い、機械学習モデルを完成させます。その後、最後にテストデータを使用して正解率を見るのです。

注4) 最近はハイパーパラメータを人間の手で設定しなくても自動で最適値をチューニングするようなソリューション(autoMLやDataRobotなど)も出てきました。しかし、これらの手法は過去のベストプラクティスを参照しながら、学習が進みそうなハイパーパラメータの組み合わせを調べる方法で、1つ1つの訓練で行われていることに差はありません。

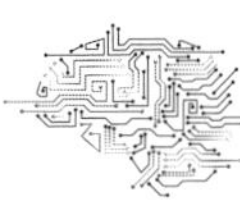

# より機械学習に詳しくなるために

## ▷人工知能プログラミングのための数学がわかる本

より一層、線形代数を含む機械学習の数学に詳しくなるためには、筆者の著書『人工知能プログラミングのための数学がわかる本』[注5]がお勧めです(図15)。微分、線形代数、確率・統計などの数学の基礎を復習しながら、「家賃の予測モデル」「文章の作者推定モデル」「画像認識モデル」がどのように数学的意味を持ち合わせているか、理解できるようになります。高校数学・大学数学を効率よく復習するのにも使えるでしょう。

## ▷日本最大級の人工知能学習サービスAidemy

実際に機械学習のプログラミングを行いたいという場合は、筆者が運営している「Aidemy」というサービスがあります(図16)。Aidemyを使用すれば、プログラミング言語「Python」の基礎から、機械学習の実装やディープラーニングの応用まで、Pythonコードを書きながら学ぶことができます。機械学習プログラミングを修得したい方であれば、Aidemyもお勧めです。企業内研修では「Aidemy Business」という研修・コンサルティングがセットの「AIチーム/組織育成」に特化したサービスを提供しています。詳細は、筆者までお気軽にお問い合わせください。SD

注5) KADOKAWA刊、2018年2月24日発行

特別コラム

# 高校教育課程の変化と大学での数学
## ── 線形代数をどのように学ぶべきか

Author 中西 崇文（なかにし たかふみ）
武蔵野大学 データサイエンス学部 准教授

### ▷▷消えた線形代数？

武蔵野大学は2019年4月からデータサイエンス学部を開講しています。筆者はデータサイエンス学部の開講の準備に他の教員とともに取り組む毎日を過ごしていました。ある日、データサイエンス学部の講義やカリキュラムを計画していると、高校生が学ぶ数学の話題になりました。

「線形代数に関する講義はどうしましょうか？」

「基本となる、ベクトルや行列なんかは、数学Bや数学Cで高校3年生になれば学んでいるから、そんなに難しい話ではないでしょ。」

「え、知らないんですか、2009年の改定で数学Cがなくなったのと同時に、行列は高校数学から消えてしまったんですよ。」

「それ、本当ですか！　どうするんですか！」

数学系の大学教員はこの事実を知る人も多いのですが、工学系で普段数学系の講義に触れていない大学教員はいまだにこの事実を知らないことのほうが多いのです。

行列が高校数学から消えて久しいですが、線形代数は、コンピュータエンジニアにとって、高度なアルゴリズムを理解したり、効率的なプログラムを書いたりするときに使う必須の基本ツールなのはたしかです。ここでは、高校数学から行列が消えていった流れ、そして、このような状況でどのように線形代数を学んでいけば良いのかを筆者なりに述べていきましょう。

### ▷▷学習指導要領で追う線形代数の基本「行列」の行方

高校数学に行列が初めて登場したのは、1970年「数学IIB」で、科目名から予測できるとおり、2年生で学ぶことを標準として理系文系問わず、教えられていたようです。その後1978年「代数・幾何」に引き継がれています。この頃までは、線形代数の基本である、線形変換までしっかりと学習する内容になっています。その後、1989年「数学C」に引き継がれますが、線形変換の内容が薄くなっていることに気づきます。この流れが1999年の改定のときも引き継がれます。数学Cは3年生で学ぶことを標準としており、理系だけの選択科目となっていきます。さらに、2009年ついに「数学C」がなくなり、ほかの単元はほかの科目に再編成されたりしましたが、行列は単元ごと消失しました。平成21年の高等学校学習指導要領解説を参照する限り、正しくは、行列の単元は「数学活用」という科目に一部引き継がれているようですが、内容は限定的であり、線形代数の基礎にもならないでしょう。

高校数学での行列の位置付けとしてはおもに2次元までの場合が多く、高校数学的な主な使い方、目的として、平面上での写像や回転ということだと推測しています。そうなると、同様の使い方、目的の単元として、複素数平面が浮かび上がるわけです。つまり、行列は、小説『博士の愛した数式』でお馴染みのオイラーの公式、

$$e^{i\theta} = \cos\theta + i\sin\theta$$

の美しさにはかなわないのでしょうか。

確かに、複素数平面の単元は1999年の改定時に単元ごとなくなりましたが、2009年に「数学III」として復活しています。さらに過去をさかのぼるとおもしろい事実に気がつきます。実は、複素数平面という単元自体、1955年から扱われていましたが、1970年の行列が加わると同時に単元ごと消失しています。その後、1989年に復活していますが、1999年の改定でまた姿を消すことになっています。実は、複素数平面と行列を同時に学んだ高校生は1989年

から1999年までのたった10年間であり、その他の時期の高校生は、複素数平面か行列のどちらかしか学んでいないということがわかります。

高校で行列を学ばないからといって、線形代数の重要性が低下したとはまったく思いません。逆に、情報学を扱うコンピュータエンジニアにとっては、昨今のAI(人工知能)ブームでの機械学習アルゴリズムを理解、実装する際には必ず通らなければならないツールであり、その重要性は増すばかりです。では、線形代数をどのように学んでいけば良いか、あまり線形代数をわからない方へも一緒に1つの考え方を示そうと思います。

## ▷▷実践的な情報学としての線形代数

初めて線形代数を学んだ方の感想として、行列の計算手法や定義をいろいろやっているけど、結局何に使えるかわからないという声もよく聞きます。とくに行列を学んだことのない学生に、トップダウンにひたすら行列の演算から説いていったところで、何を当たり前のことをやっているのかチンプンカンプンで終わってしまうことが多いかと思います。筆者は、線形代数こそ、実践的な応用例を交えながら、説明していくのに適した学問だと考えています。とくに情報学としての線形代数の位置付けを押さえさえすれば、何のために線形代数を学ぶのかもわかってきます。

ここで、線形代数の基礎である一次変換の式を示すことにしましょう。

$$y = Ax$$

これは、もう少しわかりやすく書くと次のとおりになります。

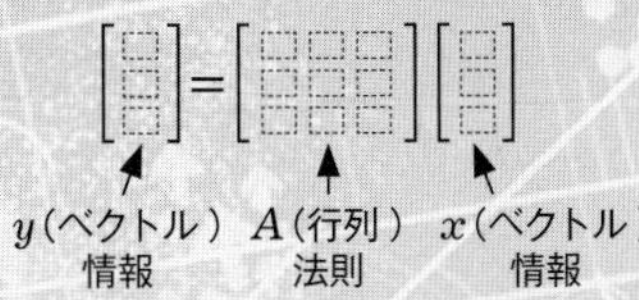


$x$、$y$はベクトル、$A$は行列です。$x$というベクトルを与えると、行列$A$によって、$y$というベクトルに変換されるというそれだけの式です。そんなことを言っても何を言っているんだという話になるので、もう少し踏み込んでお話していきましょう。$x$というベクトルは、あるシステムの入力となる「情報」を表現しています。$y$というベクトルは、あるシステムの出力となる「情報」を表現しています。$A$という行列は、情報$x$から情報$y$に変換するもの、もしくは、情報$x$と情報$y$をつなぐものと考えることができます。

もっと言えば、このような例だとどうでしょう、$x$はキーワードです、$y$はWebサイトです、ここで、態のいい行列$A$という法則を作ることができれば、検索エンジンがこの線形変換の式で表現できるのです。実際、初期のGoogleの検索エンジンも基本的にはこの式で表現され、行列$A$をどのように作るのかという1つの手法がかの有名なPageRankと考えることができます。ほかにたとえば、$x$は画像で、$y$は言葉であれば、簡単な画像認識システムが表現することも考えられるでしょう(実際は単純な線形変換で実装される例は少ないですが)。

やはり、そこで問題になるのは、行列$A$の性質をどのように確かめるのか、より態のいい行列$A$を作るにはどうしたらいいのかでしょう。つまり、情報$x$と情報$y$間の法則を暴き出す必要があるわけです。線形代数で固有値分解など演算手法が出てきますが、これらは行列の性質を確かめたり、より態のいい$x$と$y$のつながりを求めたりするために使われるというわけです。

このように考えていけば、行列は情報$x$と情報$y$の間の法則が詰まった箱(システム)と考えられ、その箱(システム)の性質を導出していくツールが線形代数と位置付けることができるでしょう。このような実例で考えていくと、線形代数が便利なツールに見えてきませんか。

ちなみに武蔵野大学データサイエンス学部では、線形代数を「データと数理I」という科目で、上記のような、データサイエンスやコンピュータサイエンスで使われる応用例とともに実践的に学ぶことができます。担当教員は、もちろん筆者です(^^;)。SD

データ処理アルゴリズムへの活用事例

# 1-4 自然言語処理・画像処理における線形代数の応用

Author 貞光 九月（さだみつ くがつ） 上野 貴史（うえの たかし） フューチャー株式会社

線形代数がアプリケーションに応用され、実際にソフトウェアとして使われている例としては、自然言語処理や画像処理などがあります。本章では、線形代数の実用例としてさまざまなデータ処理手法やアルゴリズムを紹介するとともに、それらが機械学習・深層学習へどうつながっていくのかについても解説します。

深層学習の登場を背景とし、線形代数は“縁の下の力持ち”として、存在感を増しています。

本章では少し目線を広げ、線形代数が主役としてアプリケーションを支える事例を見ていきましょう。自然言語処理と画像処理における「次元削減」を主なテーマとして、その発展形や、深層学習とのつながりについて見ていきます。線形代数の、一見地味ですが実はパワフルな素顔が見えてくるかもしれません。

なお本章では、行列を*太字斜体大文字*($\boldsymbol{X}$)、ベクトルを*太字斜体小文字*($\boldsymbol{x}$)、そのほかの変数を立体(X, x)で表記します。このような表記法の定義は、ほかの技術書や論文を読むうえでとても重要な約束事になります。表記の違いに注意しながら、読み進めていってください[注1]。

## 線形代数の自然言語処理への応用

### ▷線形代数でトピックをとらえる：LSI

はじめに、自然言語処理と線形代数の関連性を見ていきましょう。

第2章では固有値について学びました。固有値分解と似た線形代数の演算として、特異値分解(SVD)があります。固有値分解は正方行列(n行n列の行列)に対し、固有値を求める方法でしたが、特異値分解は元の行列が正方行列でなくても行列を分解できます。

テキストデータにSVDをかけ、情報検索や自然言語処理に適用したのが潜在意味インデキシング(LSI)または潜在意味解析(LSA)と呼ばれる手法です。LSIを用いることで、文書中にまったく同じ単語を含んでいなくても、意味的に近い文書を検索結果として提示するといったことが可能となります。

では具体的にLSIについて見ていきましょう。まず文書の集合を行列$\boldsymbol{X}$として表現します。語彙(ごい)(単語種類)数(＝V)を行、文書数(＝D)を列として、v行、d列目の値は、d個目の文書における単語vの出現回数(＝tf(v))を表す、とします。この$\boldsymbol{X}$を単語文書行列と呼びます。

単語文書行列における各単語vは別々の行に分離して存在しているため、行列からv同士の関係は簡単には読み取れません。そこでSVDの登場です。SVDを用いることで、行列$\boldsymbol{X}$を3つの行列に分解し、その中から単語間の潜在的な関係を読み取ることができます。まず、SVDを式で書くと次のようになります。最初はちょっと難しいと感じるかもしれませんが、恐れなくて大丈夫です。

$$\boldsymbol{X} = \boldsymbol{H}\boldsymbol{\Sigma}\boldsymbol{U}^{\mathrm{T}}$$

行列を扱うコツは「行と列のサイズ」をきちんと

注1) 本章で扱う各手法は、ほかの記事や書籍、あるいは実装において、式中の行列の記述順序などが異なる場合があります。しかし本質的には同じことを指しています。どこが違っていて、どのように変更すれば同じとみなせるか、ぜひ考えてみてください。

押さえることです。サイズを知ることによって、各行列が何を意味するか、具体的にイメージすることにつながります。たとえば文書に関する行列と思っていたのに、行・列いずれにも文書サイズDが現れないと、あれ、おかしいぞ、と気づくことができます。

**図1**を見ながら、さっそく行列のサイズを押さえていきましょう。まず、左辺の$\boldsymbol{X}$は先ほど出てきた単語文書行列で、サイズはV行D列でした。図中の「…」は「省略」を示し、マス目としては4行3列に見えても、実際にはV行D列存在する、ということを表しています。

右辺の最初に現れる$\boldsymbol{H}$は、V行V列のサイズを持ちます。Vは単語のサイズでしたね。つまりこれは、単語に関する行列です（左特異行列と呼びます）。

$\boldsymbol{U}$はD行D列のサイズです。Dは文書数でしたね。つまりこれは文書に関する行列です（右特異行列と呼びます）。なお、肩についている“T”は転置行列を表します。

残る$\Sigma$のサイズはいくつでしょうか。行列の積では、m行n列とn行p列の行列をかけ合わせる際、左側の列数と、右側の行数が一致（この場合はnで一致）していることを前提条件とし、m行p列の行列が新たに得られます。行列$\Sigma$の場合、左からかかる$\boldsymbol{H}$の列数がVで、右からかかる$\boldsymbol{U}^{\mathrm{T}}$の行数がDですので、積を得るための条件を満たすためにはV行D列であることが要求されます。

SVDによって分解された行列$\Sigma$は形こそ長方形をしていますが、対角成分（つまり、1行1列、2行2列、……）に値が入っていて、残りの成分はすべて0となっています。これらの対角成分の値を「特異値」と呼びます。特異値は元の行列

▼図1　潜在意味インデキシング（LSI）のしくみ

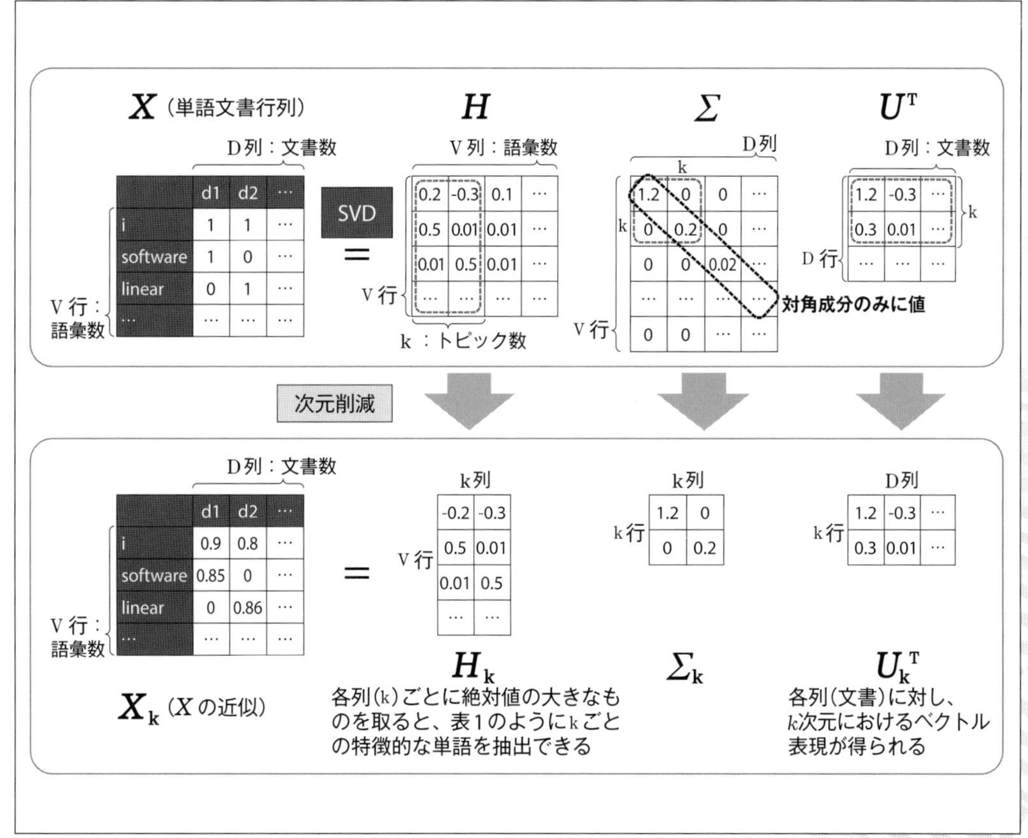

▼リスト1　LSIを用いて文書集合のトピックを抽出する

```
from gensim import corpora, models, similarities
import collections

# 前処理により、1文書を1つの文字列(単語スペース区切り)とする配列を作ります。
# 単語の小文字化やピリオド等の分離、高頻度・低頻度語の削除の前処理を行っておくと良いでしょう。
# documents_str = ["i 'm a software engineer .",
#                  "i described linear algebra .",
#                  …]

documents = [document.split() for document in documents_str]
dictionary = corpora.Dictionary(documents)
corpus = [dictionary.doc2bow(document) for document in documents]

# tf-idf行列作成
tfidf_model = models.TfidfModel(corpus)
tfidf_corpus = tfidf_model[corpus]

# モデル学習。k=10まで次元削減
lsi_model = models.LsiModel(tfidf_corpus, id2word=dictionary, num_topics=10)

# トピックを表示
for i, topic in enumerate(lsi_model.show_topics(-1, num_words=len(dictionary),  formatted=False)):
    print("Topic-", i)
    for word in topic[1]:
        print(word[0], word[1])
```

$\boldsymbol{X}$に対する重要度を表しており、値の大きなほうからk個を取ることで、元の行列$\boldsymbol{X}$を近似できます。式で書くと、

$$\boldsymbol{X}=\boldsymbol{H}\boldsymbol{\Sigma}\boldsymbol{U}^{\mathrm{T}} \approx \boldsymbol{H}_{\mathrm{k}}\ \boldsymbol{\Sigma}_{\mathrm{k}}\ \boldsymbol{U}_{\mathrm{k}}^{\mathrm{T}}$$

となります。$\boldsymbol{\Sigma}_{\mathrm{k}}$は$\boldsymbol{\Sigma}$の左上から任意のk行k列の正方行列を切り取った行列、$\boldsymbol{H}_{\mathrm{k}}$は$\boldsymbol{H}$を左からk列切り取った行列で、サイズはV行k列、$\boldsymbol{U}_{\mathrm{k}}^{\mathrm{T}}$は$\boldsymbol{U}^{\mathrm{T}}$を上からk行切り取った行列でサイズはk行D列です。これは一種の次元削減とみなせます。

LSIを使ってどのような次元削減がなされるのか、実際にコードを用いて見ていきましょう(**リスト1**)。ここではPythonライブラリの「gensim」を使います。"pip install"でインストールしておきましょう。

今回のサンプルデータ(コード中のdocuments_str)には、東北大学が公開している自然言語処理100本ノック[注2]第9章で使われる英語Wikipediaデータを用いましたが、各自お好きなデータで試してみてください。さらに詳しくLSIの推定方法などを知りたい読者は、参考文献[1]などを読むと良いでしょう。

LSIでは単語文書行列の代わりにidfをかけ合わせたtf-idf行列を使うことが多く、コードもそれに倣(なら)っています。idfとは、ある単語vに対し、

$$\mathrm{idf(v)}=\log_2 \frac{\mathrm{D}}{\text{単語vを含む文書数}}$$

と定義され、助詞などのどんな文書にも表れやすい単語に対しては、低い値が付与されます。

**リスト1**では"models.LsiModel"で"num_topics"で指定した次元数kにまで削減を行っており、"lsi_model.show_topics"で、$\boldsymbol{H}_{\mathrm{k}}$(V行k列)の各列において絶対値の大きい単語を出力するようにします。その中から2列分、正負それ

注2) URL http://www.cl.ecei.tohoku.ac.jp/nlp100/

▼表1　LSIとLDAによるトピック抽出結果

| LSI | | | | LDA | | | |
|---|---|---|---|---|---|---|---|
| Topic1 Posi (音楽) | Topic1 Nega (スポーツ) | Topic2 Posi (学業) | Topic2 Nega (戦争) | Topic1 (IT) | Topic2 (戦争) | Topic3 (アジア) | Topic4 (精神・思想) |
| album | season | students | film | los | isis | zhao | psychiatry |
| church | league | university | army | Apps | protesters | shi | autism |
| song | team | research | war | App | militants | zhu | anarchism |
| band | club | education | battle | Android | defendants | hasan | counseling |

※各トピックにおいて特徴的な単語を降順にリスト

▼リスト2　LDAを用いて文書集合のトピックを抽出する

```
# LDAを学習
# LSIではtf-idf行列を対象としていましたが、LDAでは単語文書行列を入力とする必要があります。これは
LDAが単語出現確率を元に計算するためです。
lda = models.ldamodel.LdaModel(corpus=corpus, id2word=dictionary, num_topics=10)

#トピックを表示
# LDA中word[1]の値（=各トピックにおける単語word[0]の確率)を当該単語のtfで割る
tf = collections.Counter(flatten for inner in documents for flatten in inner)
for i, topic in enumerate( lda.show_topics(-1, num_words=len(dictionary), formatted=False)):
    print("Topic-", i)
    ur = {}
    for word in topic[1]:
        ur[word[0]] = float(word[1])/float(tf[word[0]])
    for v in (sorted(ur.items(), key=lambda x: x[1], reverse=1)):
        print(v[0], v[1])
```

ぞれ絶対値上位4単語ずつを、**表1**の左半分に示しています。**表1**から、LSIが単語のトピック性をとらえていることが確認できます。しかし、LSIには各トピックの正負の方向に関係が見えづらいといった課題もあります。

そのようなLSIの課題を解決すべく、確率的解釈をほどこした確率的LSI、さらにベイズ学習を取り入れた潜在ディリクレ配分(LDA)が生み出されており、これらはトピックモデルと呼ばれます。

LDAの内容は線形代数の世界から逸脱してしまうため、詳細な説明は別の書籍[2]に譲るとして、ここではLDAのコードと実行結果だけを掲載します。LSIのコード14行目以下を**リスト2**のように変更し、実行した結果が**表1**の右半分です。LDAのパラメータに正負はないため、計4トピックについて結果を示しています。LSIと比較すると、LDAのほうがトピックをより適切にとらえられる場合が多く、自然言語処理や情報検索に広く活用されています。

## 単語の性質は周辺の単語で決まる：word2vec

LSIや、LDAといったトピックモデルにより、文書の持つ大域的なトピック性を考慮できましたが、もっと細かく単語の類似性を見たいこともあります。このような目的に応じ、現在広く活用されているのが通称word2vecです。word2vecが指すアルゴリズムはいくつか存在しますが、gensimのデフォルトではContinuous Bag Of Words(CBOW)が使われるので、こちらについて見ていきましょう。実はCBOWのアルゴリズムもほとんどは線形代数で計算されます。

CBOWは、ある文書中の単語yの前後数単語

▼図2　word2vec（CBOW）のしくみ

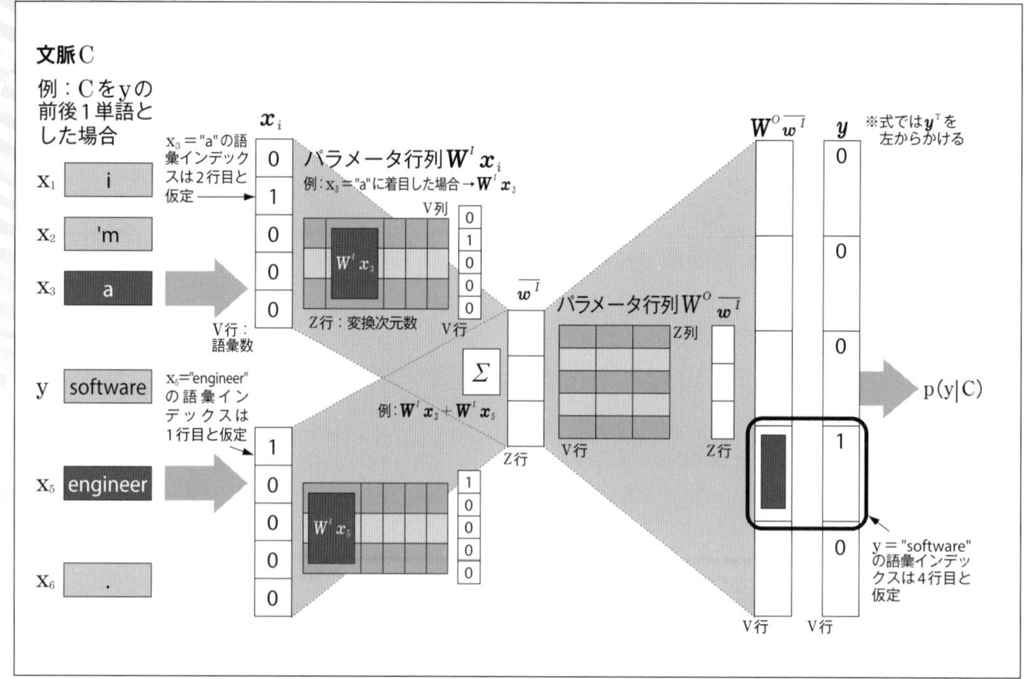


の文脈Cをもとに、yの出現確率p(y｜C)を予測します。その際、低次元(Z<V)の中間的なベクトル表現に落とし込むことがポイントとなります。

図2および式を用いて、CBOWについて見ていきましょう。これまた一見難しく感じるかもしれませんが、ひとつひとつじっくりと意味を追っていけばさほど難しくないことがわかります。

$$\overline{\boldsymbol{w}^I} = \Sigma_{x_i \in C} \boldsymbol{W}^I \boldsymbol{x}_i$$

$$p(y|C) = \frac{\exp(\boldsymbol{y}^T \boldsymbol{W}^O \overline{\boldsymbol{w}^I})}{N}$$

$\boldsymbol{x}_i$と$\boldsymbol{y}$は1hotベクトルと呼ばれるベクトル(V行1列)で、それぞれ、文脈C中の$i$番目の単語$x_i$および予測対象の単語yに該当する行のみ1、ほかは0となります。

式の1行めでは、パラメータ行列$\boldsymbol{W}^I$(Z行V列)に右から$\boldsymbol{x}_i$をかけることで、単語$x_i$に対応する$\boldsymbol{W}^I$中の列$\boldsymbol{w}^I_{x_i}$(Z行1列)が得られます。もともとV行1列だった1hotベクトルが、Z行1列へと圧縮されることを意味します。さらに、文脈Cに含まれる全単語$x_i$について、$\boldsymbol{w}^I_{x_i}$を足し合わせたものを$\overline{\boldsymbol{w}^I}$とします。式1行目の$\sum_{x_i \in C}$は、文脈C中の単語$x_i$で足し合わせることを指します[注3]。

次に式の2行めの分子において、$\overline{\boldsymbol{w}^I}$に対し、パラメータ行列$\boldsymbol{W}^O$(V行Z列)を左からかけることで、V行1列の行列が得られ、さらに1hotベクトルの転置$\boldsymbol{y}^T$(1行V列)を左からかけることで、1行1列の値を得ます($\boldsymbol{y}^T \boldsymbol{W}^O \overline{\boldsymbol{w}^I}$)。

あとは、この値を指数($\exp(x) = e^x$)の肩に乗せた後、分母Nで割ることで、単語yの確率p(y|C)が得られます。このNは正規化項と呼ばれ、p(y|C)を全語彙について足して1の確率となるように調整するための項です。つまりNは、全語彙についての分子の値を計算し、それらをすべて足し合わせた値となります。

本稿では詳しく触れませんが、CBOWの学習は学習データ中に存在する$\boldsymbol{x}_i$と$\boldsymbol{y}$の組に対し、p(y|C)の値が大きくなるようにパラメータ行

注3）前節で登場した特異値行列Σとはまったくの別物です。

**▼リスト3　word2vecによる類似語出力・アナロジー機能の実装例**

```
from gensim import models

# 前の例と同様、documentsを作成

# “size”でZを指定、“window”で前後の文脈範囲を指定。
w2v_model = models.word2vec.Word2Vec(documents, size=100,  window=10)

# 類似語例：”os”に対する類似語出力
similar_words = w2v_model.wv.most_similar(positive=["os"], topn=3)
print(similar_words)

# アナロジー例：tokyo - japan + u.s.
results = w2v_model.most_similar(positive=[u"tokyo", u"u.s."], negative=[u"japan"])
print(results)
```

**▼図3　類似語出力・アナロジー機能実行結果**

```
[('linux', 0.8512174487113953), ('ios', 0.7681305408477783), ('macintosh', 0.765794038772583)]

[('washington', 0.5996606349945068), ('illinois', 0.5572433471679688), ('d.c', 0.5548932552337646),…]
```

列の学習が進みます。この時、学習において最終的に得られたパラメータ行列$\boldsymbol{W}^{I}$中の各列(v列目)を、各単語(v)のベクトル表現として用いることもできます。

それでは実際に、word2vecのコードを動かしてみましょう(**リスト3**)。ここでは、ある単語に対する類似語を出力するのに加え、アナロジーという機能も試しています。“king – man + woman = queen”という例を聞いたことのある読者も少なくないかもしれません。そのような言葉の足し算引き算を可能とする機能がアナロジーです。

“os”の類似語として“linux”が取られ、アナロジー機能では、“tokyo – japan + u.s.”の結果として、アメリカの首都の“washington”が1位に来ていることが確認できました(**図3**)。

## 線形代数の画像処理への応用

### ▷行列分解で画像の特徴抽出：NMF

自然言語処理への応用では、単語文書行列をSVDにより分解しました。画像を対象とする場合にも、同様のことが考えられます。ただし、画像の各ピクセルの値は常に非負値をとるため、行列分解した際に、負の値が存在すると扱いづらいという問題があります。この問題に対し、非負値行列因子分解(NMF)[3]を用いることで、非負値をとるデータを自然に扱うことができます。NMFでは、非負値をとる2つの行列に分解し、入力データを近似します。

NMFのしくみを**図4**を用いて説明します。まず、入力画像をベクトルに展開します。このベクトルは、画像の各ピクセルの値(グレースケールの場合0～255)を縦1列に並べたもので、$\boldsymbol{x}_{\mathrm{n}}$で表すことにします。ここでは画像のサイズは一定として扱い、画像の総ピクセル数をPとすると、$\boldsymbol{x}_{\mathrm{n}}$はP行1列となります。さらに、$\boldsymbol{x}_{\mathrm{n}}$を画像の枚数分(＝N)並べた行列$[\boldsymbol{x}_1, \cdots, \boldsymbol{x}_{\mathrm{N}}]$を$\boldsymbol{X}$(P行N列)とします。

NMFでは、非負値をとる行列$\boldsymbol{H}$(P行r列)と、同じく非負値をとる行列$\boldsymbol{U}$(r行N列)を用いて、$\boldsymbol{X}$を分解し、近似します。式で書くと、

▼図4　非負値行列因子分解（NMF）のしくみ

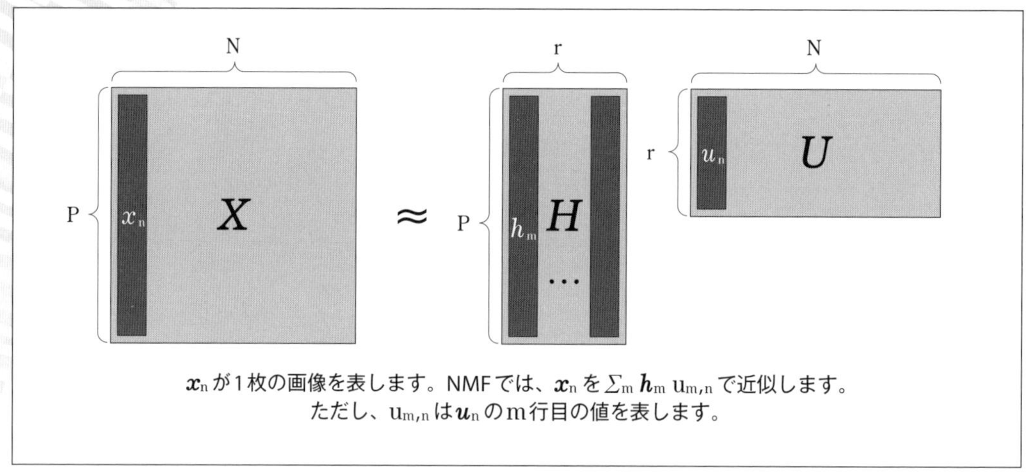


▼リスト4　顔画像データにNMFを適用する

```
from sklearn.datasets import fetch_lfw_people
from sklearn.decomposition import NMF
import matplotlib.pyplot as plt

# データの読み込み
dataset = fetch_lfw_people(min_faces_per_person=70, resize=0.4) # 画像サイズ50×37
faces = dataset.data

nmf = NMF(n_components=64) # n_componentsがrに対応する
nmf.fit(faces) # NMFをデータに適用

# 基底行列を可視化
for i, comp in enumerate(nmf.components_): # nmf.components_でHが得られます
    plt.imshow(comp.reshape(50, 37), cmap='gray') # 1列のベクトルを再度50 x 37に戻します
    plt.show()
```

$$\boldsymbol{X} \approx \boldsymbol{H}\boldsymbol{U}$$

となります。

NMFの1つめのポイントは、rがPやNよりも小さく設定されることです。これは、データを表す行列$\boldsymbol{X}$を少ない情報量で表現することに相当します（低ランク近似といいます）。

2つめのポイントは行列の成分が非負値であるということです。その結果、データを表現する特徴量として、データの一部を部分的に構成するような特徴が表れやすくなります。

上記のポイントをふまえて、もう一度、**図4**を見てください。r種類のパターンの組み合わせで画像を表現するために、$\boldsymbol{H}$には画像を構成するのに必要な特徴量が、$\boldsymbol{U}$には各画像に対する特徴量の重みづけが表れます。そのため、$\boldsymbol{H}$は基底行列、$\boldsymbol{U}$は係数行列と呼ばれます。NMFについて、より詳細に知りたい読者は参考文献[4]などを参照してください。

以上のことを、コードを通して確認してみましょう（**リスト4**）。**図5**に示す顔画像のデータセットにNMFを適用し、基底行列を可視化してみます。今回は$r = 64$としています。

ここではscikit-learnを用いますので、以下のコードを実行する前に、「scikit-learn」「matplotlib」「pillow」を“pip install”しておきましょう。

▼図5　処理前の顔画像データセット

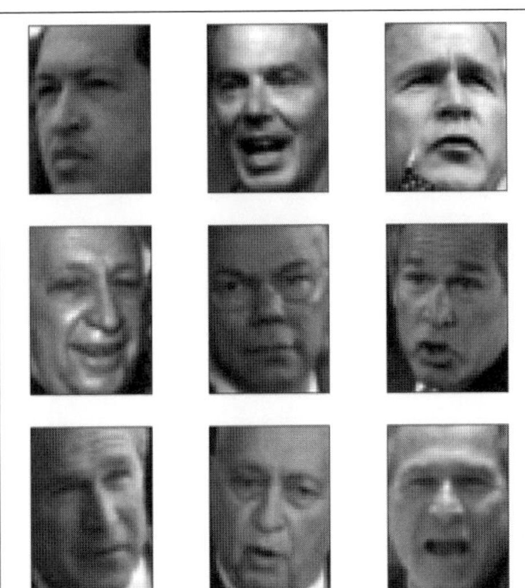

今回対象とする画像データ：
Gary B. Huang, Vidit Jain, and Erik Learned-Miller. Unsupervised joint alignment of complex images. International Conference on Computer Vision (ICCV), 2007.

▼図6　NMFによる処理の例

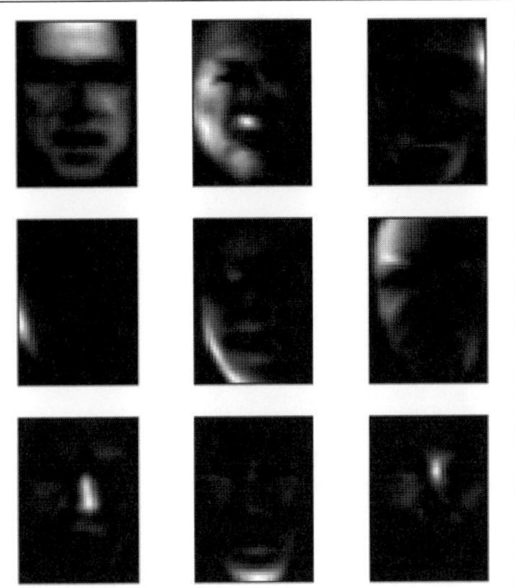

NMFの基底行列Hから9列をサンプリングし、可視化しました。

図6がNMFによって獲得された基底行列、全64列中、9列をサンプリングしたものです。顔のパーツの特徴をとらえていることが見てとれます。

## ニューラルネットワークにおける特徴抽出：Autoencoder

NMFでは、データを少ない情報、かつ非負値で行列分解することで、そのデータをよく表す特徴が得られました。これとよく似た考え方に基づく手法が、ニューラルネットワークにも存在します。それがAutoencoderです(図7)。Autoencoderは、入力データを低次元の表現に変換するEncoder、低次元の表現から入力データを再構成しようとするDecoderから構成されます。

Encoderは、入力の画像ベクトル$\boldsymbol{x}$(P行1列)に左から重み行列$\mathbf{W}_e$(Z行P列)をかけた結果(Z行1列)の各値に対し、それぞれ活性化関数$f_e$を施します(Z行1列)。ここで、活性化関数には、シグモイド関数$f(x) = 1/(1+\exp(-x))$などが使われます。

Decoderは、Encoderの出力$\boldsymbol{h}$(Z行1列)に重み行列$\mathbf{W}_d$(P行Z列)を左からかけた結果(P行1列)の各値に対し、それぞれ活性化関数$f_d$を施します(P行1列)。$\boldsymbol{x}$を入力とするAutoencoderを式で書くと、

$$\boldsymbol{h} = f_e(\mathbf{W}_e \boldsymbol{x})$$

$$\hat{\boldsymbol{x}} = f_d(\mathbf{W}_d \boldsymbol{h})$$

となります[注4]。

Autoencoderでは、入力$\boldsymbol{x}$と出力$\hat{\boldsymbol{x}}$が近づくように学習を行いますが、隠れ層の次元数を入力次元数(＝出力次元数)よりも小さく設定します。その結果、Encoderは入力データを低次元の表現から再構成できるような、抽象化された特徴をとらえるようになります。

ここでも、具体例を通して確認してみましょう。なお、次のコードを実行する前に、「tensorflow」を“pip install”しておく必要があります。前節と同じデータセットに対して、Autoencoder

注4)　通常、重みWをかける際、バイアスbを足し合わせますが、ここでは簡単のために省略します。

▼図7　Autoencoderの構造

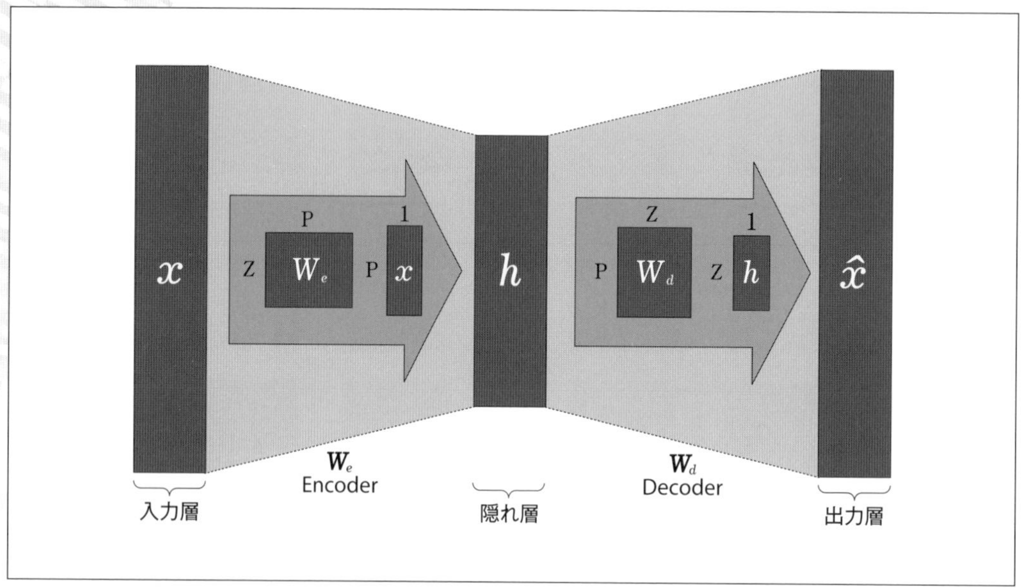


▼リスト5　顔画像データにAutoencoderを適用する

```
1  from sklearn.datasets import fetch_lfw_people
2  import matplotlib.pyplot as plt
3  from tensorflow.keras.models import Sequential
4  from tensorflow.keras.layers import Dense
5
6  # データの読み込み
7  dataset = fetch_lfw_people(min_faces_per_person=70, resize=0.4)
8  faces = dataset.data / 255.  # 値が0.0 ～ 1.0に収まるように正規化します
9
10 # Autoencoderのネットワーク構築
11 autoencoder = Sequential()
12 autoencoder.add(Dense(64, activation='sigmoid', input_shape=(1850,)))   # Encoder
13 autoencoder.add(Dense(1850, activation='sigmoid'))  # Decoder
14
15 # Autoencoderの学習
16 autoencoder.compile(optimizer='adam', loss='binary_crossentropy')
17 autoencoder.fit(faces, faces, epochs=100, batch_size=64, shuffle=True)
18
19 # Encoderの重みを可視化
20 weights, biases = autoencoder.layers[0].get_weights()
21 for i in range(weights.shape[1]):
22     plt.imshow(weights[:, i].reshape(50, 37), cmap='gray')
23     plt.show()
```

の学習を行い、学習後のEncoderの重み行列$\boldsymbol{W}_e$を可視化して、どのような特徴をとらえているかを見てみます(**リスト5**)。対象データの画像サイズは50×37のため、これを1列だけで表現しようとすると、その行数、すなわち入力次元数は$P = 50 \times 37 = 1850$(12行目)となります。また、隠れ層の次元数$Z = 64$とします。すなわち、1,850次元の情報を64次元に圧縮したあと、ふたたび1,850次元に戻すようなニューラルネットワークとなります。コードの実行結果から、

▼図8　Autoencoderによる処理の例

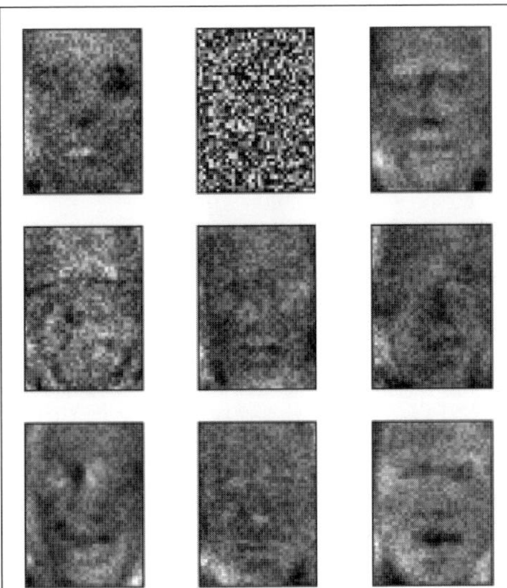

Encoderの重み$W_e$から9行をサンプリングし、可視化しました。

▼図9　Googleの猫

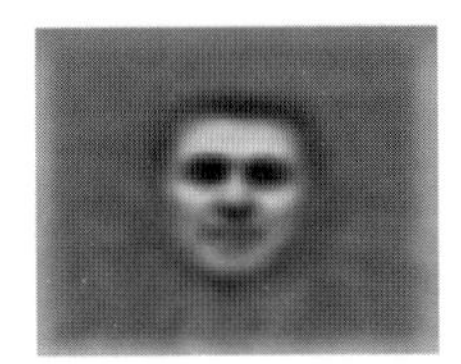
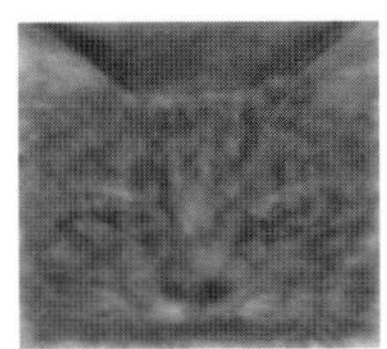

引用元：
Quoc Le, et al., Building high-level features using large scale unsupervised learning, International Conference in Machine Learning, 2012..

図8が示すように、Autoencoderが顔の特徴をとらえていることが見てとれます。

Autoencoderの隠れ層の数をさらに増やしたものを、Deep Autoencoderと呼びます。Deep Autoencoderを始めとするディープニューラルネットワークは、層の少ないニューラルネットワークに比べ抽象化された特徴をとらえることができると考えられています。

Deep Autoencoderの例として、「Googleの猫」と呼ばれるものがあります。深い層では、人の顔や猫といった高次の特徴に選択的に反応するニューロンが形成されます。図9は、そのようなニューロンが捉えた特徴の例です。

参考文献[5]では、「ノイズ除去」「自動着色」「超解像」「画風変換」「画像生成」といった応用例がAutoencoderを発展させたモデルとしてまとめられているので、興味のある読者は読んでみてください。

## まとめ

本章では、線形代数の直接的なアプリケーション応用先として、自然言語処理におけるLSI、さらにその発展形であるLDA、word2vecを紹介しました。画像処理においてはNMFと、ニューラルネットワークによる特徴抽出器、AutoencoderおよびDeep Autoencoderについて解説しました。

線形代数という切り口から機械学習を覗き込むことで、近年の機械学習手法の進展や各手法に対する理解が深まり、ひいては最新の深層学習などを理解するうえでの足掛かりとなれば幸いです。SD

### 参考文献

[1] 北研二, 津田和彦, 獅々堀正幹 著,『情報検索アルゴリズム』, 共立出版, 2002年
[2] 岩田具治 著,『トピックモデル』, 講談社, 2015年
[3] D.D. Lee and H.S. Seung, "Learning the parts of objects by non-negative matrix factorization", 1999.
[4] 亀岡弘和 著,『非負値行列因子分解』,『計測と制御』, 2012年
[5] 太田満久, 須藤広大, 黒澤匠雅, 小田大輔 著,『現場で使える! TensorFlow開発入門』, 翔泳社, 2018年

第2章

# ITエンジニアのための 機械学習と微分積分入門

## 基礎としくみを押さえて理解を促進

本誌では、これまでに「ITエンジニアのための統計学入門(2018年9月号)」、「機械学習と線形代数入門(2019年1月号)」という特集を企画してきました。いずれもおかげさまで、たいへん好評で機械学習を学びたいという機運を感じました。今回は「機械学習と微分積分入門」です。さまざまな分野で機械学習が浸透し、ITエンジニアとしても避けて通れないテーマになってきています。線形代数のうち「行列」の理解は必須です。さらに一歩押し進めて数式をいかに理解するか、そこに解析学があります。その基本は高校数学レベルの微分積分です。本特集では、実際に微分積分が機械学習でどのように使われているのか、基礎を振り返りながら、Pythonを使いつつ理解を進めます。皆さんが業務などでこれらを使ううえでヒントになれば幸いです。

2-1

第2章 ITエンジニアのための機械学習と微分積分入門
基礎としくみを押さえて理解を促進

# 微分でとらえる機械学習の考え方

## 機械学習を根底から理解するために必要なこと

ITエンジニアにとって機械学習は、これまでの仕事の経験では会うことがなかった数学の世界とのかかわりが出てきます。本章では機械学習をより主体的に学ぶために必要な知識を俯瞰します。

Author 中井 悦司(なかい えつじ)　Twitter @enakai00

## 解析学と機械学習の関係とは?!

ついに(!)本誌でも解析学が特集されることになりました。機械学習ブームが広がる中で、「ITエンジニアが数学をどう学ぶべきか」という話題がチラホラと聞こえるようになりましたが、世間の反応は、まさに千差万別のようです。──って、どこかで聞いたフレーズですね[注1](笑)。今回は同様の前置きはスキップして、おもむろに解析学と機械学習の関係に踏み込んでいきましょう。

### 微分積分と解析学

まず、解析学とはなんでしょう？　「関数の性質」を調べることがその1つの目的です。ここでいう関数は、(プログラミング言語ではなく)数学における関数のことですが、引数に値を入れて呼び出すと返り値が得られるという意味では、プログラミング言語で用いる関数とほぼ同じです。機械学習への応用としては、まずは、複数の実数値の組(リスト)を入力すると、複数の実数値の組(リスト)が返るという実数値関数に限定して構いません。

よくある例で恐縮ですが、ImageNetの画像データを用いて学習した、ニューラルネットワークによる画像認識モデルを考えてみましょう[注2]。これは、カラー写真画像を入力すると、事前に定義された複数のラベルについて、それぞれの信頼度(そのラベルがあてはまる確率)が出力されるという機械学習モデルです(**図1**)。

実際の画像のサイズはさまざまですが、画像認識モデルに入力する際は、一定のサイズに拡大・縮小するのが一般的です。仮に、256×256ピクセルのRGB形式で入力するという前提であれば、1つの入力画像データは、256×256×3＝196,608個の実数値の組になります。一方、モデルの出力は、それぞれのラベルについての信頼度ですので、ラベルの個数分だけある実数値の組です。「実数値の組を入れると実数値の組が計算・出力される」という意味において、ニューラルネットワークは、プログラミング言語における関数、もしくは、数学の関数と同等であることがわかります。

このように、「ニューラルネットワークの本質は数学の関数である」という見方をすれば、ニューラルネットワークの性質を理解するには、関数の性質を調べる解析学が有用であることは、自然に理解できるでしょう。本誌2019年1月号の「第1特集ITエンジニアのための機械学習

**注1)** どこで聞いたか記憶のない方は、いますぐに本誌のバックナンバー(2019年1月号)を購入してください。
**注2)** ImageNetは、「野球選手」「チーズバーガー」「消防車」など、約20,000種類のラベルが付与された大規模な画像データベースです。1,400万枚以上の画像に対して、人力によるラベル付けが行われました。

▼図1　ニューラルネットワークによる画像認識モデル

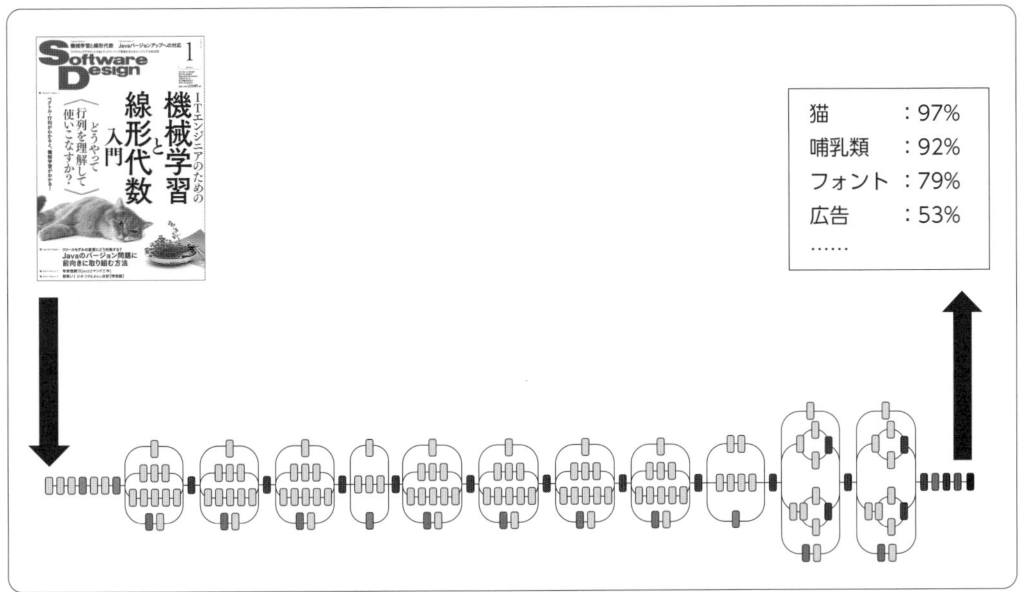


と線形代数入門」でも解説したように、ニューラルネットワークの中身は、実際のところ、数学の関数そのものです。

この点は、ニューラルネットワークに限らず、ほとんどの機械学習モデルに共通したことですので、解析学は機械学習を支える数学の1つと言って間違いないでしょう。

## グラフに頼らない方法を求めて……

さきほど、画像認識モデルに関連して、ImageNetを引き合いに出しましたが、ImageNetの画像データベースはあまりにも巨大なため、実は、機械学習のコンペティションなどで使われることは、ほとんどありません。ImageNetの中から、1,000個のラベルを持つ135万枚の画像を抽出した、ILSVRC2012と呼ばれるデータセットがあり、「ImageNetで学習した」という場合は、だいたいがこのデータセットを利用しています。

——と、おもむろに余談から入りましたが、本題である関数の性質に話を戻しましょう。「関数の性質」と言っても、機械学習への応用に限定するならば、それほど難しく考える必要はありません。入力データをいろいろと変化させた際に、出力値がどのように変化するのか、この対応関係がおもな興味の対象です。画像認識モデルであれば、「犬」と判定される画像と「猫」と判定される画像の境界に位置するデータはどのようなものか？　画像生成モデルであれば、希望の画像を生成するには、入力パラメータをどのように調整すればよいのか？——など、さまざまな興味がわいてくるでしょう。

このとき、一般には、入力と出力が「複数」の実数値である点がひとつのポイントとなります。たとえば、1つの実数値を入れると1つの実数値が返るという単純な関数であれば、平面上にグラフを描けば、その性質は見た目ですぐにわかります[注3]。一例として、次の関数を考えてみましょう。

$$f(x) = 2x^3 - 9x^2 + 12x \tag{1}$$

注3）グラフが描けない「病理的」な例を挙げて反論する声が聞こえてきますが、いまは聞かなかったことにしておきます。

▼図2 $y=2x^3-9x^2+12x$ のグラフ

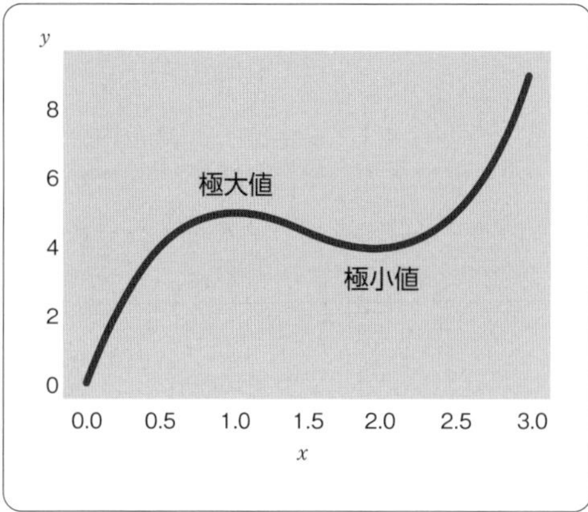


ここで、入力値を $x$、出力値を $y$ として、$y=f(x)$ と置くと、この関数のグラフは図2のようになります。Google Colaboratoryの環境であれば、次のコードで描画できます注4。

```
import numpy as np
import matplotlib.pyplot as plt

def my_func(x):
  return 2*(x**3)-9*(x**2)+12*x

xs = np.linspace(0, 3)
plt.plot(xs, my_func(xs))
```

これを見ると、$x=1.0$ のあたりで極大値、$x=2.0$ のあたりで極小値をとることがわかります。極大・極小の厳密な定義には触れませんが、グラフの形状からわかるように、「山の頂上」、および、「谷底」となる点を極大・極小と呼びます。そのほかの全体的な値の変化も、グラフの様子から一目瞭然です。

それでは、一方、入出力値が複数ある関数、すなわち、多変数関数では、どうでしょうか？

人間が脳内に思い描けるグラフは、せいぜい三次元の立体的なグラフですので、入出力の変数が合計4個以上になると、もはやグラフを利用することは不可能です。前述の画像認識モデルの例であれば、入力値は196,608個の実数ですから、グラフを用いて直感的に理解するのは絶望的です。

――「いやいや、だからそこで次元削減(Dimensional Reduction)の手法を使えば」……、はい。そのとおりなのですが、ここで言いたいのは、なぜ解析学が必要かということです。次元削減を理解するには、やはり解析学の知識が必要です。いずれにしろ、グラフに頼らずに、数式の変形だけを用いて関数の性質を調べることができれば、いろいろと便利そうなことはおわかりいただけるでしょう。

## 微分を使って微小変化を調べる

さて……多変数の関数を調べるには、グラフに頼らない方法が必要と言いましたが、いきなり多変数関数の解析に踏み込むのはたいへんなので、まずは、式(1)のような1変数関数を用いて、解析学の基本的な考え方をおさらいしましょう。解析学では、「微分」と「積分」が2つのメイン・ツールとなりますが、ここでは機械学習の入門に必須となる、微分にフォーカスして話を進めます。

まず、微分というのは、ある特定の入力値 $x=x_0$ に注目して、そのまわりで出力値 $y$ がどのように変化するかを調べることが目的です。端的にいうと、$x$ を $x_0$ から少し変化させた際に、出力値がどの程度変化するかを調べます。関数の値の増減がわかれば、誤差関数の値を小さくするといった、最適化の処理に応用ができます。あるいは、$y$ がどの程度急激に増減するのかという点も有用な情報となります。

そして、このような変化の程度を示す指標の1つが関数の「平均変化率」です。いま、図3のように、$(x, y)$ 平面上に関数 $y=f(x)$ のグラフを描いておき、好きな値 $\Delta x$ を1つ決めたあとに、次の2点を通る直線ABを考えます。

A：$(x_0, f(x_0))$

B：$(x_0+\Delta x, f(x_0+\Delta x))$

注4) URL https://colab.research.google.com

▼図3　関数$f(x)$の平均変化率

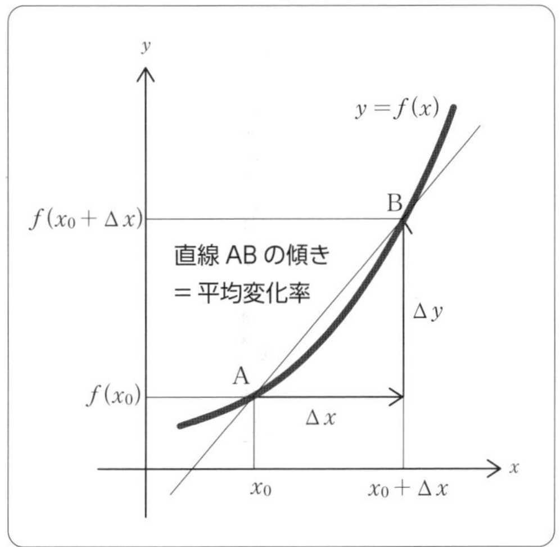


▼図4　「直線の傾き」の考え方

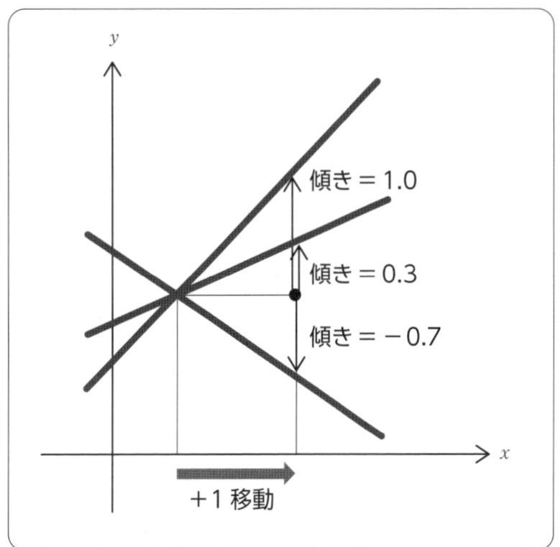


記号Δ(デルタ)は変化分を表す変数の頭に付ける記号です。また、多くの場合「好きな値$\Delta x$」と言いながらも、気持ちのうえでは、とても小さな値(つまり、微小な変化)を表しています。

このとき、直線ABの「傾き」を関数$f(x)$の2点間AB(もしくは、$x_0$から$x_0+\Delta x$における)平均変化率といいます。つまり、平均変化率が大きいということは、関数$f(x)$の出力値は、それだけ激しく変化するということです。

——と、ここで、みなさんは、「直線の傾き」の定義を正しく説明できるでしょうか？　これは、「$x$方向に1だけ進んだときの$y$方向の変化」です(**図4**)。$x$方向の移動距離を変えれば、$y$方向の変化量は自由に変えられますので、$x$方向の移動距離を+1に統一して、それぞれの変化量を比較しようという発想です。**図3**の直線ABの場合は、次の計算で傾き$l$、すなわち、関数$f(x)$の平均変化率が求められます[注5]。

$$l=\frac{\Delta y}{\Delta x}$$

ここで、$\Delta y$は、2点ABにおける$y$の変化を表します。

$$\Delta y=f(x_0+\Delta x)-f(x_0)$$

これで、平均変化率の計算方法はわかりましたが、ここで問題になるのは、$\Delta x$の値を具体的にいくらにとればよいのかということです。いまは、点$x_0$の近辺の様子をしらべているわけですから、$\Delta x$があまり大きすぎると、点Bは、点Aから遠く離れた場所になり、直線ABの傾きを計算しても点$x_0$近辺での変化をとらえることはできません。

点$x_0$の近くの様子をとらえるには、$\Delta x$はなるべく小さくして、点Aのできるだけ近くに点Bを取り、その間での平均変化率、すなわち、直線の傾きを調べる必要があります。したがって、Pythonで数値計算をするのであれば、$\Delta x=10^{-8}$など、設定可能な範囲でできるだけ小さな値を設定するところです。しかしながら、いまは、「紙と鉛筆」による数学の話をしていますので、そのような必要はありません。ここでは思い切って、$\Delta x\to 0$の極限をとってしまいます。

——でました。極限ですよ。極限……。さあ、みなさんは、「$\Delta x\to 0$($\Delta x$を0に近づけていく操作)」と「$\Delta x=0$($\Delta x$に0を代入する操作)」の違いを説明できるでしょうか。本来であれば、「$\varepsilon$-$\delta$論法(イプシロンデルタ)」を展開するところですが、ここでは、具体例を用いて直感的に理解してもらうことに

注5)　なぜこれで傾きが計算できるかは……、読者の宿題としておきます。$\Delta x$が2や3の場合を考えるとわかりやすいでしょう。

します[注6]。まず、さきほどの**図2**に示した関数であれば、一般に、$x_0$から$x_0+\Delta x$における平均変化率は、次のように計算されます。

$$f(x_0)=2x_0^3-9x_0^2+12x_0$$

$$f(x_0+\Delta x)=2(x_0+\Delta x)^3-9(x_0+\Delta x)^2+12(x_0+\Delta x)$$

$$\begin{aligned}\Delta y &= f(x_0+\Delta x)-f(x_0)\\ &= 2\Delta x^3+(6x_0-9)\Delta x^2+(6x_0^2-18x_0+12)\Delta x\end{aligned}$$

$$\frac{\Delta y}{\Delta x}=2\Delta x^2+(6x_0-9)\Delta x+(6x_0^2-18x_0+12) \qquad (2)$$

ここで、最後の(2)を求める式変形では、$\Delta x\neq 0$という条件を用いている点に注意してください。仮に$\Delta x=0$だったとすると、これは、0/0の計算となり、ZeroDivisionError(0除算)が発生してしまいます。一方、(2)の結果が得られた後であれば、$\Delta x$を0に向かってどんどん小さくしていくことは問題ありません。その結果は、$\Delta x$に0を代入したものに一致して、次の関係が成り立ちます。

$$\lim_{\Delta x\to 0}\frac{\Delta y}{\Delta x}=6x_0^2-18x_0+12$$

左辺の$\lim_{\Delta x\to 0}$は、$\Delta x$を0に近づけていくという操作を表すもので、上記の結果を関数$f(x)$の点$x_0$における微分係数と呼び、記号$f'(x_0)$で表します。

$$f'(x_0)=6x_0^2-18x_0+12 \qquad (3)$$

やや抽象的な説明が続きましたが、**図5**からもわかるように、$\Delta x$を0に近づけていくと、直線ABは、点$x=x_0$におけるグラフの接線へと近づいていきます。つまり、$f'(x_0)$は、点$x=x_0$における接線の傾きに一致します。実際のところ、(3)は次のように因数分解できるので、

$$f'(x_0)=6(x_0-1)(x_0-2)$$

$x_0=1,\ 2$において$f'(x_0)=0$となり、**図2**で確認した、極大値・極小値をとる点に一致します。これらの点では、グラフの接線は$x$軸と平行になるので、グラフの傾きは確かに0になります。

## 多変数関数への拡張

前節で見たように、関数$f(x)$の点$x=x_0$における微分係数$f'(x_0)$が計算できれば、その点における接線の傾きがわかります。そして、

**▼図5 平均変化率の極限は接線の傾き**

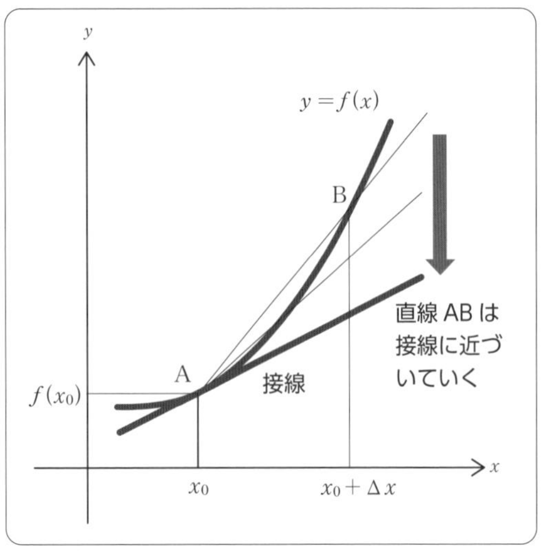


**▼図6 3種類の停留点**

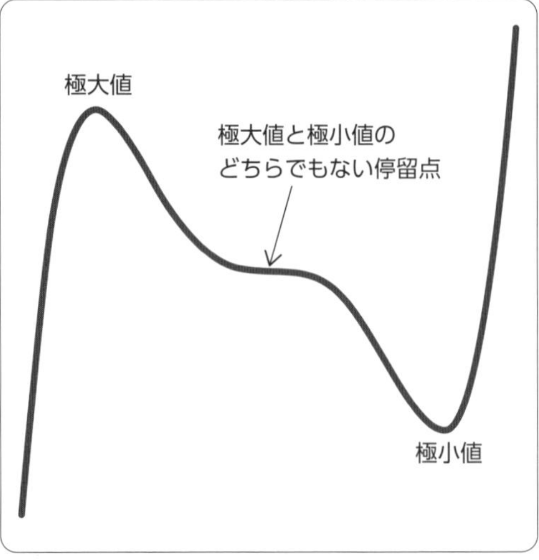


注6) $\varepsilon$-$\delta$論法に興味のある方は、『技術者のための基礎解析学』(中井悦司・著、翔泳社、2018年)を参考にしてください。

とくに接線の傾きが0、すなわち、$f'(x_0)=0$を満たす$x_0$を求めると、そこが極大値、もしくは、極小値に対応することになります。厳密にいうと、**図6**のように、極大値でも極小値でもない点もありえるので、$f'(x_0)=0$は十分条件とは言えませんが、少なくとも、極大値、もしくは、極小値に対応する点を求めるヒントにはなるでしょう。一般に$f'(x_0)=0$を満たす点を停留点と呼びます。

また、前節では、平均変化率を求めてから$\Delta x\to 0$の極限をとるという愚直な方法で微分係数を求めましたが、実際には、より簡単に微分係数を求める公式がいろいろと知られています。このあたりは、解析学、もしくは、微積分の教科書を参考にしてください[注7]。

それではここで、さきほどの話を引数が複数ある場合に拡張してみます。具体例として、$x_1$と$x_2$を引数とする次の関数を考えます。

$$f(x_1,\ x_2)=x_1^2-4x_1+x_2^2-2x_2+5$$

$y=f(x_1,\ x_2)$として、この関数を3次元のグラフに表すと、**図7**のようになります。これを見ると、$(x_1,\ x_2)=(2,\ 1)$のあたりに極小値がありそうですが、この点の座標を正確に求めるにはどうすればよいのでしょうか？　この程度の関数であれば、平方完成によって簡単に求めることもできますが、ここではあえて、微分を用いて計算することにしてみます。

――実は、基本的な考え方は、引数が1つの場合と同じです。仮に、極小値を取る点を$(x'_1,\ x'_2)$とした場合、$x_1$のほうを$x_1=x'_1$に固定して、$x_2$だけを引数とする関数$g(x_2)$作ってみます。

$$g(x_2)=f(x'_1,\ x_2)$$

このとき、$y=g(x_2)$のグラフは、**図8**に示すように、**図7**のグラフを$x_1=x'_1$の部分で切り取った断面となります。したがって、関数$g(x_2)$は、$x_2=x'_2$で極小値を取っており、この点における微分係数は0になります。

$$g'(x'_2)=0 \tag{4}$$

同じく、$x_2$のほうを$x_2=x'_2$に固定して、$x_1$だけを引数とする関数$h(x_1)$を作ります。

$$h(x_1)=f(x_1,\ x'_2)$$

この場合も同様にして、$x_1=x'_1$における微分係数が0になります。

$$h'(x'_1)=0 \tag{5}$$

結局のところ、$f(x_1,\ x_2)$において、「$x_1$を固

**▼図7　$y=x_1^2-4x_1+x_2^2-2x_2+5$のグラフ**

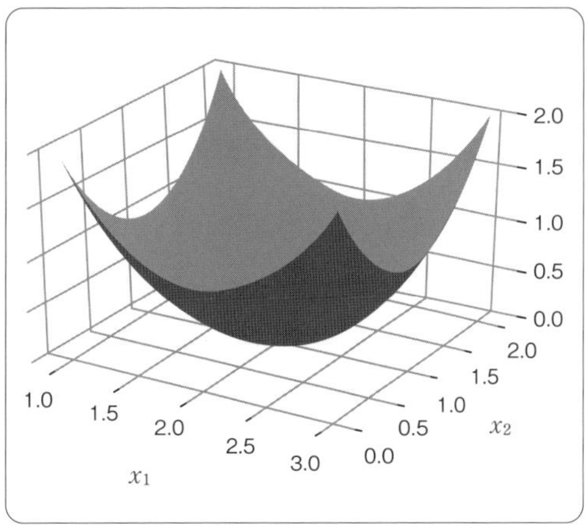


**▼図8　$x_1=x'_1$で切り取った断面**

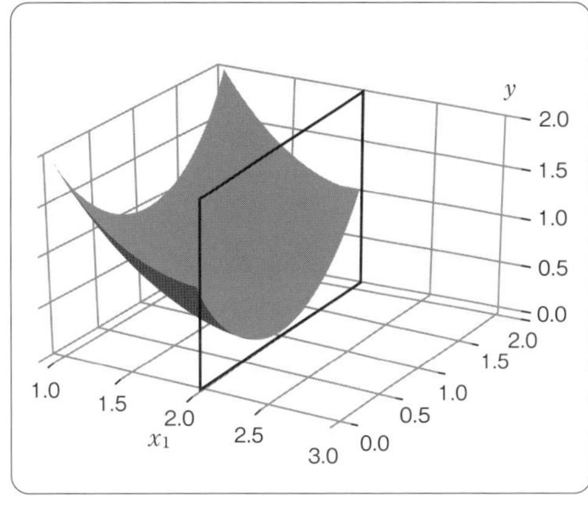


注7）しつこいようですが、『技術者のための基礎解析学　(中井悦司・著、翔泳社、2018年)も参考になるでしょう。

定して、$x_2$だけの関数と思った際の微分係数」、および、「$x_2$を固定して、$x_1$だけの関数と思った際の微分係数」の両方が0になるという条件から、$(x_1', x_2')$が決まることになります。このように、引数が複数ある関数において、どれか1つの変数だけの関数として計算した微分係数を「偏微分係数」と呼び、次の記号で表します。

$\frac{\partial f}{\partial x_1}$：$x_1$だけの関数と見たときの微分係数

$\frac{\partial f}{\partial x_2}$：$x_2$だけの関数と見たときの微分係数

いまの場合、(4)(5)の関係をこの記号で表すと、次のようになります。

$$\frac{\partial f}{\partial x_2}(x_1', x_2') = 2x_2' - 2 = 0 \quad (6)$$

$$\frac{\partial f}{\partial x_1}(x_1', x_2') = 2x_1' - 4 = 0 \quad (7)$$

ここでは、微分の公式を用いて、実際に偏微分係数を計算した結果も示しています。これらから、極小値を取る点は確かに$(x_1', x_2') = (2, 1)$であることがわかります。

なお、ここでは、引数は複数あるものの、関数の出力値は1つだけの場合を考えていました。関数の返り値が複数ある場合は、それぞれの返り値ごとに別々の関数があると考えれば、ここでの議論を同じように適用することができます。たとえば、Pythonのコードで次のような関数があったとします。

```
def my_func(x1, x2):
  ## 関数の実装
  return y1, y2
```

このとき、「関数の実装」部分をそのままコピーして、次の2つの関数を新しく作成します。

```
def my_func1(x1, x2):
  ## 関数の実装
  return y1
```

```
def my_func2(x1, x2):
  ## 関数の実装
  return y2
```

少しもったいない感じもしますが、my_func1とmy_func2は、どちらも返り値が1つだけの関数で、これらを別々に呼び出せば、もとの関数my_funcと同じ働きをさせることができます。言い換えると、複数の出力値を持つ関数の場合は、それぞれの出力値を個別の関数とみなして、値の変化を調べればよいわけです注8。

## 最小二乗法を乗り越えて……

ここまで、すこし駆け足で微分の基本的な考え方を見てきました。最後に偏微分の応用例として、最小二乗法の解法を見ておきましょう。

まず、機械学習のアルゴリズムでは、なんらかの予測処理を行う関数をチューニング可能なパラメータを含む形で定義しておき、学習データに基づいて、最適なパラメータ値を決定するということを行います。たとえば、いま、定数項、および、各項の係数をパラメータとする$M$次多項式を用意したとします。

$$y = w_0 + w_1 x + w_2 x^2 + \cdots + w_M x^M \quad (8)$$

ここでは、$w_0$, $w_1$, …, $w_M$がチューニング対象のパラメータとなります。この多項式は、入力データ$x$に対応して、対応する予測値$y$を出力するわけですが、$x$は学生の勉強時間で、$y$はテストの点数などの例を考えるとわかりやすいでしょう。

この場合、多数の学生に実際にテストを受けてもらい、事前の勉強時間を確認すれば、学習

注8）実際には、複数の出力値がどのように関連するかを調べたくなる場合もありますが……。この点については、本稿の範囲を超えるので触れないことにしておきます。

用のデータが得られることになります。ここでは、全部で$N$人分のデータが得られたものとします。

$(x_1, y_1), (x_2, y_2), \cdots, (x_N, y_N)$

そして、それぞれのデータについて、(8)による予測値と実際のテストの点数(観測値)を比較していきます。ここでは、予測値と観測値の差を2乗したものを予測誤差と考えて、これらをすべて足し合わせたものを学習データ全体に対する予測誤差$E$とします(全体に1/2を掛けるのは、習慣によるもので本質的な意味はありません)。

$$E = \frac{1}{2}\sum_{n=1}^{N}\left(\sum_{m=0}^{M} w_m x_n^m - y_n\right)^2$$

この予測誤差をなるべく小さくするように、パラメータ$w_0, w_1, \cdots, w_M$を決定しようというのが最小二乗法です。いまの場合、$E$は$w_0, w_1, \cdots, w_M$を引数とする多変数関数ですので、数学的に言うならば、$E$の最小値を実現する$w_0, w_1, \cdots, w_M$を求めることになります。

そして、ここまでの議論からわかるように、これは、偏微分を用いて解くことができます。前節において、(6)(7)の連立方程式から$(x_1', x_2')$を求めたのと同様にして、$w_0, w_1, \cdots, w_M$のそれぞれについての偏微分係数を求めて、これらをすべて0とおいた連立方程式を解けばよいわけです。

$$\frac{\partial E}{\partial w_m} = 0 \, (m = 0, \cdots, M)$$

これは、極大値、もしくは、極小値、あるいはより一般に停留点を求めるための条件ですので、厳密には、これで$E$を最小にするパラメータが決まるという保証はありませんが、いまの場合は、これでうまくいくことがわかっています。このあたりの詳細、あるいは、上記の連立方程式を実際に解く手順については、読者のみなさんの次の学習ステップとしておきたいと思います[注9]。

## まとめ

本稿では、機械学習の予測モデルを「入力値から出力値を得る関数」という視点でとらえ、関数の性質を調べる手法として、微分の操作について説明しました。最後の最小二乗法では、「偏微分係数が0になる」という条件から、誤差関数を最小にするパラメータを決定する手法を紹介しましたが、このほかには、パラメータの値を少しずつ修正していく「勾配降下法」も有名です。この勾配降下法にも、偏微分が大きく関係しています。

最近は、「プログラミングがルールベースから機械学習による最適化へと変化する」といった、大げさな宣伝文句(?)を耳にすることもあります。従来のプログラミングをすべて機械学習でおきかえることは不可能ですが、機械学習を組み込んだアプリ開発においては、解析学の考え方が役に立つのは間違いないでしょう。本特集を通して、線形代数から解析学へと、ぜひ、数学に対する興味の幅を広げていってください。SD

注9) 参考書は、『ITエンジニアのための機械学習理論入門』(中井悦司・著、技術評論社、2015年)がおすすめです。

2-2 第2章 ITエンジニアのための機械学習と微分積分入門 基礎としくみを押さえて理解を促進

# 微分積分の基礎
## 高校数学の復習と機械学習への指針

本章は機械学習を学ぶうえで必要な数学の基礎知識をまとめました。数学的により厳密な内容に関しては、本誌のサポートページ[注1]のファイルに記載します。興味のある方はぜひダウンロードして読んでください。

Author 橘 慎太郎(たちなば しんたろう) https://umentulab.com Twitter @umekichinano
イラスト タネグサ Twitter @tanegusa1221

## 機械学習で微分積分が必要な理由

数学で大事なことは、「あいまいなことを細分化し、ひとつひとつを明確にしていくこと」だと筆者は考えています。機械学習になんらかの形で触れたことのある方であれば、**誤差関数**という言葉を目にしたことがあるかと思います。どのようなことであれ、「誤差」はなるべくなくしたい、と思うのは人の常ですよね(誤差を誤差のままにしておきたい人もいるかもしれませんが……)。この「誤差をなるべくなくしたい」という漠然とした問題を解消してくれる手段の1つに「微分」があります。また、機械学習のベースには**確率論**という数学の分野が使われています。確率論では、なんらかの事象を「幾何学的(図形のようなもの)」にとらえ、その「面積」をその事象が起こる確率として考えます。「幾何学」や「面積」とは何か、ということを語り始めるとキリがないためここでは省きますが、この「面積」を求める際に積分を使う必要があります。

### 勉強は役に立たないのか?

最近「微分積分が社会でなんの役に立っているのか」などというような言葉を耳にしましたが、「機械学習」というものを細分化していくと、

▼図1 タネグサさんの微分積分のイメージ

微分も積分も使われているのです。技術の進歩で数学を理解しなくてもディープラーニングなどの高度な技術を用いることができるようになりましたが、予測していない事態が起こったときに、原理がわからないと原因の追求はできません(パソコンの知識がない人に、「何もしてないけど壊れた」といわれたことはありませんか?)。2019年の本誌1月号で紹介した線形代数とともに微分積分も機械学習にとって必要不可欠な知識です。できる限りわかりやすく紹介しますので、しばらくお付き合いください(**図1**)。

## 微分積分に入る前の基礎知識

微分積分を紹介する前に、必要な数学の知識

注1) URL https://gihyo.jp/magazine/SD/archive/2019/201903/support

を簡単に紹介していきます。すべてを理解する必要はありません。疑問に思ったり興味があったら目を通してみてください。

### この章（もしくは数学書）の読み方

この章や数学書を読むにあたって、いくつかアドバイスをします。もし読んでいて諦めそうになったら次のポイントを思い出してみてください。

#### 1. 定義は理解しようと思わないで受け入れましょう

この章でもそうですが、何度も定義が出てきます。定義は「これはこういうことにする」という筆者と読者の約束事です。契約書などはもちろん理解する必要がありますし定義も理解するに越したことはありませんが、「定義がわからない。やめた！」となってしまっては身も蓋(ふた)もないので、定義がわからなかったらとりあえず次に進んでみてください。そうすることで「あぁ、だからこういうふうに定義する必要があったのか」とわかることもあります。とにかく一通り目を通してみましょう。

#### 2. 定理は重大な結果なので、覚えられたら覚えましょう

定理は先人の方々が残した知恵の結晶なので、形だけでも覚えられたら覚えてみましょう。

#### 3. 記号の意味がわからなかったら「記号の説明」やネットで検索してみましょう

この章の記号はある程度説明しているかと思いますが、それぞれの分野で不文律で記号が使われている場合があります。その場合は検索してみたり、聞ける人がいたら聞いてみたりしましょう。記号の意味がわかると誤解が解消されることもたまにあります。

#### 4. 休憩をはさみましょう

休憩は大事です。休みましょう。

## 関数

### 関数とは

関数の考え方自体は小学校で学びますが、意外と「関数とは何か」と言われると説明できない方もいるかもしれません。プログラミングをやっていると「インプットしてアウトプットするもの」として説明するかもしれません。数学的にもおおよそそれで十分です。$f(x)$という関数があれば、$x=a$を代入したら$f(a)$が結果となります。ただし数学では、「$a$と$f(a)$という値を紐づけているのが$f(x)$」という見方をすることがあります。関数を抽象的にした「写像」という考え方が元となっているからです。もし興味のある方は「集合論」などの専門書を手にとって見てください。

### 初等関数

**初等関数**とは、$f(x)$のように1つの変数を持つ関数で、指数関数($e^x$)、対数関数($\log x$)、三角関数($\sin x,\ \cos x,\ \tan x$)、逆三角関数などを指します。個々の諸性質も紹介したいのですが、今回は割愛します。

### 合成関数

**合成関数**とは、$y=f(x),\ z=g(y)$という2つの関数に対して$y$に$y=f(x)$を代入し$z=g(f(x))$としたときの$g(f(x))$を**合成関数**といいます。たとえば、$h(x)=(x+1)^3$ は、$f(x)=x+1$と$g(y)=y^3$の合成関数になっています。

### 多変数関数

**多変数関数**とは、$f(x,\ y)$のように、変数が2つ以上ある関数のことをいいます。2つ以上のため、$f(x_1,\ x_2,\ \cdots,\ x_n)$のような関数も多変数関数です。この章の大半は1変数関数の話です。

## 微分

### 平均変化率は微分の考え方の根底

**図2**を見てみましょう。これはある関数をグラフにしたものですが、点Aと点Bを結ぶと、右肩上がりになっていることがわかります。これは、点Aから点Bに推移したときに、増加傾向になっていることを表しています。2点をとったときの傾向は「増加」「一定」「減少」の3パターンです。この3パターンが「どのくらい増加しているか」「一定か」「どのくらい減少しているか」の度合いを**平均変化率**といい、次のように定義します。

・定義1
ある関数$f(x)$とある実数$a, b$に対して、

$$\frac{f(b)-f(a)}{b-a}$$

を**平均変化率**という。

### 微分って何?——微分係数

平均変化率は、ある点からもう一方の点に推移するときの関数の変化の度合いを表していましたが、この2点をものすごく近づけていくとどうなるでしょうか? **図3**を見てみましょう。2点を近づけていくに従って、徐々にある点の接線となっていることがわかります。この接線の傾きのことを**微分係数**といいます。微分係数の定義は次のとおりです。

・定義2
ある関数$f(x)$とある実数$a$に対して、

$$f'(x)=\lim_{h\to 0}\frac{f(x+h)-f(x)}{h}$$

を**$x=a$のときの微分係数**という。

少し難しいように感じるかもしれませんが、$a=x$, $b=x+h$とおけば次のようにも表すことができます。

$$f'(x)=\lim_{b\to a}\frac{f(b)-f(a)}{b-a}$$

こちらのほうが2点を近づけているイメージがつくかもしれませんね。大雑把な表現になりますが、微分とは「関数のある点における接線の傾きを求める」ことです。微分係数はそもそも平均変化率からスタートして定義しているので、微分が出てきたら「ある関数の増減の傾向を知りたいんだな」と思ってもらってもかまいません。

また、接線の方程式を求めたい場合は、次のように計算できます。

$f(x)$の$x=a$における接線の方程式は、

$$y=f'(a)(x-a)+f(a)$$

で求められる。

▼図2 平均変化率

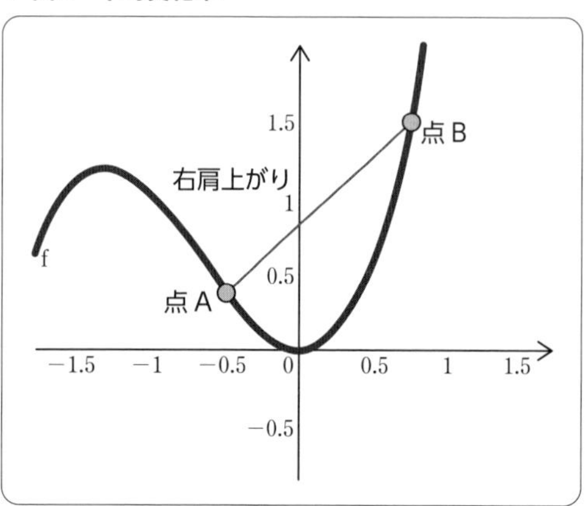


▼図3 微分係数

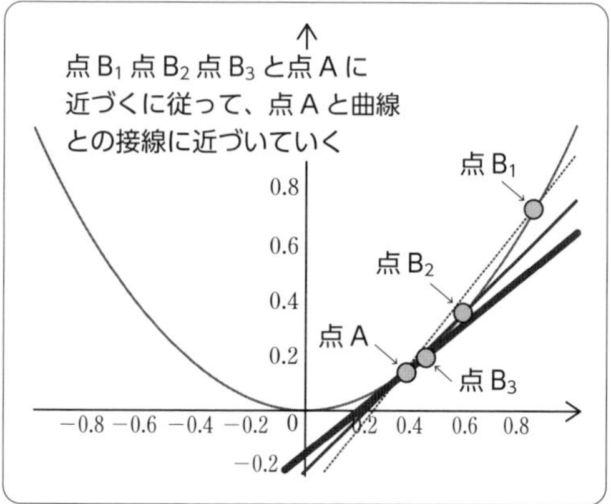

### 導関数

微分係数ではある1点に着目しましたが、すべての点$x$に対して微分係数を考えると、$f(x)$から$f'(x)$への関数を作ることができます。この$f(x)$から$f'(x)$への関数を**導関数**といいます。導関数の定義は次のとおりです。

・定義3
関数$f(x)$が区間$[a, b]$上微分可能なとき、$[a, b]$上の各点$x$に対して

$$f'(x)=\lim_{h\to 0}\frac{f(x+h)-f(x)}{h}$$

を$y=f(x)$の**導関数**、もしくは**微分**と呼ぶ。

導関数は$f'(x)$のほかに$\frac{df(x)}{dx}$といった形で表すことがあります。難しく感じるかもしれませんが、どのような形であっても「$f(x)$を$x$に関して微分している」と読み替えてください。

### 微分の計算をしてみよう

では、実際に微分を計算してみましょう。微分の計算方法については、高校のときに**図4**のように覚えていた方もいるかもしれません。

しかしせっかくですので、定義に従って微分してみましょう。

$$\begin{aligned}(x^3)' &= \lim_{h\to 0}\frac{(x+h)^3-x^3}{h}\\ &= \lim_{h\to 0}\frac{x^3+3x^2h+3xh^2+h^3-x^3}{h}\\ &= \lim_{h\to 0}\frac{3x^2h+3xh^2+h^3}{h}\\ &= \lim_{h\to 0}3x^2+3xh+h^2\\ &= 3x^2\end{aligned}$$

少し複雑かもしれませんが、「分母の$h$がうまく消えてくれないかな」と思って計算すると意外とうまく消えてくれます。これは本誌のサポートWebから資料をダウンロードし、何問か練習問題をしてみるのもいいかもしれません。

▼図4　簡単な微分の計算方法

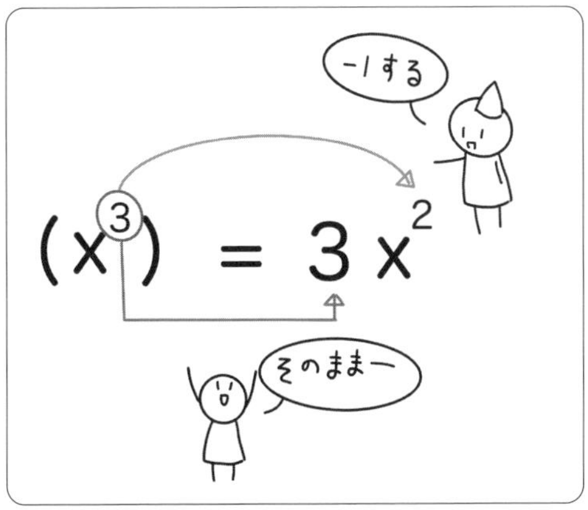


## 積分

### 微分と積分の関係

積分は、高校では「微分の逆の演算」として覚えた方もいるかと思います。もちろん「結果的にはそうなっている」のですが、それは必ずしも正しくはありません。歴史を紐解くと、積分法は諸説ありますが、アルキメデスが直線と放物線の間の面積を求めるのに考案されたのがルーツといえます。一方で微分法も諸説ありますが、ガリレオ・ガリレイによる加速度や重力加速度の発見やケプラーによる火星の軌道計算など、物理学(当時は運動学と呼ばれていました)の側面が強く影響しているといわれています。そのあと、ニュートンによって万有引力の法則が発見された際に、まったく別の分野で使われていた微分法と積分法を関連付ける「微分積分学の基本定理」が発見されました。数学者のライプニッツも少し遅れてですが、「微分積分学の基本定理」をより厳密に確立しました。

機械学習の範囲で扱う積分についても、面積を意識して計算するような場面が多いです。たとえば、**図5**は統計学や確率論で出てくる標準正規分布のグラフですが、ある範囲の正規分布のグラフとx軸の間の面積を求めることで、事象の起こる確率を計算できます。というわけで、

▼図5　正規分布の面積

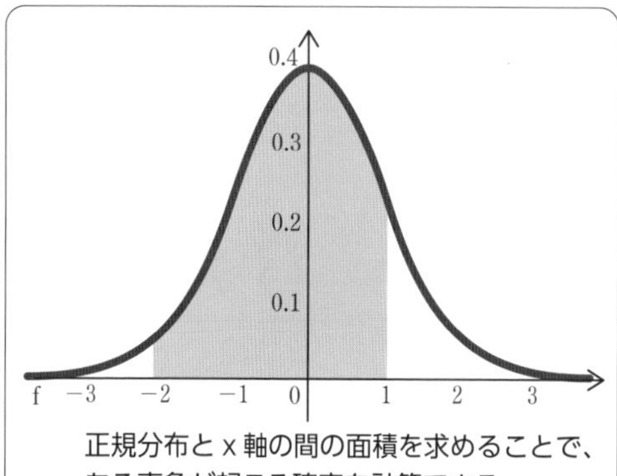
正規分布とx軸の間の面積を求めることで、
ある事象が起こる確率を計算できる

面積を求めることに着目して積分を理解していきましょう。

## 積分の成り立ち――区分求積法

長方形の面積は「縦×横」、三角形の面積は「底辺×高さ÷2」などと習いました。しかし、**図6**の面積はどうでしょうか。曲線があり、中学校までで習った公式では計算が難しそうです。直接面積を求めるのは難しいため、少しでも近い面積を求めるために**図7**のように考えます。すると、単純な長方形の面積の和として考えることができます。各長方形の長さを1にしているため、はみ出していたり足りない部分もありますが、この横の長さを短くして細い長方形にしていくとより色のついた部分の面積に近づいていきます。

**図7**の場合は、$x_0=0$, $x_1=1$, $x_2=2$, $x_3=3$, $x_4=4$とすると、各点線の長方形の横幅は、$x_i-x_{i-1}=1(i=1, 2, 3, 4)$で、高さは$f(x_{i-1})(i=1, 2, 3, 4)$であることがわかります。よって長方形の面積の和は、

$$\sum_{i=1}^{4} f(x_{i-1})(x_i-x_{i-1})$$

です。これを少し一般化して、$x_0=0$, $x_n=4$として、$x_0$, $x_1$, …, $x_n$の$n$等分した長方形の面積は、

$$\sum_{i=1}^{n} f(x_{i-1})(x_i-x_{i-1})$$

になります。このように$x$軸を$n$等分して面積を求める方法を**区分求積法**といいます。さらにこれを一般化して、$a=x_0<x_1<\cdots<x_{n-1}<x_n=b$（つまり$a$, $b$はそれぞれ**図6**でいうところの着色部分の左端と右端）、すなわち横幅を必ずしも等分ではない形で$n$個に分割し、また各$[x_{i-1}, x_i]$区間の間で$f(x)$が最も大きくなるときの$x$を$\xi_i$[1]（$\xi_i$[注2]を**代表点**といいます）として、

$$\sum_{i=1}^{n} f(\xi_i)(x_i-x_{i-1})$$

▼図6　正規分布の面積。次の色がついた部分の面積はどうやって求める？

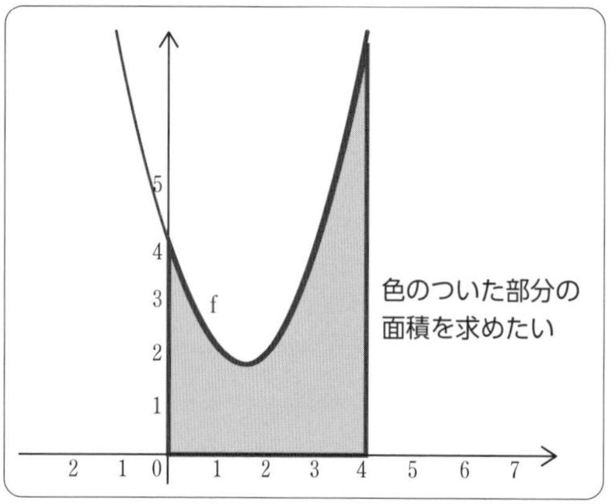
色のついた部分の
面積を求めたい

▼図7　色のついた部分を分割して面積を求める

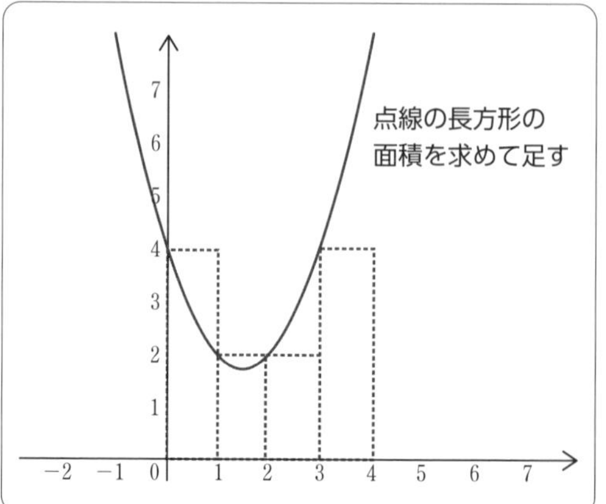
点線の長方形の
面積を求めて足す

注2）$\xi$はギリシャ文字の「クサイ」と読みます。

のように面積を求める方法を**リーマン和**といいます[注3]。

### 微分積分学の基本定理

やっと最も重要な定理にたどり着くことができました。お疲れ様でした！（まだ続きますが……）**微分積分学の基本定理**を紹介します！

> ・定理1
> 関数$f(x)$が区間$I$上で連続とし、$F(x)$を$f(x)$の原始関数とする。このとき区間$I$上の点$a, b$に対して、
> $$\int_a^b f(x)dx = F(b) - F(a)$$
> が成り立つ。これを**微分積分学の基本定理**という。また上の式の右辺は$[F(x)]_a^b$とも表す。

### 簡単な積分計算をしてみよう

積分の計算は微分の計算より一般的には**難しい**です。ですが、基本ラインである「微分の逆」から見ていきましょう。微分の簡単な計算は**図4**でした。ですのでその逆の計算をします。まず不定積分の計算です。

$3x^2$の積分の結果は$x^3$となるわけですが(**図8**)、ご存じのように不定積分の計算では積分定数があるため、$x^3+C$が不定積分の答えです。

**▼図8　積分の簡単な計算**

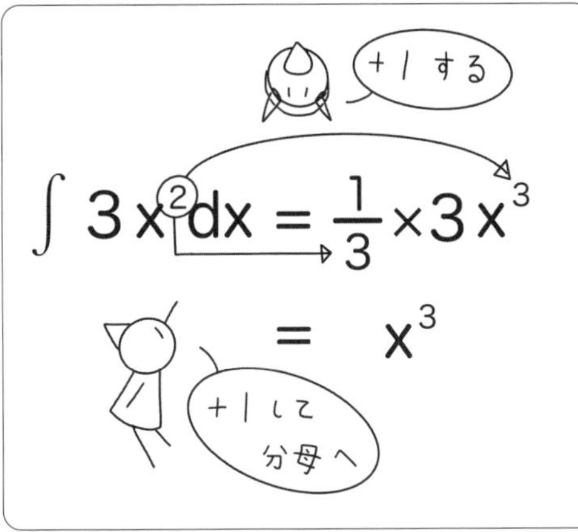


次に定積分の計算ですが、不定積分の途中までは定積分と同じです。

$$\begin{aligned}\int_1^2 3x^2\,dx &= [x^3]_1^2 \\ &= 2^3 - 1^3 \\ &= 7\end{aligned}$$

不定積分を計算した結果に、$\int$の上の値を$x$に代入した結果から下の値を$x$に代入した結果を引くことで計算できます。

### よく使われる基本的な積分の公式

積分の計算でよく使われる公式の一部を紹介します。しかし、**決してすべて覚える必要はありません**。もし計算していて行き詰まったときに、参照してみると「こういう結果になるのか」程度の使い方で十分です。また、右辺を微分すると左辺の積分の中の関数になりますので、確率の計算をすることで微分の練習にも使えます。

$$\int x^a\,dx = \frac{1}{a+1}x^{a+1}\ (a \neq -1)$$
$$\int \frac{1}{x}dx = \log|x|$$
$$\int e^x\,dx = e^x$$
$$\int a^x\,dx = \frac{a^a}{\log a}(a>0,\ a\neq 1)$$
$$\int \sin x dx = -\cos x$$
$$\int \cos x dx = \sin x$$
$$\int \tan x dx = -\log|\cos x|$$
$$\int \frac{1}{\cos^2 x}dx = \tan x$$
$$\int \log x dx = x\log x - x$$

### 多変数関数の微分

今まで扱ってきた微分は$x$だけの1変数の微

注3）厳密には、分割のとり方であったり代表点の選び方などを定める必要がありますが、ここでは割愛します。

分でしたが、機械学習で使われる変数は必ずしも1変数とは限りません。むしろ多変数関数を扱う場面のほうが多いかもしれません。しかし、多変数の場合でも基本的に考え方は同じで「接線(のようなもの)を求める」ことです。変数が多くなると可視化ができなくなります。それでも微分が扱えるわけです。数学ってスゴイですね。

## 偏微分・偏導関数

多変数の微分を**偏微分**といいます。偏微分と名前は変わりますが、実のところ計算する方法はそれほど変わりません。なぜかというと、たとえば$f(x, y)$を$x$に関して微分する場合、$y$は変数として考えずに単なる数としてみなすからです。実際に計算例を見てみましょう。

> $f(x, y) = x^3+4xy^2-2x+4y+3$ を$x$に関して偏微分すると
> $$f_x(x, y) = 3x^2+4y^2$$
> となる。また$f(x, y)$を$y$に関して偏微分すると
> $$f_y(x, y) = 8xy+4$$
> となる。

$x$に関して偏微分すると$x$のない項が、$y$に関して偏微分すると$y$のない項が消えていることがわかります。このように、ある変数に関しての偏微分を行うと、それ以外の変数は定数とみなすのです。

さて、偏微分の定義を紹介しましょう。

> ・定義4
> $f(x)$がある点$(a, b)$に対して
> $$f_x(a, b) = \lim_{h\to 0}\frac{f(a+h, b)-f(a, b)}{h}$$
> が収束するとき、$f(x, y)$は$(a, b)$における$x$に関して**偏微分可能**であるといい、$f_x(a, b)$を**$x$に関する偏微分係数**という。
> また、
> $$f_y(a, b) = \lim_{k\to 0}\frac{f(a, b+k)-f(a, b)}{k}$$
> が収束するとき、$f(x, y)$は$(a, b)$における$y$に関して**偏微分可能**であるといい、$f_y(a, b)$を**$y$に関する偏微分係数**という。
> さらに、$f(x, y)$が$f_x(a, b)$, $f_y(a, b)$ともに存在するとき、$f(x, y)$は$(a, b)$で**偏微分可能**という。

ある領域(平面における区間)のすべての点において$f(x, y)$が偏微分可能なとき、$f_x(x, y)$, $f_y(x, y)$を**偏導関数**といいます。偏微分を$f_x(x, y)$, $f_y(x, y)$のほかに、

$\frac{\partial f(x, y)}{\partial x}$, $\frac{\partial f(x, y)}{\partial y}$ と表すこともあります。

慣れるまでは1つを変数とみなしてほかを定数とみなすことが難しいと感じるかと思います。これもまた、計算していくことで切り替えられるようになりますので、ぜひ練習問題で計算練習してみてください。

## 全微分

偏微分では、1つの変数に着目してほかの変数を定数とみなすことで微分を行いました。これに対して、すべての変数を同時に微分することを**全微分**といいます。全微分の定義は次のとおりです。

> ・定義5
> $f(x, y)$がある点$(a, b)$に対して
> $$df(a, b) = \lim_{\substack{h\to 0\\k\to 0}}\frac{f(a+h, b+k)-f(a, b)-ha-kb}{\sqrt{h^2+k^2}}$$
> が収束するとき、$f(x, y)$は**$(a, b)$において全微分可能**であるという。また、ある領域のすべての点において全微分可能なとき$f(x, y)$は**全微分可能である**といい、
> $$df(x, y) = fx(x, y)dx+fy(x, y)dy$$
> を$f(x, y)$の**全微分**という。

▼図9　偏微分と全微分のイメージ

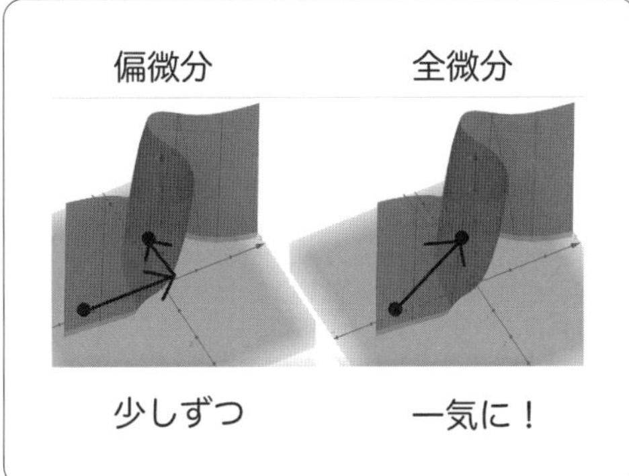


同時に極限を扱うというのはとても難しいですね。イメージとしては、偏微分は「少しずつある点に向かっていく」のに対して、全微分は「一気にある点に向かっていく」という感じでしょうか(図9)。そのため、全微分は少し無理やりなところがあり、次のような定理が知られています。

・定理2
$f(x, y)$が全微分可能ならば、$f(x, y)$は偏微分可能である。

### 全微分と接平面

1変数関数は微分可能なときに接線の傾きを求めることができましたね。同様に、多変数関数は全微分可能なときに**接平面**という曲面がある点において接する面を見つけることができます。

・定義6
$f(x)$が点$(a, b)$において全微分可能ならば
$z=f(a, b)+f_x(a, b)(x-a)+f_y(a, b)(y-b)$
を曲面$f(x, y)$の$(a, b)$における**接平面**という。

### 多変数関数の微分が機械学習で使われる例

偏微分が機械学習で用いられる例として、「ある多変数関数の極小値を求める」というのがあります。具体的には「最急降下法」として知られていますが、多変数関数を次のようにして計算していきます。

1. 初期値$x^{(0)}=x_1^{(0)}, x_2^{(0)}, \cdots, x_n^{(0)}$を決める(ランダムなど)。最初は$k=0$とする。
2. 各$\dfrac{\partial f(x^{(k)})}{\partial x_1^{(k)}}(i=1, 2, \cdots, n)$を計算し、決められた値以下になれば終了する。
3. $x^{(k+1)}=x^{(x)}-\alpha\left[\dfrac{\partial f(x^{(k)})}{\partial x_1^{(k)}}, \dfrac{\partial f(x^{(k)})}{\partial x_2^{(k)}}, \cdots, \dfrac{\partial f(x^{(k)})}{\partial x_n^{(k)}}\right]$を計算する($\alpha$は決められたパラメータ)。
4. $k$に1を加えて、2.に戻る。

計算は難しそうですが、やっているのは「傾きが0になるように少しずつ調整していく」ことです。微分さえ計算できれば、プログラムですぐに書けそうですよね。このように、機械学習では微分はこのように応用されています。

## 微分方程式

### 微分方程式って何?

「微分方程式」という言葉を目にしたことのある方は多いでしょう。しかし、「微分方程式って何」という方も多いのではないかと思います。積分のところで微分の歴史についてお話ししましたが、微分が物理学と深い関係があったように、微分方程式も物理学と密接な関係があります。ここで登場するのもやはりニュートンです。本当に偉大ですね。

ニュートンは、「物が落ちる」ことを発見しました。物が落ちると、徐々に速度を上げて落ちていきます。ニュートンはある瞬間の落ちる速度を次のように定義しました。

・定義7
ある時間$t$における位置を$r(t)$とするとき、その$t$における**速度**を

$$v(t)=\lim_{\Delta t\to 0}\frac{r(t+\Delta t)-r(t)}{\Delta t}$$

と定義する。

$\Delta t$が見なれないですが$h$に置き換えるとそのまま微分の定義であることがわかります。速度は、その時間における位置の変化の割合を見ているわけなので微分が使われているのは納得できます。今度はさらに速度の変化の割合である加速度を次のように定義しました。

・定義8
ある時間$t$における速度を$v(t)$とするとき、その$t$における**加速度**を

$$a(t) = \lim_{\Delta t \to 0} \frac{v(t+\Delta t) - v(t)}{\Delta t}$$

と定義する。

さきほどと同様に、加速度$a(t)$は速度$v(t)$を微分したものです。位置$r(t)$を2回微分したものともいえますね。

さて、ニュートンは次に質量と加速度の関係を考え始めました。ニュートンは、「物が落ちるとは、加速度が0でなくなることであるから、物に何らかの力が働いている」と考えました。また、同じ力が加わっている物でも、質量が大きいと加速度は小さく、質量が小さいと加速度は大きいことから反比例していると考え、加速度$a(t)$とその力$F$、物の質量$m$の関係を次のように表しました。

$$a(t) = k\frac{F}{m}$$

これは**ニュートンの運動方程式**と呼ばれるものですが、先程定義した$a(t) = \dfrac{dv(t)}{dt}$を代入して少し変形してみましょう。

$$m\frac{dv(t)}{t} = kF$$

方程式の中に微分の記号が入っていますね。これが微分方程式です。

長々とお疲れ様でした。とても平たくいうと、「関数」と「導関数」の関係式のひとことです。なぜこれだけお話したのかというと、筆者が考えるところでではありますが、微分方程式もとても難しいのです。そのため、少しでも興味を持っていただきたかったのです。「なんとなく高校でやったの覚えてる」とか「ニュートンすげー」とか何かしら思っていただけたら大成功です。

## 微分方程式の定義

あらためて微分方程式の定義をします。変数$x_1, x_2, \cdots, x_n$に対して、関数$f$とその導関数

$$\frac{\partial f(x_1, x_2, \cdots, x_n)}{\partial x_i} (i = 1, 2, \cdots, n)$$

の関係式のことを**微分方程式**といいます。また、変数が1つの場合を**常微分方程式**、変数が2個以上の場合を**偏微分方程式**といいます。今回は、常微分方程式だけを扱います。

## 微分方程式の解法

微分方程式はさまざまな種類があることが知られています。

微分方程式は「この方法で解ける」という1つの方法があまりありません。さまざまな式の形によって解法が知られていて、それらの解法に従って計算していきます。そのため、今回は一番汎用性の高い、常微分方程式の変数分離形の解法を紹介します。

変数分離形とは、式変形することで次のように表せる微分方程式です。

ある$x$に関する関数$p(x)$と$y$に関する関数$q(x)$に対して

$$y' = p(x)q(y)$$

のように表せる微分方程式を、**変数分離形**という。

変数分離形は次の手順で解くことができます。

解法1. $\dfrac{y'}{q(y)} = p(x)$の形に変形する

解法2. $\displaystyle\int \frac{y'}{q(y)}dx = \int p(x)dx$を計算する

解法2.を見てもわかるように、微分方程式は積分を使って計算します。だから難しい、ともいえます(それ以外にも難しい理由はありますが……)。実際に計算例を見てみましょう。

<問題>

$y' = -4xy^2$を満たす$x$の関数$y$を求めよ。また、その関数の中で$y=0$のとき$x=-1$を満たすものを求めよ。

<解法>

$y=0$は明らかに解であるので、$y \neq 0$を仮定する。

解法1.の変形をする。

$$\frac{y'}{y^2} = -4x$$

解法2.のように、両辺$x$で積分する。

$$\int \frac{y'}{y^2} dx = -4\int x dx$$

$y=f(x)$ とおくと、$y' dx = \frac{df(x)}{dx} dx = df(x) = dy$より、

$$\int \frac{y'}{y^2} dx = \int \frac{1}{y^2} dy$$
$$= -\frac{1}{y}$$
$$-4\int x dx = -4\left(\frac{1}{2}x^2\right)$$
$$= -2x^2$$

よって、

$$-\frac{1}{y} = -2x^2 + C$$

であり、積分定数を$C$とおけば、

$$y = \frac{1}{2x^2 + C}$$

である($C$は仮の定数であるため、±どちらでも問題ない)。

また、$x=-1$, $x=0$を代入すると$C=-1$が出てくるから、$y = \frac{1}{2x^2 - 1}$

このの問題中の「また、その関数の中で$y=0$のとき$x=-1$を満たすものを求めよ」のように、$y$や$x$などの**初期条件**が付帯された微分方程式を**初期値問題**といいます。

### 機械学習と微分方程式

微分方程式は、自然科学・工学・経済学など広い分野で活用されています。とくに、自然現象や社会現象などの複雑な状態からある特定の部分を抜き出して推論を行うための**数理モデル**を構築するうえでは必要不可欠でした。しかし、近年の機械学習、とくにディープラーニングの技術の発達により、やり方によっては微分方程式のように特定のデータを抽出しなくても、とにかく取得したデータをそのまま利用することで精度の高い数理モデルの作成ができるようになりました。

では微分方程式はもう時代遅れのものなのでしょうか。筆者はそのようには考えません。というのも、ディープラーニングには「何を根拠にうまくいっているのかわからない問題」がどうしてもつきまとうからです。ディープラーニングの図で○と線が入り混じっている図をよく見かけるかと思いますが、データを細かく分割・数値化してさまざまな計算を施すため、途中経過は人間が見てもよくわからないのです。最近では「ディープラーニングの途中経過を説明する技術」というものも開発されていますが、はじめから理路整然と説明できるのであればそれに越したことはないのではないでしょうか。と、ディープラーニングに対してネガティブにとらえているように思われるかもしれませんがそんなことはなく、「うまくいけばそれでいい」ことは多数あります。また、敵対しているように説明した微分方程式とディープラーニングですが、微分方程式の計算をディープラーニングにより行う技術なども発達していて、それによって微分方程式が応用できる範囲も広がる余地があります。今後に期待ですね！ SD

第2章 ITエンジニアのための機械学習と微分積分入門
基礎としくみを押さえて理解を促進

# 2-3 Pythonで実践する機械学習

## ライブラリで使われる数学をコーディングで解き明かす

Pythonにはscikit-learnといった機械学習アルゴリズムの優秀なライブラリが多くあり、アルゴリズムを簡単に利用できます。本章では簡単な1次多項式の回帰分析と多変数のロジスティック回帰を題材に、ライブラリを使うだけでなく、その基本的な数学の原理と計算のアルゴリズムを、コードを書きながら解き明かします。

Author 辻真吾(つじ しんご)　URL http://www.tsjshg.info/

## Pythonの環境構築

Pythonは汎用的なプログラミング言語です。Batteries included(電池内蔵)という哲学のもと、多くの便利な標準モジュールが組み込まれています。ただ、データ解析や数値計算をしようと思うと、外部パッケージの追加が必要になります。

この章では**表1**の外部パッケージを利用します。とくにpandasやMatplotlib、scikit-learnはデータ分析においてよく使われるライブラリになっています。詳しく知りたい方は、章末の参考文献[1]などがお勧めです。以降では、環境構築のための方法を3つ紹介します。

**▼表1　使用する外部パッケージ**

| パッケージ | 用途 |
|---|---|
| NumPy | 高速な数値計算のために、サイズ変更できない固定長配列を利用 |
| SciPy | 統計計算や目的関数の最適化など |
| pandas | 表形式のデータ型であるDataFrameの利用 |
| Matplotlib | データの可視化 |
| scikit-learn | Deep Learning以外の機械学習アルゴリズムを網羅。今回は回帰分析などを利用 |
| SymPy | 代数計算、微分方程式を含む数式処理 |
| Jupyter Notebook | コードの実行、データの可視化、結果の保存をWebブラウザで操作できる開発環境 |

注1) URL https://www.python.org/

### 標準のPythonを使う

Pythonにはバージョン2系と3系がありますが、2系は2019年でメンテナンスが終了していますので、3系を利用します。LinuxやmacOSにはPythonが同梱されていますが、バージョンが古いだけでなく、システムで利用されている可能性が高いので、これはそのまま触らずに別途Pythonをインストールすることをお勧めします。公式サイト[注1]から環境に合ったPythonをダウンロードしましょう。WindowsではWindows Storeからも取得できます。

外部パッケージの追加にはpipコマンドを使います。たとえばnumpyをインストールしたいときには、OSのシェル(ターミナルやPower Shell)から次のように入力します。

```
$ pip install numpy  macOSやLinuxではpip3を使用
```

いくつかのバージョンの外部パッケージを共存させたいと思うことはよくあります。これは、1つのバージョンのPythonの中に仮想環境を作ることで対応できます。仮想環境の管理は標準モジュールに含まれるvenvを使います。myenvという名前の仮想環境を作るには、

```
$ python -m venv myenv ……注2
```

注2) Windowsではpythonを起動するためのランチャーであるpyコマンドが使えます。pyコマンドは引数で起動するPythonのバージョンを変更できます。

のようなコマンドを実行します。

macOSやLinuxの場合は、python3コマンドを使ってください。コマンドを実行した場所に、myenvという名前のディレクトリができます。環境を有効にするには、activateスクリプトを実行します注3。

```
# Windows
> myenv\Scripts\Activate.ps1
# macOS, Linux
$ source myenv/bin/activate
```

シェルのプロンプトに環境名が表示されるようになります。この状態でpipコマンドを実行すると、myenvの中だけに外部パッケージがインストールされます。環境を抜けるにはdeactivateコマンドを使います。

```
$ deactivate
```

## Anacondaの利用

Anacondaは、米Anaconda社が配布するPythonのディストリビューションの1つです。データ分析のための外部パッケージを中心に多くのライブラリが同梱されており、インストールが一度で済むことから人気があります。本章で利用するパッケージもすべてAnacondaに含まれています。また、標準のPythonにおけるpipとvenvの機能を併せ持つcondaコマンドも便利です。公式サイト注4から無料でダウンロードできます。

Anacondaのインストールが完了すれば、**表1**のパッケージについては追加の必要はありませんが、condaコマンドを使って新たにパッケージを追加することもできます。

```
$ conda install numpy
```

注意点として、pipとcondaコマンドはパッケージをダウンロードするリポジトリが異なりますので、両者を混在させることは避けたほうが良いでしょう。

## Dockerを使う

Dockerを使った環境構築もお勧めです。いろいろなDockerイメージがありますが、jupyter/datascience-notebook注5を利用すれば、本章で利用するコードはすべて実行できます。コンテナを作るときには、ホスト側のディレクトリをコンテナから見えるようにしておくと便利です。

## Jupyter Notebookの起動

OSのシェルから、次のコマンドでJupyter Notebookを起動できます。

```
$ jupyter notebook
```

Anacondaを使っている場合は、Anaconda Navigatorからも起動できます。Dockerを使っている場合は、それぞれのイメージごとに操作が異なりますが、jupyter/datascience-notebookのコンテナを起動すると、すでにJupyter Notebookが動いていますのですぐに利用できます。

本稿で紹介するコードでは適宜import文を省いておりますので、次を実行しておいてください。

```
import numpy as np
import pandas as pd
import matplotlib.pyplot as plt
%matplotlib inline
```

なお、本稿のサンプルデータとコードだけを含んだNotebookをGitHub注6で公開しています。

# 実践！ 回帰分析

最も簡単な回帰分析である、1次の多項式を

注3） 一部のWindowsでは、ExecutionPolicyの変更が必要です。詳しくは、URL http://go.microsoft.com/fwlink/?LinkID=135170 などを参照してください。

注4） URL https://www.anaconda.com/ 2020年の後半に利用規約の改定があり、完全に無料のソフトウェアではなくなりました。詳しくは、https://www.anaconda.com/terms-of-service をご確認ください。たとえば、従業員200人以上の組織では無料で利用はできません。

注5） URL https://hub.docker.com/r/jupyter/datascience-notebook/

注6） URL https://github.com/tsjshg/sd201903

使った回帰を通じて、どのような計算が行われているのかを解き明かしていきます。サンプルデータには、バネにかかる力とバネの伸びに関する実験データを使います。

まずは、scikit-learnを使って回帰式を求めてみます。これはライブラリを使うだけですので簡単です。次に、最小二乗法を使って回帰係数を計算します。最小二乗法では、実際のデータと回帰式の誤差が最小になるような式を求めます。この計算はSciPyを使ってやってみます。最後に、最小化の計算を自前でプログラミングすることを試みます。

## サンプルデータ

サンプルデータの読み込み方、データ内容の確認について説明します。

### バネの伸びと力の関係

バネにかかる力$F$(単位はニュートン・N)とバネの伸び$x$(単位はメートル・m)との間には、フックの法則として知られる比例関係があります。

$$F = kx \tag{1}$$

$k$はばね定数と呼ばれるもので、この値が大きいと、伸ばすのにより大きな力が必要な堅いバネということになります。この法則ははじめからわかっていたわけではなく、実験をしてデータを解析することでたしかめられたものです。

今回は実験データとしてspringData.txt(**リスト1**)を使います。pandasを使ってデータを読み込んで表示してみます(**リスト2**、**図1**)。Distance(m)はバネの伸び、Mass(kg)はつるしたおもりの重さのデータです。

おもりの重さの単位がkgの場合、これに重力加速度(9.81m/s²)をかけたものが力(N)になります。定数倍の違いだけですが、力(N)を計算してDataFrameに新たな列を作って保存しておきましょう。

```
data['Force(N)'] = data['Mass(kg)'] * 9.81
```

### データの確認

データの確認は重要です。そのデータがどのような素性のデータなのか、散布図やヒストグラムを描いて確認します。大規模データの場合は、ランダムにサンプリングしたデータを使った可視化をすることもあります。

今は小規模なデータですので、横軸にバネの伸び、縦軸に力をとって散布図を描いてみましょう(**リスト3**、**図2**)。図2をよく見ると、7Nくらいまでは力に比例したバネの伸びが観測されているのがわかります。それより大きな力がかかると、バネの伸びはほとんど変化していません。これは、バネが伸びきってしまっていることが原因です。バネ定数を求める場合、バネが伸びきって長さに変化がなくなったデータには意味がありません。

**▼リスト1　実験データ(https://github.com/ibm-et/jupyter-samples/blob/master/elasticity/springData.txt)**

```
Distance(m) Mass(kg)
0.0865 0.10
0.1015 0.15
0.1106 0.20
0.1279 0.25
0.1892 0.30
0.2695 0.35
0.2888 0.40
0.2425 0.45
0.3465 0.50
```

**▼リスト2　実験データの読み込みと表示**

```
data = pd.read_csv('springData.txt', sep=' ')
data
```

**▼図1　実験データの出力結果**

| | Distance(m) | Mass(kg) |
|---|---|---|
| 0 | 0.0865 | 0.10 |
| 1 | 0.1015 | 0.15 |
| 2 | 0.1106 | 0.20 |
| 3 | 0.1279 | 0.25 |
| 4 | 0.1892 | 0.30 |
| 5 | 0.2695 | 0.35 |
| 6 | 0.2888 | 0.40 |
| 7 | 0.2425 | 0.45 |
| 8 | 0.3465 | 0.50 |

このように、データを分析する際には、データのどの部分を使って知識を引き出すべきなのか慎重に考慮する必要があります。バネの例なら簡単にわかりますが、実際の複雑なデータの場合は注意が必要です。

今回は回帰分析によってバネ定数を推定することを目指しているので、7Nより小さなデータだけを使うことにしましょう。

```
data = data[data['Force(N)'] < 7]
```

## scikit-learnで回帰分析

バネにかかる力と伸びの関係はフックの法則に従いますが、実験には誤差があるため、実際のデータは必ずしも原点を通る直線の上には乗りません。このデータに最もよく当てはまる式を回帰分析で求めます。scikit-learnを使うと、**リスト4**のコードで計算できます。

求められた回帰直線を、**リスト5**で実際のデータの上に重ねて描画してみましょう(**図3**)。求

**▼リスト3　実験データを散布図として可視化**

```
data.plot('Force(N)', 'Distance(m)', kind='scatter')
```

**▼図2　バネの伸びと力の関係**

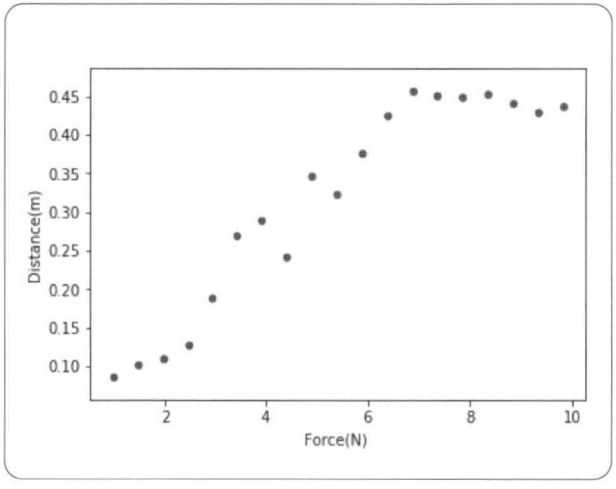


**▼リスト4　実験データに当てはまる式を回帰分析で求める**

```
from sklearn.linear_model import LinearRegression
# 原点を通る直線なので、fit_interceptをFalseにします
reg = LinearRegression(fit_intercept=False)
# 通常学習データは多次元ですが、今は1次元であるためndarrayの形を変更しています
reg.fit(data['Force(N)'].values.reshape(-1,1), data['Distance(m)'])
```

**▼リスト5　リスト4の式を実験データに重ねる**

```
# coef_属性に傾きが入っています
f = lambda x: x * reg.coef_
ax = data.plot('Force(N)', 'Distance(m)', ↩
kind='scatter')
_x = np.linspace(0, 8, num=50)
_y = f(_x)
ax.plot(_x, _y, c='r')
```

**▼図3　scikit-learnで求めた回帰直線**

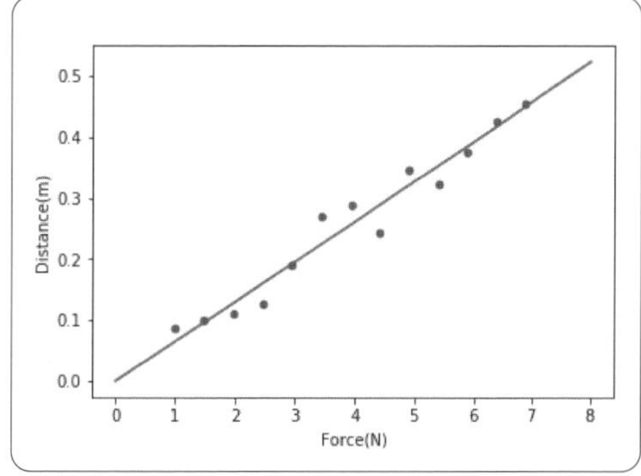


められた直線の傾きは「0.065」で、**図3**をみてもうまくあてはまっているのがわかります。

## 最小二乗法

すべての点を通ることができない状況で、もっとも良い直線とはどんなものになるでしょうか？

「良さ」を評価する指標があると便利そうです。ある傾き$k$を1つ決めたとき、その直線で計算される値と実際のデータとの残差の2乗をすべて足し合わせた次の量、残差平方和[注7]を考えてみましょう。

$$f(k)=\sum_i(y_i-kx_i)^2 \tag{2}$$

各項の値を2乗するのは、プラスとマイナス

注7）実際の値と回帰式で計算される値の残差の2乗をすべて足し合わせたもの。

▼リスト6　式(2)を計算し、描画

```
# 式(2)を計算
def residual(k, data):
    # 残差は英語でresidualです
    x = data['Force(N)']
    y = data['Distance(m)']
    return np.sum((y - k*x) **2)
# 描画
k_list = np.linspace(0.05, 0.08, 50)
y = [residual(k, data) for k in k_list]
plt.scatter(k_list, y)
```

▼図4　kの変化(横軸)と残差(縦軸)の関係

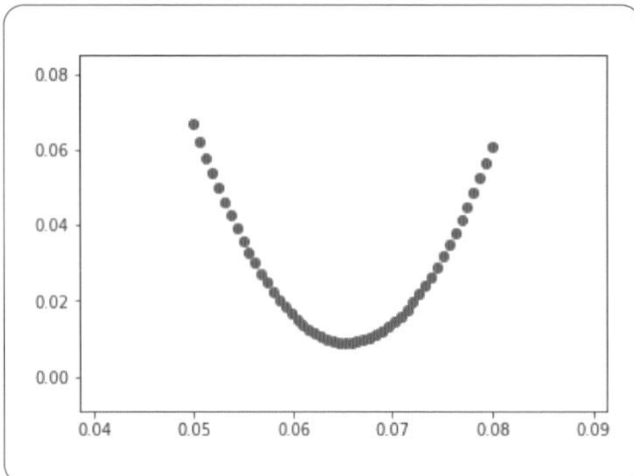


で残差が打ち消し合わないようにするためです。**式(2)**は、$k$の関数であると考えられますので、実際に式を求めて描画してみましょう(**リスト6**、**図4**)。$k$は原点を通る直線の傾きですので、最適だとわかっている0.065付近からズレると残差が大きくなることがわかります。

## SciPyを使った最適化

残差が最小になる$k$を求めてみましょう。簡単な2次関数ですので、**式(2)**を$k$について微分した式が0になる$k$を計算すれば良いだけです。

このように、純粋に数学の計算だけで問題を解くことを「解析的に解く」と言ったりします。解析的に解けるときは良いですが、式が少し複雑になるとうまく解けないことがよくあります。もちろん今回は解析的に解けますが、あえて数値計算を使ってみることにします。

残差が最小になる$k$を、コンピュータを使った数値計算で求めてみましょう。残差は$k$の関数として表現されているので、この関数の値が最小になる$k$を探せば良いだけです。SciPyにminimizeという便利な関数があるので、これを使ってみましょう(**リスト7**)。minimize関数は、1つめの引数にとった関数を最小にする入力(今回は引数$k$)を探します。この探索は、2つめの引数にとった初期値から始まります。結果はscikit-learnで求めた値とほぼ同じになっているのがわかります。

▼リスト7　数値計算で残差が最小になるkを求める

```
from scipy.optimize import minimize
from functools import partial
# residual関数の2つめの引数にdataを与えて、引数が1つだけの関数に変形します
my_residual = partial(residual, data=data)
# 1つめの引数が最小化する関数、2つめの引数は初期値です
minimize(my_residual, 0)

(..略..)

# 出力結果の一番下
x: array([0.06540844])
```

## 最急降下法

minimize関数はどのような方法で、最小値を探し出しているのでしょうか？

残差を表す関数は、下に凸な2次関数です。2次関数の1階導関数は1次関数になり、場所によって値が変わります。これは、もとの関数の接線の傾きに等しく、正ならもとの関数は増加傾向にありますし、負なら減少傾向にあります。これを利用すると、今いる場所からどちらへ進めば最小値に近づけるかがわかります。

傾きが急なら関数は急激に増加(もしくは減少)していますし、緩やかなら変化率も小さいというのが、微分が意味するところです。そこで、ちょっとしたパラメータ$\alpha$を導入して、次のような漸化式を考えてみます。

$$k_{n+1} = k_n - \alpha f'(k_n) \quad (3)$$

関数$f$は**式(2)**で表現

される残差を計算するための$k$の関数です。パラメータ$\alpha$は正の数とします。残差$f$の導関数が正なら、$k$からいくらか値を引くことになりますし、負なら$k$に正の数を足すことになります。つまり、関数が減る傾向にあれば前に進み、増える傾向にあれば後ろに戻ります。このようにして、目的関数の最小値を与える$k$に徐々に近づいて行く作戦です。具体的な手順は次のようになります。

- ステップ1：$k$の初期値$k_0$を決める
- ステップ2：$f'(k)$を計算し、0なら計算を終了する
- ステップ3：$k$を式(3)に従って更新し、ステップ2へ

さっそくこのアルゴリズムを実装してみたいところですが、1つ注意点があります。ステップ2で、導関数の値を計算して0かどうかを判定しますが、コンピュータの中で行われる浮動小数点演算には誤差があり、実際にはピッタリ0になることは稀です。ですから、0と等しいというコードを書いてしまうと、計算がいつまでも終わらない可能性があります。これを避けるために、許容できる誤差範囲$\varepsilon$を設定しましょう。$\varepsilon = 1.0\times10^{-5}$くらいにしておきます。

式(2)を微分した関数は、次のようになります。

**▼リスト8　ステップ1～3を実装**

```
def diff_residual(k, data):
    x = data['Force(N)']
    y = data['Distance(m)']
    return 2 * np.sum(x * (x*k - y))

# αの値
a = 0.0001
# εの値
e = 1e-5
# kの初期値
k = 0.0
while np.abs(diff_residual(k, data)) > e:
    k -= a * diff_residual(k, data)
print(k)
# 出力結果
0.06540846089050589
```

$$f'(k) = 2\times\sum_i x_i\,(x_i k - y_i) \tag{4}$$

それでは実際に計算してみましょう(**リスト8**)。scikit-learnやSciPyを使った場合とほぼ同じ結果となりました。

ここまでの計算で、1次式を使った簡単な回帰分析の計算でどのようなことが行われているのかがわかりました。次は、もう少し難しい問題にチャレンジしましょう。

## 実践！　ロジスティック回帰

ロジスティック回帰は「シグモイド関数」を使った回帰です。先ほどの1次多項式を使った回帰と発想は変わりませんが、関数の形が違います。まずは1変数のシグモイド関数に慣れたあと、機械学習の分野で有名なアヤメのデータを使って、多変数のロジスティック回帰に挑戦してみます。

### シグモイド関数

シグモイド関数は式(5)で表現されます。

**▼リスト9　シグモイド関数でaを変化させながらグラフを描く**

```
def sigmoid_f(x, a=1):
    return 1.0 / (1.0 + np.exp(-a*x))

x = np.linspace(-10,10)
plt.plot(x, sigmoid_f(x))
plt.plot(x, sigmoid_f(x, 4), linestyle=':')
plt.plot(x, sigmoid_f(x, 0.5), linestyle='--')
```

**▼図5　シグモイド関数の形**

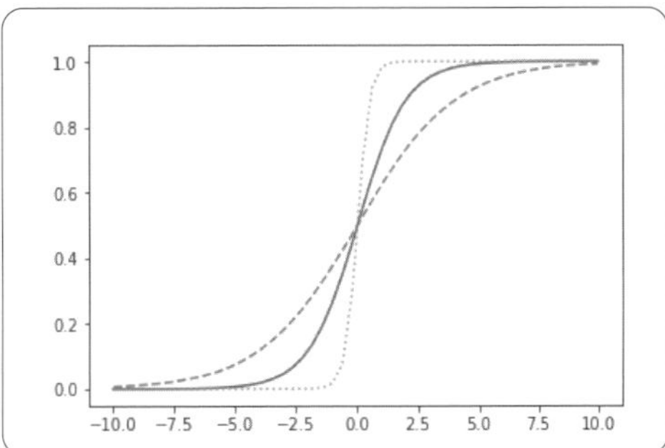

$$\sigma(x)=\frac{1}{1+e^{-ax}}\ (a>0) \tag{5}$$

$a$は定数で、シグモイド関数の形を決めます。式だけではわかりにくいので、$a$を変化させてグラフを描いてみましょう(**リスト9**、**図5**)。

**図5**では、$a=1$が実線で描かれています($a=4$が点線、$a=0.5$が破線)。$a$の絶対値が大きくなると$x=0$付近での変化が急になり、小さくなると緩やかなカーブになるのがわかります。この関数は大雑把に言うと、負の値には0を、正の値には1を対応させる関数だと考えられます。そうなるとシグモイド関数ではなく、$x=0$のところで、0から1へ急に変化する関数も考えることができます。ただ、そのような関数は$x=0$のところで微分できません。関数に微分できない点があると、最小化などの計算でいろいろと面倒なことがおきるので、シグモイド関数のように滑らかに変化する関数が利用されるのです。

## データの前処理

機械学習で使われるロジスティック回帰では、変数が1つということは稀ですので、学習データが2変数の場合を考えてみましょう。利用するデータは、もっとも有名なサンプルデータの1つであるアヤメ(iris)のデータです。scikit-learnにもサンプルデータとして組み込まれているので、**リスト10**のコードで読み込めます。

**▼リスト10　アヤメ(iris)のデータを読み込む**

```
from sklearn.datasets import load_iris
iris = load_iris()
# DESCR属性にデータの説明があります
print(iris.DESCR)
(出力結果省略)
```

筆者も含め、アヤメの花に興味がある方は少ないかもしれませんが、このデータは3種類のアヤメ(Setosa、Versicolour、Virginica)の、萼(がく)(sepal)と花弁(petal)の長さと幅のデータになっています。変数は4つで、それぞれ50サンプル、合計150サンプルのデータです。このままですと扱いにくいので、DataFrameの形にしておきます(**リスト11**)。targetには0、1、2の数字でアヤメの種別が格納されていますが、ロジスティック回帰の出力は0か1ですので、今はクラスを2つ[注8]に絞ります(**リスト12**)。

変数が4つあると描画も容易ではないので、こちらも2つに絞りましょう。萼(sepal)と花弁(petal)の長さを使います。どのような分布になっているのか、散布図を描いて確認しておきます(**リスト13**、**図6**)。クラス0(Setosa)が左下、クラス1(Virsicolour)が右上にきれいに分かれています。

**▼リスト11　サンプルデータをDataFrameに**

```
iris_df = pd.DataFrame(iris.data, columns=iris.feature_names)
iris_df['target'] = iris.target
iris_df
(出力結果省略)
```

**▼リスト12　クラスを2つに絞る**

```
# SetosaとVersicolourなので、変数名にsvを追加しました
iris_sv = iris_df[iris_df['target'].isin([0, 1])]
```

## scikit-learnでロジスティック回帰

ロジスティック回帰を使ったモデルをscikit-learnを使って作ってみましょう。学習データは2つの説明変数からなるので、1変数の単純なシグモイド関数とは少し形が違います。

$$\sigma(x_0,\ x_1)=\frac{1}{1+e^{-(a_0x_0+a_1x_1+b)}} \tag{6}$$

計算の目的は、**式(6)**の$a_0$、$a_1$、$b$の3つの値(パラメータ)を求め、データに最もよく当てはまる回帰式を得ることです。**リスト14**のようにライブラリを使うのが一般的で、

注8) 3クラス以上のデータは、ロジスティック回帰の拡張や、Random Forestsなどほかの機械学習アルゴリズムを使うことで分類できます。

▼リスト13　変数を2つに絞り、散布図を描く

```
x0 = 'sepal length (cm)'
x1 = 'petal length (cm)'
fig, ax = plt.subplots()
ax.scatter(iris_sv[x0], iris_sv[x1], c = ['r' if c else 'b' for c in iris_sv['target']])
ax.set_xlabel(x0)
ax.set_ylabel(x1)
```

簡単に計算できます。

$a_0$、$a_1$はregオブジェクトのcoef_に、$b$はintercept_に格納されています(**リスト15**)。

実際のデータと一緒に描画してみましょう。求められた2変数のシグモイド関数は、3次元空間内の曲面になってしまうので、2次元のコンター図として描画します(**リスト16**、**図7**)。

**図7**には実際のデータの描画に加え、ロジスティック回帰の結果をコンター図で示しています。色が濃い部分が0に近く、白くなるほど1に近い値です。シグモイド関数を思い浮かべ、3次元で滑らかに変化している感じをイメージできるでしょうか。

ここまでの計算はライブラリ任せでしたので、2変数のシグモイド関数のパラメータを推定する方法を考えてみましょう。1次多項式の例では残差平方和を計算し、これを最小化することで回帰式のパラメータを推定しました。今回も同じで良いのでしょうか？

シグモイド関数には指数関数が使われています。計算した残差を2乗するということは、指数関数の外側からさらにややこしい計算を追加することになります。そのあとこの式を最小化しようと思うと、式が複雑になっているためいろいろな困難が伴います。

こうしたことは、これまでの数学や応用数学の長年の研究の中でわかってきたことですので、すぐにはイメージが湧かないかもしれません。また、現代のようにコンピュータが発達した世界では、多少式が複雑でも強引に最小値を求められます。このあたりの詳しい話をするのはたいへんですので、別の機会に譲るとしましょう。ひとまず残差を使った方法は筋が悪いと納得していただき、ここでは尤度(ゆうど)を使った計算方法を紹介します。

▼図6　萼と花弁の長さで分かれるSetosaとVersicolour

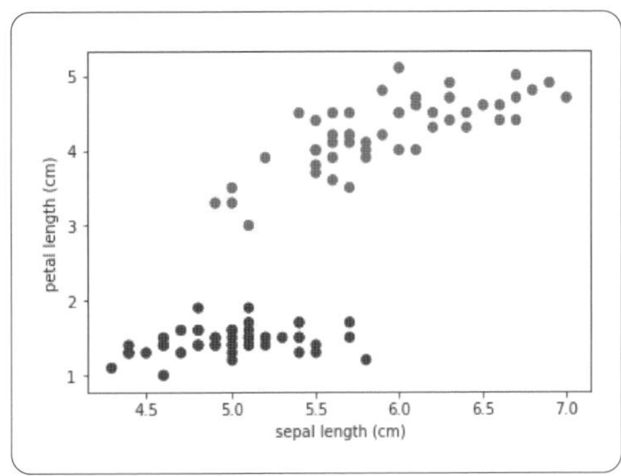


## 尤度とは？

「尤」という漢字はあまり見慣れないかもしれ

▼リスト14　ロジスティック回帰を使って回帰式を求める

```
# 学習用のデータ(100行2列)にXという名前を付けます
X = iris_sv[[x0, x1]]
# 同じように目的変数もyとしておきます
y = iris_sv['target']
from sklearn.linear_model import LogisticRegression
reg = LogisticRegression()
reg.fit(X,y)
```

▼リスト15　パラメータを確認

```
reg.coef_
# 出力結果
array([[-1.4082779,  2.9856694]])

reg.intercept_
# 出力結果
array([-0.54867646])
```

**▼リスト16 シグモイド関数をサンプルデータと一緒に描画**

```
def sk_fit_logistic(x0, x1,reg):

    # 2つひと組の入力を受け取り、scikit-learnで学習したモデルを使って関数の値を返す関数
    x = np.array([x0, x1])
    w = np.dot(x , reg.coef_[0]) + reg.intercept_
    return 1.0 / (1.0 + np.exp(-w))[0]

# コンター図を描くための準備。それぞれの軸を50分割したあと、2次元メッシュを生成
x0_range = np.linspace(4,7.2)
x1_range = np.linspace(0.8,5.2)
# 50x50のメッシュに、x0とx1の値が並ぶ
x0m, x1m = np.meshgrid(x0_range, x1_range)

# 関数がx0とx1をnumpy.ndarrayのまま受け取れるようにする処理
vfunc = np.vectorize(sk_fit_logistic)

fig, ax = plt.subplots()
ax.scatter(iris_sv[x0], iris_sv[x1], c = ['r' if c else 'b' for c in iris_sv['target']])
img = ax.contourf(x0m, x1m, vfunc(x0m, x1m, reg), alpha=0.4, cmap=plt.cm.gray)
ax.set_xlabel(x0)
ax.set_ylabel(x1)
fig.colorbar(img)
```

**▼図7 scikit-learnで計算された回帰式**

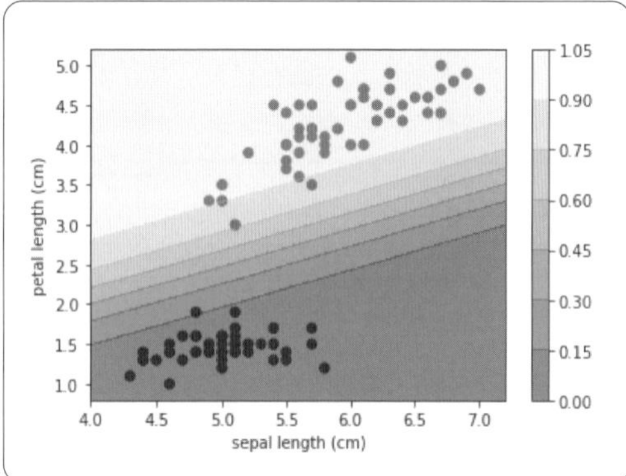


ませんが、相槌（あいづち）を打つときの「ごもっとも」は「ご尤も」と書きます。つまり、尤度（ゆうど）とはもっともらしさを表現する指標です。シグモイド関数は、必ず0から1の間の値を返します。これは、少し見方を変えると確率と考えられます。

今、$i$番目のサンプルのクラスを$y_i$とします。$y_i$は0もしくは1です。このサンプルの2つの説明変数を$x_{i0}$、$x_{i1}$として、シグモイド関数を使った次のような値を考えてみましょう。

$$\left(\frac{1}{1+e^{-(a_0x_{i0}+a_1x_{i1}+b)}}\right)^{y_i}\left(1-\frac{1}{1+e^{-(a_0x_{i0}+a_1x_{i1}+b)}}\right)^{1-y_i} \quad (7)$$

式(6)を使うと、もう少し簡潔に書き直せます。

$$\sigma(x_{i0},\ x_{i1})^{y_i}\ (1-\sigma(x_{i0},\ x_{i1}))^{1-y_i} \quad (8)$$

あるサンプルのクラスが0か1かはその都度違いますが、式(8)のような量を考えると、どちらの場合も値が1に近づきます。これをすべてのサンプルについて掛け合わせた量を尤度と呼びます。尤度は英語でlikelihoodですので、関数の名前をLにしておきましょう。

$$L(a_0,\ a_1,\ b) = \prod_i \sigma(x_{i0},\ x_{i1})^{y_i}\ (1-\sigma(x_{i0},\ x_{i1}))^{1-y_i} \quad (9)$$

データが与えられれば、未知の変数は$a_0$、$a_1$、$b$の3つですので、尤度はこれらの関数と考えられます。0から1までの値を掛け合わせているので、尤度も必ず0から1までの値をとります。この尤度を、1に近づけるように最大化することを考えるのが最尤法です。3つのパラメータを調整し、尤度を最大にすることで、データにもっとも適したモデルとするわけです。

掛け算になっていると何かと計算が面倒ですので、両辺の対数をとって足し算の形に直しま

す。ついでにマイナスを付ければ、最大化ではなく最小化に話を置き換えられます。

$$\log L(a_0,\ a_1,\ b) = -\sum_i y_i \log\sigma(x_{i0},\ x_{i1}) + (1-y_i)\log(1-\sigma(x_{i0},\ x_{i1})) \tag{10}$$

対数をとるので、**式(10)**は対数尤度と呼ばれます。

## SciPyを使った最適化

対数尤度を最小化するコードを書き、パラメータを推定してみましょう。式が少しややこしいですが、ここまでくれば基本的には1次多項式の例と同じです。式を注意深くコードに落とし込んでいきます(**リスト17**)。SciPyのminimize関数を使って対数尤度を最小にするパラメータを推定します。このような数値最適化にはさまざまな方法が知られており、method引数で指定できます(**リスト18**)。詳しい内容は、SciPyの公式ドキュメント[注9]を参考にしてください。実行時に警告文がでるかもしれませんが、エラーなく計算が終了すればひとまず問題ありません。

res.xに$a_0$、$a_1$、$b$の順番で推定されたパラメータが格納されています。これを使ってコンター図を描いてみましょう(**リスト19**)。**図8**のような画像が表示されれば成功です。scikit-learnを使って求めたモデル(**図7**)との違いがわかるでしょうか？　モデルが、0から1へ変化するときに緩やかさがなくなっているのが見て取れます。

実はscikit-learnでは、単純にシグモイド関数のパラメータを推定しているのではなく、正則化(regularization)という技術を使って、モデルが与えられたデータにだけぴったり合うことを防いでいます。ですから、クラスが変わる

**▼リスト17　対数尤度を最小化する**

```
def sigmoid_2d(x0, x1, p):
    f = lambda w: 1.0 / (1.0 + np.exp(w))
    x = np.array([x0, x1])
    w = np.dot(x, [p[0], p[1]]) + p[2]
    return f(w)

def likelihood(param, X, y):
    res = 0
    for i in range(X.shape[0]):
        s = sigmoid_2d(*X.iloc[i], param)
        res -= y[i] * np.log(s) + ↩
(1-y[i])*np.log(1-s)
    return res

my_likelihood = partial(likelihood, X=X, y=y)
```

**▼リスト18　対数尤度を最小にするパラメータを推定**

```
from scipy.optimize import minimize
res = minimize(my_likelihood, x0=(0, 0, 0)↩
, method='Nelder-Mead')
```

**▼図8　最尤法で計算したパラメータのコンター図**

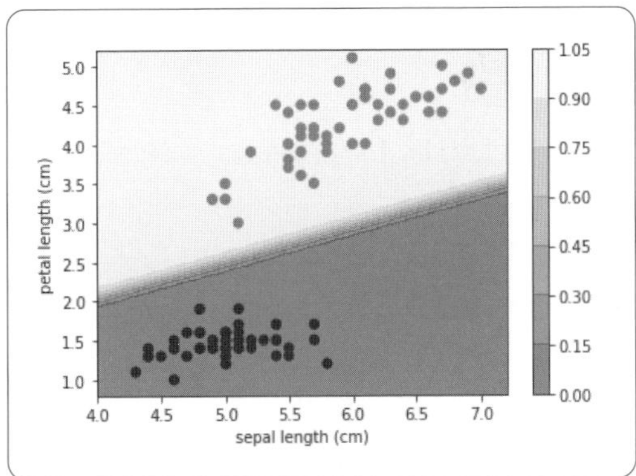


**▼リスト19　コンター図を描画**

```
vfunc = np.vectorize(partial(sigmoid_2d, p=res.x))
fig, ax = plt.subplots()
ax.scatter(iris_sv[x0], iris_sv[x1], c = ['r' if c else 'b' for c in iris_sv['target']])
img = ax.contourf(x0m, x1m, vfunc(x0m, x1m), alpha=0.4, cmap=plt.cm.gray)
ax.set_xlabel(x0)
ax.set_ylabel(x1)
fig.colorbar(img)
```

注9)　URL https://docs.scipy.org/doc/

境界面で変化が緩やかになっているのです。これは過学習(overfitting)を回避するために広く使われている方法ですが、今回は正則化の項を付け加えずに実装しているので、図8のようなシンプルなモデルに仕上がっています。

尤度は統計学の分野に属します。Pythonコードと統計学を同時に学びたい方には、参考文献[2]がお勧めです。

## SymPyで微分

前半の1次多項式の例と同じように、SciPyを使わずに関数を最小化してみましょう！と言いたいところですが、相当難易度が上がるのでやめておきます。さらに学んでみたいと思う方には参考文献[3]がお勧めです。Pythonのコードを使って、もっと高度な数学を学べます。

最後にシグモイド関数の微分を紹介しておきます。合成関数に関する微分の公式がわかれば、紙と鉛筆で計算するのもそれほど難しくありませんが、せっかくコンピュータが手元にあるので、SymPyにやってもらうことにしましょう(**リスト20**)。次のような式が表示され、これがシグモイド関数の導関数であることがわかります。

$$\frac{ae^{-ax}}{(1+e^{-ax})^2} \tag{11}$$

もちろんこれは正しい結果なのですが、**式(11)**はもう少し変形できて、シグモイド関数を$\sigma(x)$とすると、次のような関係が成り立ちます。

$$\sigma'(x) = a\sigma(x)(1-\sigma(x)) \tag{12}$$

$a$が1ならば、さらにきれいな数式になります。SymPyなどの数式処理ソフトは便利ですが、数学の知識がすべて詰まっているわけではないので、書籍やネットの情報とコードをバランス良く利用するのが良いかもしれません。

◆ ◆ ◆

1次多項式の回帰分析と、シグモイド関数を使ったロジスティック回帰について、標準的なライブラリの使い方から始め、その計算原理をみてきました。機械学習アルゴリズムの基礎は数学にありますが、それを実装するにはコンピュータ科学の知識も必要です。どちらにも精通するのは難しいですが、これらの知識が使われていることを認識して、機械学習アルゴリズムを動かすことが重要です。

scikit-learnなどのライブラリを使えば簡単に機械学習をデータに適用できますが、その裏で行われている計算に目を向けると、どの方法論が手元のデータに適しているか見えるようになってくると思います。微分の計算や関数の最適化など、多くの基礎的な計算は優秀なライブラリがやってくれます。これらを武器に、アルゴリズムの裏側を少し覗いてみる習慣を付けると良いかもしれません。

原理がわかってくるとさらに知りたくなり、数学を学ぶ旅に出たくなるでしょう。過去の天才たちが押し広げた数学の世界は広大です。我々凡人は間違いなく、この旅を生涯楽しむことができます。SD

**▼リスト20　シグモイド関数を微分**

```
from sympy import *
# Jupyter Notebook内で数式が見やすく表示されるようになります
init_printing()
# 変数xとa（定数）を宣言します
var('a x')
# シグモイド関数を作ります
f = 1 / (1+exp(-a*x))
# 関数fをxで微分します
diff(f, x)
```

■ **参考文献**
[1] Pythonによるあたらしいデータ分析の教科書. 翔泳社, 2018.
[2] Pythonで理解する統計解析の基礎: PYTHON × MATH SERIES. 技術評論社, 2018.
[3] 機械学習のエッセンス: 実装しながら学ぶ Python、数学、アルゴリズム. SBクリエイティブ, 2018.

第2章 ITエンジニアのための機械学習と微分積分入門
基礎としくみを押さえて理解を促進

# 2-4 微分でつなぐ、機械学習とニューラルネットワーク

## データ分析も画像処理も最小二乗法で!

本章では機械学習の「回帰」をテーマに、微分に関する数式の意味を考えながら解きほぐし、コードに落とし込んでみます。最初は最小二乗法と勾配降下法による学習で考え、続いてニューラルネットワークへ発展させます。最後に回帰の応用として、超解像に挑戦してみましょう。

Author 上野 貴史(うえの たかし)、貞光 九月(さだみつ くがつ) フューチャー株式会社

機械学習に関する技術書や論文中の難しそうな数式を読み飛ばす読者の方も多いのではないでしょうか。式を難しいと感じる理由として、①式の表す意味がわからない、②式の変形がわからない、という2つの原因があると筆者は考えています。

そこで本章では、微分に関する式の意味をゆっくりと理解しながら、途中式の変形もなるべく端折(はしょ)らずに記述することで、解析学と機械学習とをつなげて理解し、最終的にはコードにまで落とすことを目標に解説します。

本章のテーマは回帰です。「回帰」は「分類」と対を成す、機械学習の大きなテーマとなります。はじめに、第1章でも触れた線形回帰の最小二乗法と勾配降下法による学習について解説します。次に、より表現能力の高い非線形回帰の一種であるニューラルネットワーク、CNN(Convolutional Neural Network:畳み込みニューラルネットワーク)へと展開し、最後に、画像処理における超解像というアプリケーションに応用します。

## 最小二乗法による線形回帰

### 勾配降下法

はじめに不動産における住宅価格の値付けを考えてみましょう。「築年数」や「部屋数」をもとに、ある程度、住宅価格の予測ができるかもしれません。このように、「築年数」などの「条件」から、「住宅価格」という「連続値」を予測するタスクを回帰(regression)と呼びます(**図1**)。築年数の長い住宅は価格が低いでしょうし、逆に部屋数の多い住宅は価格が高いことが推測されます。回帰では、何らかの影響がある数値の間の関係性を捉えようとします。回帰を行う最も

**▼図1 回帰の例。左:線形な関係(たとえば、横軸が築年数、縦軸が住宅価格)、右:非線形な関係**

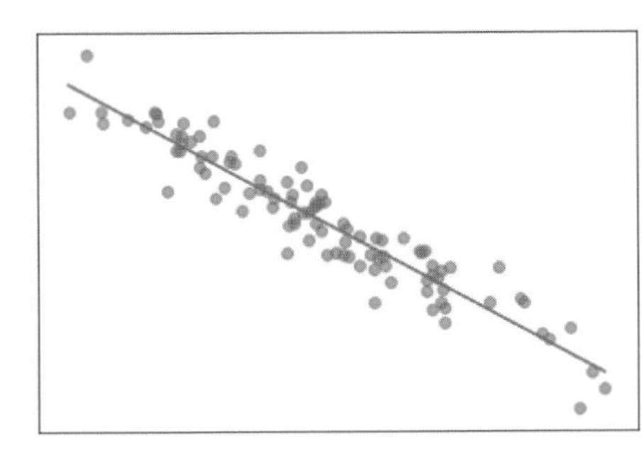

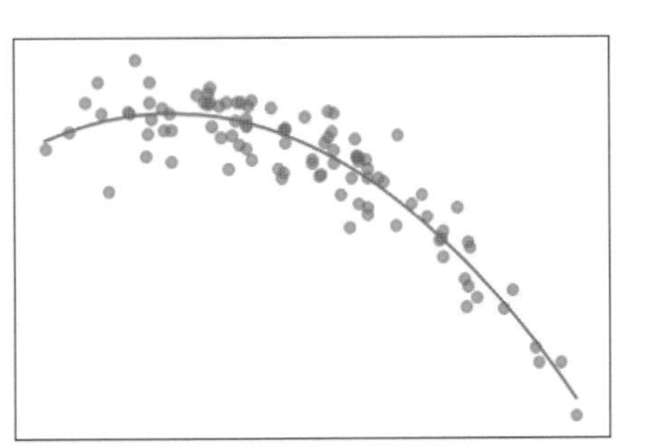

基本的な手法が線形回帰モデルです。線形回帰モデルは、次の式で表されます[注1]。

$$y = w_0 + w_1 x_1 + w_2 x_2 + \cdots + w_K x_K = \sum_{k=0}^{K} w_k x_k \quad (1)$$

$x_1, \cdots, x_K$は説明変数、$y$は目的変数と呼ばれます。先ほどの例で言えば、築年数や部屋数が説明変数、住宅価格が目的変数にあたります。**式(1)**は、$K$種類の説明変数から目的変数$y$を予測するモデルです。$w_0$はバイアス項と呼ばれます。**式(1)**を模式的に表したものが**図2**です。図中の矢印は説明変数に重みづけをするパラメータ、丸ではそれらの和をとることを表しています。

目的変数$y$の値を正しく予測するためには、パラメータ$\mathbf{w} = [w_0, \cdots, w_K]$を調整する必要があります。機械学習では、学習データ$(\mathbf{x}_1, t_1), (\mathbf{x}_2, t_2), \cdots, (\mathbf{x}_N, t_N)$を用いて、パラメータ$\mathbf{w}$を求めます。$N$はデータ数、$n$番目のデータは$(\mathbf{x}_n, t_n)$の対として表され、$\mathbf{x}_n$は$K$種類の説明変数の値$x_{n,1}, \cdots, x_{n,K}$で構成されるベクトル、$t_n$は観測された目的変数$y$の値です。ここで、**式(1)**に$\mathbf{x}_n$を代入して得られる$y$の値が予測値$y_n$となります。この予測値$y_n$と実際の観測値$t_n$とを近づけるように$\mathbf{w}$を調整する作業が「学習」です。$\mathbf{w}$を調整するためには、現時点での$\mathbf{w}$を用いた予測値$y_n$と観測値$t_n$とが、どの程度離れているかを知る必要があります。予測値$y_n$と観測値$t_n$との差の二乗を1データあたりの誤差$E_n$とすると、$N$個の全データに対する誤差は平均二乗誤差として次の式で定義できます[注2]。

$$\begin{aligned} E &= \frac{1}{N}\sum_{n=1}^{N} E_n \\ &= \frac{1}{N}\sum_{n=1}^{N} (y_n - t_n)^2 \\ &= \frac{1}{N}\sum_{n=1}^{N} \left( \sum_{k=0}^{K} w_k x_{n,k} - t_n \right)^2 \end{aligned} \quad (2)$$

この平均二乗誤差$E$を最小化するパラメータ$\mathbf{w}$を求めるのが最小二乗法です。

では、どのようにすれば平均二乗誤差を小さくするパラメータ$\mathbf{w}$を得ることができるのでしょうか。そのためには、$\frac{\partial E}{\partial \mathbf{w}} = 0$となる極小値を求めればよいのでした。極小値を与える$\mathbf{w}$を求める方法の1つが勾配降下法(gradient descent)です。勾配降下法は、現在の$\mathbf{w}$を負の勾配方向$(-\frac{\partial E}{\partial \mathbf{w}})$へ更新する操作を繰り返し行います(**図3**)。つまり、更新後のパラメータを$\mathbf{w}^{new}$とすると、

**▼図2　線形回帰**

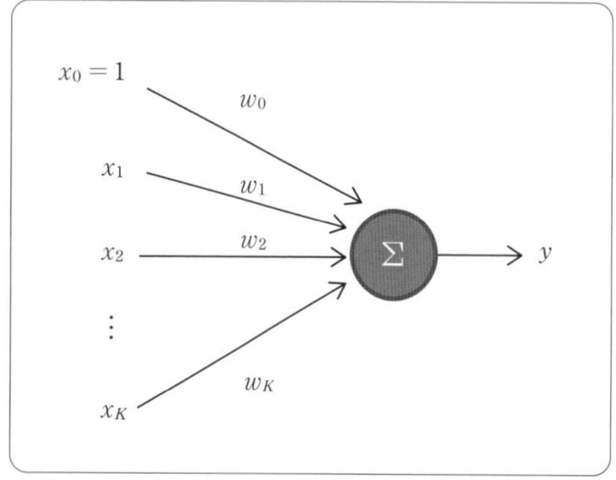


**▼図3　勾配降下法のイメージ**

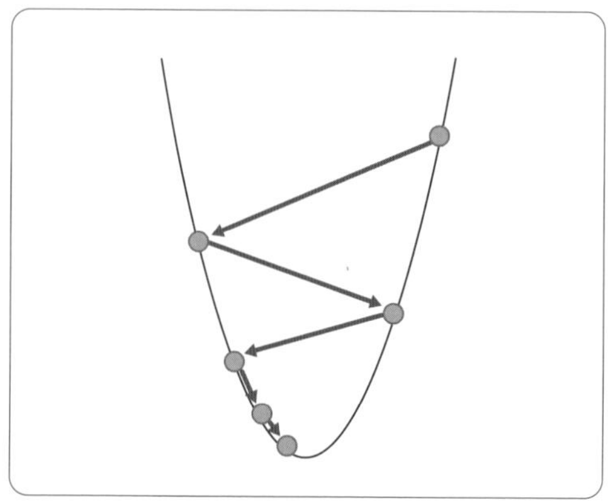

注1）式(1)の2行目では、$x_0 = 1$とすることで$w_0$を扱いやすくしています。
注2）第1章では1/2を掛けていましたが、本章で示すプログラムとの整合性から、本章では省きました。本質的な意味は変わりません。

$$\mathbf{w}^{\mathrm{new}} = \mathbf{w} - \eta \frac{\partial E}{\partial \mathbf{w}} = \mathbf{w} - \eta \left[ \frac{\partial E}{\partial w_0}, \cdots, \frac{\partial E}{\partial w_K} \right] \quad (3)$$

となります。$\eta$は学習係数と呼ばれる値で、一度の更新の大きさを決めるパラメータとなります。$k$番目のパラメータ$w_k$に関する偏微分$\frac{\partial E}{\partial w_k}$は、微分の連鎖律[注3]を用いて次のように計算できます。

$$\frac{\partial E}{\partial w_k} = \frac{1}{N} \sum_{n=1}^{N} \frac{\partial E_n}{\partial w_k} \quad (4)$$

$$\begin{aligned} \frac{\partial E_n}{\partial w_k} &= \frac{\partial E_n}{\partial y_n} \frac{\partial y_n}{\partial w_k} \\ &= \frac{\partial}{\partial y_n}[(y_n - t_n)^2] \cdot \frac{\partial}{\partial w_k}\left[\sum_{k=0}^{K} w_k x_{n,k}\right] \\ &= 2(y_n - t_n) \cdot x_{n,k} \end{aligned} \quad (5)$$

第1項の$\frac{\partial}{\partial y_n}[(y_n - t_n)^2]$は、$(y_n - t_n)^2$を$y_n$で偏微分することを表し、その結果、$2(y_n - t_n)$が得られます。第2項の$\frac{\partial}{\partial w_k}[\sum_{k=0}^{K} w_k x_{n,k}]$は、$w_0 x_{n,0} + \cdots + w_k x_{n,k} + \cdots + w_K x_{n,K}$を$w_k$で偏微分することを表します。このうち偏微分する$w_k$が現れるのは$w_k x_{n,k}$だけです。したがって、偏微分した結果として$x_{n,k}$が得られます。

▼図4 学習の流れ

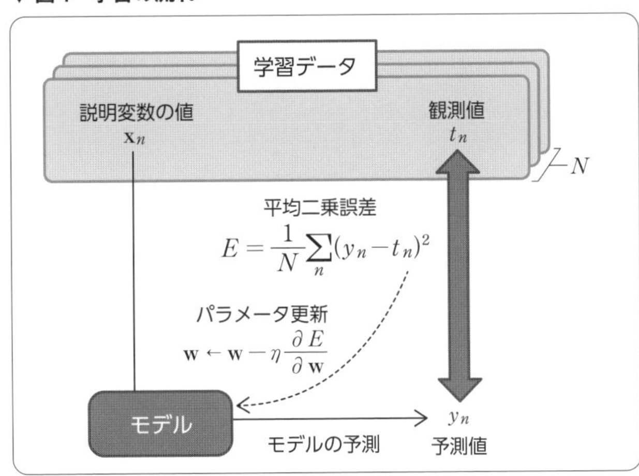


以上をまとめると、学習データに対してモデルの予測値$y_n$と観測値$t_n$との平均二乗誤差$E$を求め、さらに、$E$の$\mathbf{w}$に関する勾配が求まれば、**式(3)**を用いてパラメータを更新することができます(**図4**)。

## 線形回帰の住宅価格予測タスクへの適用

次は、プログラムを動かして、線形回帰を実際のデータ分析に適用してみましょう。本章では、PyTorchというフレームワークを用います。PyTorchについては、コラム「PyTorchの使い方」を参照してください。今回対象とするデータは、冒頭に述べた住宅価格に関するデータで、scikit-learnに含まれる「California Housing dataset」[注4]を用います。これは1990年のカリフォルニア州の調査から得られたデータで、区域ごとの住宅価格の中央値を予測する回帰用のデータセットです。8つの説明変数の中には、築年数の中央値、部屋数の平均値などが含まれています。

**リスト1**を見てください。重要なのは、「勾配降下法による学習」という部分です。**式(1)**でモデルの予測値を計算し(31行目)、**式(2)**で観測値との平均二乗誤差を求め(32行目)、**式(4)**で勾配を計算し(33行目)、**式(3)**でパラメータ更新(34行目)をしています。勾配降下法による学習では、この更新を繰り返し行います。また、パラメータの更新の際に、全学習データを用いて平均二乗誤差$E$を計算してからパラメータを更新するのではなく、ミニバッチ(今回の例では40サンプル)と呼ばれる単位でパラメータの更新をしています。この方法は、確率的勾配降下法(stochastic gradient descent)、あるいは、ミニバッチ勾配降下法と呼ばれます。

**注3)** 微分の連鎖律とは、合成関数の微分が、合成関数を構成するそれぞれの関数の微分の積によって表すことができることを言います。たとえば、$y = f(u)$および$u = g(x)$のとき、$\frac{dy}{dx} = \frac{dy}{du} \cdot \frac{du}{dx}$となります。

**注4)** URL http://lib.stat.cmu.edu/datasets/

▼リスト1　住宅価格を勾配降下法によって予測するプログラム

```
01: import torch
02: from torch import nn, optim
03: from torch.utils.data import TensorDataset, DataLoader
04: from sklearn.datasets import fetch_california_housing
05: from sklearn.model_selection import train_test_split
06: from sklearn.preprocessing import MinMaxScaler
07: from sklearn.metrics import mean_absolute_error
08:
09: # データ読み込み, 訓練データ/テストデータの分割
10: housing = fetch_california_housing()
11: X_train, X_test, y_train, y_test = train_test_split(housing.data, housing.target)
12:
13: # データの正規化
14: scaler = MinMaxScaler()
15: X_train = scaler.fit_transform(X_train)
16: X_test = scaler.transform(X_test)
17:
18: # データをTensor形式へ変換
19: X = torch.tensor(X_train, dtype=torch.float32)
20: y = torch.tensor(y_train, dtype=torch.float32)
21: dataset = TensorDataset(X, y)
22: loader = DataLoader(dataset, batch_size=40, shuffle=True)
23:
24: # 勾配降下法による学習
25: w = torch.randn(9, requires_grad=True)           # パラメータwの初期化
26: eta = 0.01                                       # 学習係数
27: for epoch in range(10):
28:     for batch_x, batch_y in loader:
29:         x = torch.cat([torch.ones(batch_x.shape[0], 1), batch_x], dim=1)
30:         w.grad = None                            # 勾配をリセット
31:         y_pred = torch.matmul(x, w)              # 予測値を計算
32:         loss = torch.mean((y_pred - batch_y) ** 2) # 平均二乗誤差を計算
33:         loss.backward()                          # 勾配を計算
34:         w.data = w.data - eta * w.grad.data      # パラメータ更新
35:
36: # テストデータで予測値と実測値とのズレを計算
37: x = torch.cat([torch.ones(X_test.shape[0], 1),
38:                torch.tensor(X_test, dtype=torch.float32)], dim=1)
39: y_pred = torch.matmul(x, w).detach().numpy()
40: print(mean_absolute_error(y_test, y_pred))       #=> 0.6392
```

**リスト1**を実行した結果、テストデータに対する最終的な予測値と実測値とのズレの平均値は0.6392となりました注5。目的変数の単位は10万ドルのため、およそ6万ドルの誤差で予測できたことになります。

また、**リスト1**の「勾配降下法による学習」の部分は線形回帰にとどまらず、次節で述べるニューラルネットワークでも同様のプロセスで学習が行われます。**リスト1**の24行目以降は、**リスト2**のようにも書くことができます。次節では、線形回帰からニューラルネットワークへの拡張を試みますが、その際に、モデル定義やパラメータ更新が容易に書けるため、以降ではこの**リスト2**の書き方を用います。

**注5)** 初期値をランダムに与えるため、実行のたびに結果が変わります。

## ニューラルネットワークによる非線形回帰

### ニューラルネットワークの構造

線形回帰では、入力と出力の間に線形な関係があることを仮定しています(**図1左**)。そのため、より複雑な非線形な関係(**図1右**)をとらえることはできません。ニューラルネットワークはこれを解決する方法の1つです。

ニューラルネットワークは**図5**のように、ニューロンと呼ばれる基本ユニットが入力層、隠れ層、出力層に層状に並んだものです。**図2**と**図5**を見比べてみてください。実は、1つ1つのニューロンは、**図2**の線形回帰の構造ととてもよく似ています。隠れ層のニューロンでは、説明変数の線形和(図中の$\Sigma$の部分)を計算するところまでは線形回帰と同じです。違いは活性化関数と呼ばれる非線形な演算($f$)が加わることで、この活性化関数には、ReLU($f(u)=\max(0,\ u)$)などが使われます。また、出力層のニューロンの入力を隠れ層のニューロンの出力とすると、**図2**の線形回帰とまったく同じ構造であることがわかります。

次に、ニューラルネットワークを数式で書き表してみましょう。入力層から隠れ層へのパラメータを$\mathbf{W}^{(1)}$、隠れ層から出力層へのパラメータを$\mathbf{w}^{(2)}$とします。隠れ層のユニット数を$J$とすると、$\mathbf{W}^{(1)}$は$J$行$K+1$列の行列、$\mathbf{w}^{(2)}$は$J+1$次元のベクトルで、パラメータの各要素を$w_{jk}^{(1)}$、$w_j^{(2)}$と表すことにします。データ$\mathbf{x}_n$をニューラルネットワークに入力した際に、隠れ層の$j$番目のユニットへの入力の線形和を$u_{n,j}$、活性化関数を$f$とし、その出力を$z_{n,j}$とすると、ニューラルネットワークで行われる計算は次のように書くことができます。

**▼図5　ニューラルネットワーク**

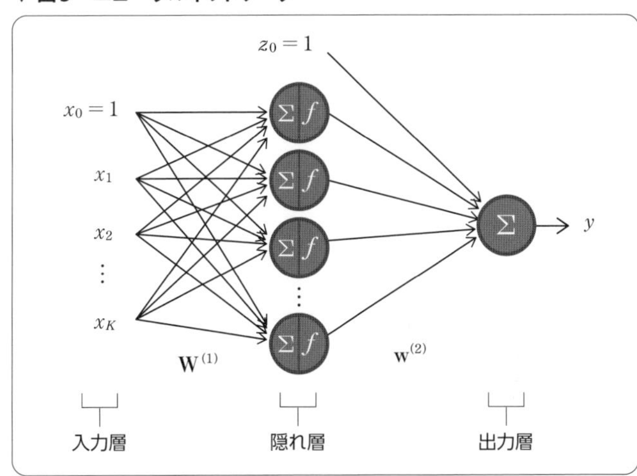


**▼リスト2　リスト1の学習部分を別の書き方にしたもの**

```
# 勾配降下法による学習
model = nn.Linear(in_features=8, out_features=1)     # 線形回帰モデル
optimizer = optim.SGD(model.parameters(), lr=0.01)   # 確率的勾配降下法
mse = nn.MSELoss()                                   # 平均二乗誤差
for epoch in range(10):
    for batch_x, batch_y in loader:
        optimizer.zero_grad()                        # 勾配をリセット
        y_pred = model(batch_x)                      # 予測値を計算
        loss = mse(y_pred.view_as(batch_y), batch_y) # 二乗誤差を計算
        loss.backward()                              # 勾配を計算
        optimizer.step()                             # パラメータ更新

# テストデータで予測値と実測値とのズレを計算
x = torch.tensor(X_test, dtype=torch.float32)
y_pred = model(x).detach().numpy()
print(mean_absolute_error(y_test, y_pred))
```

$$u_{n,j} = \sum_{k=0}^{K} w_{jk}^{(1)} x_{n,k}$$
$$z_{n,j} = f(u_{n,j})$$
$$y_n = \sum_{j=0}^{J} w_j^{(2)} z_{n,j}$$

ここまでで、ニューラルネットワークによる回帰モデルの定義ができました。次は、ニューラルネットワークの学習です。ニューラルネットワークによる回帰においても、モデルの予測値$y_n$と観測値$t_n$との誤差に平均二乗誤差を用いることができます。平均二乗誤差の算出方法は、線形回帰のときと同様に$E = \frac{1}{N}\sum_{n=1}^{N}(y_n - t_n)^2$です。あとは、勾配が計算できれば、勾配降下法を適用することができます。

隠れ層から出力層の部分は、線形回帰とまったく同じ構造でしたので、隠れ層から出力層へのパラメータ$\mathbf{w}^{(2)}$の勾配は、線形回帰のときと同様に計算できます。問題は、入力層から隠れ層へのパラメータ$\mathbf{W}^{(1)}$の勾配が計算できるかです。

## 誤差逆伝播法

入力層から隠れ層へのパラメータ$\mathbf{W}^{(1)}$の勾配の計算のカギは、微分の連鎖律です。連鎖律を繰り返し用いると、$w_{jk}^{(1)}$に関する勾配は次のように求めることができます。一見難しそうに見えますが、順を追って理解していけば大丈夫です。

$$\begin{aligned}\frac{\partial E_n}{\partial w_{jk}^{(1)}} &= \frac{\partial E_n}{\partial y_n}\frac{\partial y_n}{\partial z_{n,j}}\frac{\partial z_{n,j}}{\partial u_{n,j}}\frac{\partial u_{n,j}}{\partial w_{jk}^{(1)}} \\ &= \frac{\partial}{\partial y_n}[(y_n - t_n)^2]\cdot\frac{\partial}{\partial z_{n,j}}\left[\sum_{j=0}^{J} w_j^{(2)} z_{n,j}\right] \\ &\quad \cdot\frac{\partial}{\partial u_{n,j}}[f(u_{n,j})]\cdot\frac{\partial}{\partial w_{jk}^{(1)}}\left[\sum_{k=0}^{K} w_{jk}^{(1)} x_{n,k}\right] \\ &= 2(y_n - t_n)\cdot w_j^{(2)}\cdot f'(u_{n,j})\cdot x_{n,k}\end{aligned}$$

式中の「・」に注目して、1つずつ区切ってみれば、それぞれは単純な偏微分にすぎないことがわかります。最初の項の計算$\frac{\partial E_n}{\partial y_n} = \frac{\partial}{\partial y_n}[(y_n - t_n)^2] = 2(y_n - t_n)$は**式(5)**の最初の項と同じ計算です。2番目の項$\frac{\partial y_n}{\partial z_{n,j}}$と4番目の項$\frac{\partial u_{n,j}}{\partial w_{jk}^{(1)}}$は、**式(5)**の第2項と同じ形をしていることがわかります。3番目の項$\frac{\partial z_{n,j}}{\partial u_{n,j}}$の計算に現れる$f'(u_{n,j})$は隠れ層の活性化関数の微分を示しており、ReLUの場合には、

$$f'(u_{n,j}) = \begin{cases} 1 & u_{n,j} \geq 0 \\ 0 & u_{n,j} < 0 \end{cases}$$

となります。

この連鎖律の計算はPyTorchでbackwardを呼ぶと自動で計算してくれます。出力層で計算された誤差を入力層の側に、予測のときとは逆の流れで伝えるので、誤差逆伝播法(backpropagation)と呼ばれます。

## ニューラルネットワークの住宅価格予測タスクへの適用

線形回帰で行った住宅価格の予測をニューラルネットワークでも試してみましょう。**リスト2**のモデル定義の個所(2行目)を**リスト3**のように書き換えるだけで、ニューラルネットワークを試すことができます。**リスト3**では、隠れ層のユニット数が10、活性化関数がReLUのニューラルネットワークを定義しています。

ニューラルネットワークによる回帰の結果、テストデータに対する予測値と実測値とのズレの平均値は0.5251となりました[注6]。線形回帰での結果(0.6392)と比べると、およそ0.1減少

**▼リスト3　リスト2をニューラルネットワーク対応にするコード**

```
01: model = nn.Sequential(
02:     nn.Linear(8, 10), # 入力層から隠れ層
03:     nn.ReLU(),        # 活性化関数
04:     nn.Linear(10, 1)  # 隠れ層から出力層
05: )
```

注6) 初期値をランダムに与えるため、実行のたびに結果が変わります。

し、したがって約1万ドル予測精度が改善されたといえます。ニューラルネットワークによる非線形回帰を適用したことによって、より複雑な関係を表現できるようになり、予測精度が向上したと考えられます。

## CNNによる回帰と画像処理への応用

ここまで、最小二乗法による回帰を対象に線形回帰、そしてニューラルネットワークによる非線形回帰を見てきました。本節では、最小二乗法による回帰の応用として、ニューラルネットワークの一種であるCNNを用いた超解像(super-resolution)という画像処理に挑戦してみます。超解像とは、低解像度の画像から高解像度の画像を生成するタスクです。見方を変えれば、低解像度の画像を入力とし、そこから高解像度の画像のピクセル値を予測する回帰の問題ととらえることができます。そのため、高解像度の画像の実際のピクセル値とモデルによる予測値との平均二乗誤差に対して、最小二乗法を適用することが可能です。具体的には、SRCNN[1]という手法に挑戦します。SRCNNはCNNを超解像に適用した手法の1つです。

### 畳み込み層

CNNは畳み込み層という特殊な層を持つニューラルネットワークです。畳み込み層では、画像から線や角などの特徴を抽出する畳み込みフィルタと呼ばれる特殊なフィルタが用いられます。**図6**が畳み込みフィルタの計算手順を示したものです。図中では、畳み込みフィルタの大きさが3の例を示しています。畳み込みフィルタの大きさが3のときには、入力中の3×3の矩形領域を考えます。図中「入力の例」から切り取った「入力の一部」($x_i$)が矩形領域です。この矩形領域に対して「畳み込みフィルタ」($w_i$)との積和計算$\sum_i w_i x_i$を行った結果を「出力の例」内の1つの値とします。この操作を図中「入力の例」上の破線矢印のように画像全体に適用した結果が、「出力の例」となります。

**図6**では、「入力の例」としてアルファベットの「N」の形に1が並んだ画像に対し、「畳み込みフィルタの例」として、左上から右下にかけてが1、それ以外は0のフィルタを適用しています。この例での畳み込みフィルタとの積和計算は、入力中の3×3の領域において、左上、真ん中、右下に1がいくつあるかを順に数えていくことで計算でき、**図6右**の「出力の例」が得られます。ここで、左上から右下にかけての斜めの線に大きな値(=3)が出力されていることがわかります。このように、畳み込みフィルタを適用すると、入力の各領域において、畳み込みフィルタのパターンと類似した個所が特徴として抽出されます。さらに、多様な畳み込

**▼図6 畳み込みフィルタの計算**

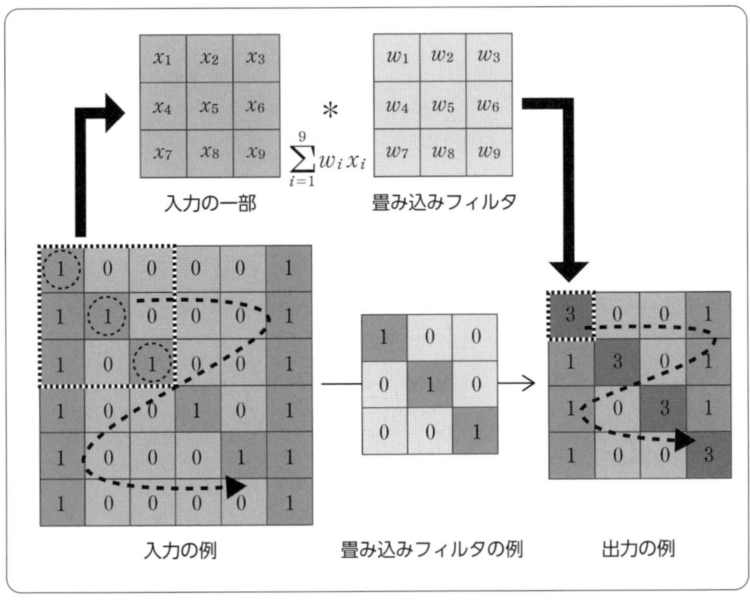

▼図7　畳み込み層の結合

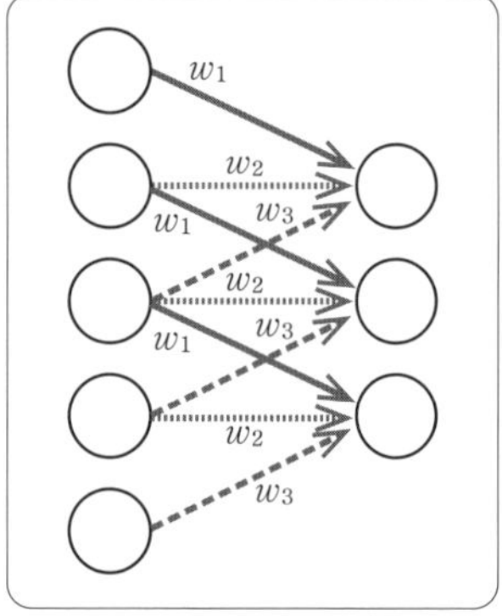


▼図8　3チャネルの入力に対する1種類の畳み込みフィルタの計算

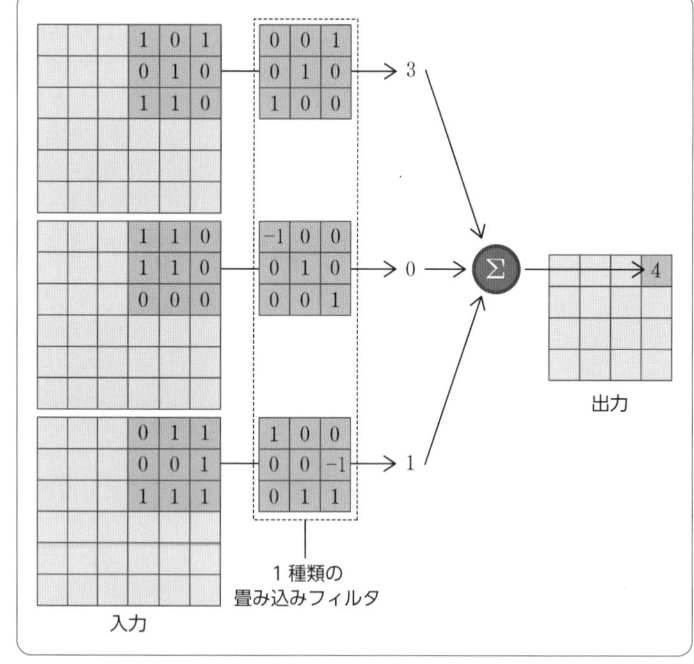


みフィルタを用いることで、逆向きの斜めの線や四角形など多様な特徴をとらえることができるのです。

CNNでの学習対象は、それぞれの畳み込みフィルタを特徴づけるパラメータ$w_i$です。実はここでも勾配降下法を用いてパラメータ$w_i$を学習することができます。畳み込みフィルタは、**図7**のような特殊な結合を持つニューラルネットワークとして表すことができます。**図7**では、1つの畳み込みフィルタにおける同一のパラメータ($w_1$, $w_2$, $w_3$)を、同一の線種で表しています。CNNは、前の層の一部のニューロンのみと結合した構造をもつニューラルネットワークの一種にほかなりません。よって、誤差逆伝播法が適用でき、勾配降下法による学習が可能となるのです。

なお、畳み込み層への入力は、通常複数枚のチャネルで構成されます。たとえば、入力画像がRGBのカラー画像の場合には3チャネルです。複数枚のチャネルが入力となる場合には、**図8**に示すように、全チャネルにわたって入力と畳み込みフィルタとの積和計算を行い、それらを足し合わせた値が1種類の畳み込みフィルタに対する出力となります。通常、畳み込み層では、複数種類の畳み込みフィルタが用いられますが、このときの出力チャネル数は畳み込みフィルタの種類数と同じになります。畳み込み層のより詳しい説明は、文献[2]などを参考にしてください。

## SRCNNに挑戦

それでは、いよいよ超解像に挑戦していきます。今回扱うSRCNNは**図9**に示すように畳み込み層を3層重ねただけのシンプルなネットワークです。入力が低解像度の画像、出力が高解像度の画像の予測値です。論文に準拠して、はじめの畳み込み層では、大きさが9の畳み込みフィルタ64種類によって、画像から特徴を取り出します。次の畳み込み層では、大きさ1の畳み込みフィルタ32種類によって、チャネル方向の特徴を集約します。最後の畳み込み層では、大きさ5の畳み込みフィルタを用いてRGBの3チャネルへと変換します。1番目と2番目の畳み込み層の直後には、活性化関数ReLUを適用します。3番目の畳み込み層の後には、活性化関数を適用せず、そのまま出力ピクセル値、すなわち高解像度の画像の予測値とします。学習においては、予測値と実際の値との平均二乗誤

▼図9 SRCNNの構成(文献[1]より引用)

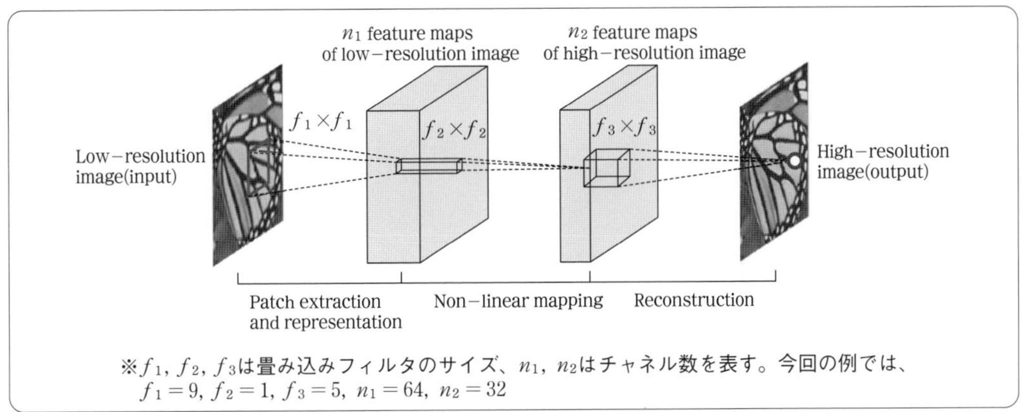


※$f_1$, $f_2$, $f_3$は畳み込みフィルタのサイズ、$n_1$, $n_2$はチャネル数を表す。今回の例では、$f_1 = 9$, $f_2 = 1$, $f_3 = 5$, $n_1 = 64$, $n_2 = 32$

差を求めて、勾配降下法により最小化します。

今回対象とするデータはscikit-learnに含まれる「LFW people dataset」[注7]という顔画像データセットです。**リスト4**では、400画像のみを使うようにしました(11行目)が、マシンのスペックに応じて、適宜変更してください。学習の際には、低解像度の画像と高解像度の画像のペアが必要です。ここでは、画像をいったん1/3のサイズにリサイズしたあとで、再び元のサイズに戻すことで、低解像度の画像を作り出して、学習に用います(13〜21行目)。また、39行目では最適化アルゴリズムにAdamという手法を用いています。これは、確率的勾配降下法を発展させたアルゴリズムです。

**リスト4**を見ると、これまでに扱ってきた線形回帰やニューラルネットワークによる回帰とほとんど同様のプロセスを踏んでいることがわかると思います。一方で、先ほどの線形回帰やニューラルネットワークの例と比べると、多層で複雑なネットワークになったため、学習には時間がかかります。

テスト画像への適用結果を**図10**に示します。

▼図10 SRCNNの結果。右上:400枚のみでの結果、右下:全データ(13,233枚)での結果

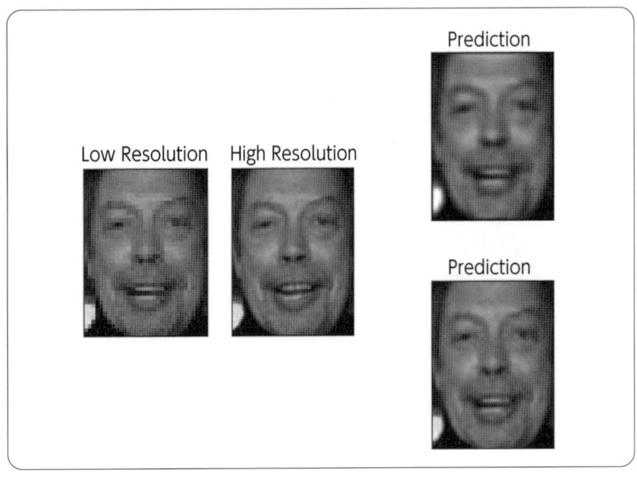


左から入力画像、正解画像、予測画像です。目や鼻などをクッキリさせようと学習されていることがわかります。また、**図10**の右上が400枚のみでの結果、右下が全データ(13,233枚)での結果です。左の2枚の画像を隠して、上下の画像を比較してみてください。学習データが増えることで、より鮮明な画像となることがわかります。

本節では、画像処理における超解像が回帰の枠組みで扱えることを見てきました。回帰を画像処理に応用したアプリケーションとしては、ほかにも自動着色などがあります。自動着色はモノクロ画像から色を予測する回帰として扱う

注7) URL http://vis-www.cs.umass.edu/lfw/

▼リスト4　SRCNNのプログラム

```
import torch
from torch import nn, optim
from torch.utils.data import TensorDataset, DataLoader
import numpy as np
from PIL import Image
import matplotlib.pyplot as plt
from sklearn.datasets import fetch_lfw_people

# データの読み込み400サンプルのみ使用
lfw_people = fetch_lfw_people(resize=1, color=True)
lfw_people = lfw_people.images.astype(np.uint8)[:400]

# 画像を縮小してから、元のサイズに戻すことで、低解像度の画像を生成する
inputs = []
for im in lfw_people:
    img = Image.fromarray(im)
    small = img.resize((img.size[0] // 3, img.size[1] // 3))
    low = small.resize((img.size[0], img.size[1]))
    inputs.append(np.asarray(low))
inputs = np.asarray(inputs) / 255
outputs = lfw_people / 255

# はじめの10サンプルはテスト用とする
X = torch.tensor(inputs[10:], dtype=torch.float32).transpose(1, 2).transpose(1, 3)
Y = torch.tensor(outputs[10:], dtype=torch.float32).transpose(1, 2).transpose(1, 3)
dataset = TensorDataset(X, Y)
loader = DataLoader(dataset, batch_size=32, shuffle=True)

# SRCNNモデル
model = nn.Sequential(
    nn.Conv2d(3, 64, 9, padding=4),  # 畳み込み層
    nn.ReLU(),                       # 活性化関数
    nn.Conv2d(64, 32, 1),            # 畳み込み層
    nn.ReLU(),                       # 活性化関数
    nn.Conv2d(32, 3, 5, padding=2)   # 畳み込み層
)

# 最適化アルゴリズムにAdamを利用
optimizer = optim.Adam(model.parameters())
mse = nn.MSELoss()

for epoch in range(10):
    for batch_x, batch_y in loader:
        optimizer.zero_grad()        # 勾配をリセット
        y_pred = model(batch_x)      # 予測値を計算
        loss = mse(y_pred, batch_y)  # 二乗誤差を計算
        loss.backward()              # 勾配を計算
        optimizer.step()             # パラメータ更新
    print(epoch + 1, '/ 10 Loss:', loss.item())

# テスト用画像に適用する
X = torch.tensor(inputs[:10], dtype=torch.float32).transpose(1, 2).transpose(1, 3)
srimg = model(X).transpose(1, 3).transpose(1, 2)
srimg = srimg.detach().numpy().clip(0, 1)
for idx in range(10):
    plt.subplot(131).imshow(inputs[idx])
    plt.subplot(132).imshow(outputs[idx])
    plt.subplot(133).imshow(srimg[idx])
    plt.show()
```

## コラム「PyTorchの使い方」

本章のプログラムを動かすためには、PyTorch、scikit-learn、matplotlibをインストールしてください。Anacondaを利用している場合、

```
$ conda install pytorch torchvision cpuonly -c pytorch
$ conda install scikit-learn
$ conda install matplotlib
```

でインストールできます。GPUが利用できる場合は、PyTorchの公式ページを参考にCUDAのバージョンに合わせてインストールしてください。

ここでは、PyTorchの便利な機能を紹介します。PyTorchでは、自動微分という機能を用いることで、偏微分を計算することができます。ここでは簡単な例を用いて、PyTorchの自動微分を確認してみます。

第1章で登場した2変数関数、

$$f(x_1,\ x_2)=x_1^2-4x_1+x_2^2-2x_2+5$$

の偏微分をPyTorchの自動微分を用いて求めてみます。この関数は、$(x_1,\ x_2)=(2,\ 1)$で勾配が0となる極小値をとるのでした。実際に、$x_1$, $x_2$で偏微分した結果に、$x_1=2$, $x_2=1$をそれぞれ代入($\left.\frac{\partial f}{\partial x_1}\right|_{x_1=2}$, $\left.\frac{\partial f}{\partial x_2}\right|_{x_2=1}$)すると、

$$\left.\frac{\partial f}{\partial x_1}\right|_{x_1=2}=2x_1-4=2\cdot2-4=0$$

$$\left.\frac{\partial f}{\partial x_2}\right|_{x_2=2}=2x_2-2=2\cdot1-2=0$$

のように計算できます。

それでは、次のコードを見てください。PyTorchでは、backwardを呼ぶことで、偏微分の計算が実行されます。計算の結果、$(x_1,\ x_2)=(2,\ 1)$のとき勾配が0となり、正しく計算できていることが確認できました。

```
import torch

x1 = torch.tensor([2.], requires_grad=True)
x2 = torch.tensor([1.], requires_grad=True)
f = x1 ** 2 - 4 * x1 + x2 ** 2 - 2 * x2 + 5

f.backward()  # 勾配を計算
print('Gradient of x1:', x1.grad.item(),
      ', Gradient of x2:', x2.grad.item())
#=> Gradient of x1: 0.0 , Gradient of x2: 0.0
```

ことができます。興味のある読者は文献[3]などをぜひ調べてみてください。

## まとめ

本章では、最小二乗法による回帰を対象に、線形回帰、ニューラルネットワーク、CNNを解説しました。いずれの手法も、勾配降下法を用いることで、モデルの学習ができることを示しました。勾配降下法による学習では、勾配の計算が必要になります。その際には、偏微分や連鎖律といった解析学が重要な役割を果たしていることを実感していただけたかと思います。

本章で扱った最小二乗法は、機械学習の多くの手法の基本となるものです。本章が新たな機械学習の手法へ触れるきっかけとなれば幸いです。SD

■ 参考文献

[1] Chao Dong, Chen Change Loy, Kaiming He, and Xiaoou Tang. Image Super-Resolution Using Deep Convolutional Networks. arXiv:1501.00092, 2014.

[2] 中井悦司. TensorFlowで学ぶディープラーニング入門～畳み込みニューラルネットワーク徹底解説. マイナビ出版, 2016.

[3] 太田満久, 須藤広大, 黒澤匠雅, 小田大輔. 現場で使える! TensorFlow開発入門～Kerasによる深層学習モデル構築手法. 翔泳社, 2018.

特別寄稿コラム

# 「数学とAI、主体的に学習していく方法とは」

Author 飯尾 淳(いいお じゅん) 中央大学国際情報学部 教授

## ■文系でも学べる情報処理

現在、筆者は2019年に開設された国際情報学部に所属していますが、それまでは文学部の社会情報学専攻に所属しており、文学部学生に情報システムに関する教育を行っていました。文学部というと、皆さんは、英文や国文などの文学、あるいは日本史などの歴史学を思い浮かべるのではありませんか？　本学の文学部はもう少し幅広く、上記の人文科学分野に加えて、哲学や教育学、心理学、さらに、社会学や筆者の在籍していた社会情報学専攻など、社会科学系の専攻も充実しています。

そのような学部において、私たちの社会情報学専攻には、情報処理やコンピュータに興味を持つ学生も数多く入学してきます。しかし、中央大学には理工学部に情報工学科がありますし、隣接領域として電気電子情報通信工学科や経営システム工学科といった学科も設置されています。彼らに「コンピュータのことを学びたいなら、なんで理工学部に行かなかったの？」と訊くと、口をそろえて「理工学部には入試科目に数学が必須だったからです」と答えます。翻(ひるがえ)ってこちらの入試科目で数学は選択科目となっており、数学を選ばなくても入学できます。もちろん我々の専攻でも情報関連の教育は充実しているので、数学に苦手意識を持つ学生には穴場と映るのかもしれません。

ただし、さすがに社会情報学をしっかりと学ぶ過程では、統計学などの知識が求められることもあり数字や数式を避けて通ることはできません。そのため、いくら数学に苦手意識を持っている彼らであっても、ある程度は数学の基礎を叩き込まれることになっています。

余談ですが、社会情報学専攻には「プログラミング？　何それ美味しいの？」というような学生も入学してくるので、意識に大きな差のあるなかでの情報関連教育をいかに円滑に進めるかが課題です。プログラミングに苦手意識を持つ学生には、「きみたち日本語でレポートや論文を書くだろ？　英作文は英語だよなあ。プログラムをプログラミング言語で書くのも大差ないやん？」とアドバイスすると、プログラミングに対して多少は親しみを持ってくれるようです。

## ■数学と機械学習

ところで、社会情報学専攻でも、最近は、人工知能や機械学習に興味を持つ学生も増えてきました。機械学習を使って社会の現象を分析したい、そんなテーマを掲げて卒業論文に取り組む学生もいます。今は各種のライブラリが取りそろえられているので、内部で何をやっているのかよくわからなくても、ブラックボックスとして機械学習エンジンをシステムに組み込み、簡単に使えるようになりました。

しかし、やはりある程度の数学的センスがないと、効果的に使いこなすのは難しいようです。ある学生は、Pythonの機械学習ライブラリを使いこなしていましたが、特徴量の選択に問題がありました。いくつもの似たようなパラメータを並べ、無駄な学習をさせていたのです。認識の性能がなかなか上がらず悩んでいたようですが、線形代数の知識があれば、最初からその原因は明らかだったでしょう(そのとき彼には「1人で悩む前に、相談に来なさい」と指導しました)。

## ■ オンライン教材の活用

あるとき、学生から「機械学習に関してAndrew Ng先生のオンライン教材を勉強したいんですけど、難しそうなんで、先生、一緒に教えてくださいませんか」と相談を受けたことがありました。どこから評判を聞きつけたのか、Stanford大学のMOOC(Massive Open Online Course)、無料で聴講できるオンラインコースを勉強したいというのです。このNg先生の機械学習に関するMOOCは、15万件以上の評価がありながらも五つ星評価で星4.9(2021年3月現在)と、世界中から恐ろしく高い評価を受けているコンテンツです。興味のあることをさらに勉強したいというその意気やヨシ！ というところで、せっかくなので、大学院生と一緒に受講してみることにしました。行きがかり上、筆者も予習せざるを得ず、事前に時間を割いて体験しました。すると、聴講してみてびっくり。「これはたいへん良くできたコンテンツだ。高評価もさもありなん」と感動すら覚えたほどです。

さすがに内容はかなり基本的なものなので、筆者自身は、復習を兼ねて「基本的な事項をどう教えるか」という目線でコースを体験してみましたが、それでも、なるほどそういう説明をするとわかりやすいのかと、新たな発見もありました。何しろとても丁寧に解説してくださるNg先生の説明がわかりやすい。さらに、毎回、問題を解いて合格しなければ先に進むことができず、プログラミングの演習すら用意されているという周到さです。プログラミングも、穴埋めというスタイルながら、受講者が書いたプログラムはアップロードしたサーバ上で自動実行され、正しくプログラミングできているかどうかを検証、それにもパスしないと次のレッスンに進めません。

コンテンツは英語ですが、日本語字幕も用意されており、英語に自信がない皆さんは日本語で学ぶことも(ある程度は)可能です。もっとも、それほど難しい英語ではないので、オリジナルの英語バージョンで学ぶと、英語の勉強も兼ねられるので「ひと粒で二度美味しい」ですね。

## ■ 学び直しに必要なものは本人の「やる気」

高等学校までの数学で、数学を諦めてしまうのは実にもったいない話です。今は学び直しの機会に恵まれており、環境が充実しています。Ng先生のMOOCのように、空き時間に少しずつ学べる良質な教材も無償で手に入る現在、あと必要なものは本人のやる気だけでしょう。

2019年の4月、中央大学では市ヶ谷田町キャンパスに国際情報学部という新しい学部が開設されました。同学部は、学際的な情報学部という位置付けで文系の学生も歓迎なのですが、そのなかで筆者は「プログラミングのための数学」という科目を担当しています。場所も便利なので、完成年度(2023年度)以降には、社会人のためのリカレント教育も提供したいと検討しています。乞うご期待。SD

**Software Design plus** 技術評論社

Software Design plus

# AIエンジニアを目指す人のための機械学習入門

実装しながらアルゴリズムの流れを学ぶ

電通国際情報サービス
清水 琢也、小川 雄太郎［著］

初心者向けに、Pythonと機械学習ライブラリ「scikit-learn」を使って、各種手法の実装と動作原理を、AIエンジニアとして理解しておきたいレベルで解説。

技術評論社

AIエンジニアを目指す人のための機械学習入門

実装しながらアルゴリズムの流れを学ぶ

機械学習には目的に応じたいくつかの手法が存在します。それらの手法を正しく使えるようになるために、本書はAIエンジニアが理解しておきたいレベルの深さで、機械学習のアルゴリズム（動作原理）を丁寧に解説します。とくにアルゴリズムの目的や意味を理解できることをめざします。（アルゴリズムの背景にある高度な数学・統計学の理論についての説明は必要最小限にとどめ、）まずはプログラムを書いて動かし、その結果を見ながらアルゴリズムの長所・短所や、性能をチューニングするためのコツを学びます。

電通国際情報サービス
清水琢也、小川雄太郎　著
B5変形判／256ページ
定価（本体2,780円＋税）
ISBN 978-4-297-11209-7

大好評発売中！

こんな方におすすめ

- 機械学習・AI（人工知能）技術を学ぶエンジニアや学生
- これから機械学習システムの開発に携わる人

**Software Design plus** 技術評論社

# Kubernetes実践入門

プロダクションレディなコンテナ&アプリケーションの作り方

Dockerの登場以降、アプリケーションはコンテナイメージとして管理・実行できるようになりました。このコンテナの利点を活かして、アプリケーションのデプロイ・設定・管理を自動的に行うためのソフトウェアが「Kubernetes（クーバネティス）」です。
本書は、コンテナイメージの作成・デプロイ・運用という一連の流れに沿って、アプリケーション（コンテナ）を本番運用で使える状態（プロダクションレディ）にまで持っていく方法を解説します。

須田一輝、稲津和磨、五十嵐綾、坂下幸徳、吉田拓弘、河宜成、久住貴史、村田俊哉　著
B5変形判／328ページ
定価（本体2,980円＋税）
ISBN 978-4-297-10438-2

大好評発売中！

こんな方におすすめ

- コンテナでデプロイ・本番運用したいと考えているアプリケーションエンジニア
- Kubernetesの使い方を学びたいエンジニア

第3章

# さあ始めよう！ ITエンジニアと数学

## 数学プログラミング入門

ITエンジニアにとって、数学を学ぶことにはどのようなメリットがあるでしょうか。数学の知識は、機械学習やブロックチェーンといった高度な技術でも、理論を踏まえたうえで使いこなせるようになることを助けます。それだけではなく、数学的な「思考法」は、ふだんの開発、プログラミングをするうえでの武器の1つになります。

本特集では、数学の勉強法や数学的思考法の身に付け方から、機械学習や物理計算のプログラミング、さらには関数型プログラミングや数式をきれいに表示する方法まで、幅広いトピックでITエンジニアにとっての数学を掘り下げます。昔から数学が苦手だという方も、これを機に数学の世界へ足を踏み入れてください。

3-1

# プログラマ視点の「数学の学び方」

## 数学とプログラミングの意外な関係?

Author 中井 悦司
Twitter @enakai00

プログラミングをするとき、みなさんはどんな考え方で実装を進めていますか? これまでとくに意識をしたことがないかもしれませんが、そこには2つの思考方法が関係していそうです。数学を学ぶときにもこの2つを意識すると、自分の勉強スタイルが見えてくるかもしれません。

### IT製品の営業戦略と数学の勉強法?!

本書の読者にはIT業界に関わる方が多いと想像されますが、ITの世界で(とくに営業職の方から!)よく耳にするのが「その製品のユーザ事例はありませんか?」というセリフです。きっと、新しい製品を売り込む際に、「このユーザは、こんなふうに便利に使っています!」と具体例で説明すれば、その製品の価値をわかりやすく伝えられると期待しているに違いありません。

一方、製品の中身をよく理解しているエンジニアは、ここで不思議に思います。「このユーザでうまくいったからと言って、どうして、次のユーザでもうまくいくと言えるのだろう?」「まずは、個々のユーザ環境に依存しない、一般的な機能・しくみを正しく説明するべきなのでは?」——確かに一理ありそうです。すべてのユーザは、それぞれに環境も事情も異なります。特定のユーザで成功したからと言って、手放しに同じことが他のユーザに適用できるとは言えません。

とは言え、一般的な機能説明だけを聞いて、それを自社の環境と照らし合わせて、自社の課題解決にどう役立てられるのか、そこまでの想像力・理解力を自発的に発揮してくれる都合の良い(?)お客様ばかりではありません。まずは、とにかく具体例を並べて、そこから逆に、一般的な成功パターンを理解してもらうというのもひとつの営業戦略なのかもしれません。

……「数学」がテーマの特集で、どうしていきなり営業戦略の話がでてくるのでしょうか?

実は、ここには、「演繹的思考(えんえきてきしこう)」と「帰納的思考(きのうてきしこう)」の違いが隠されています(図1)。演繹的思考というのは、個々の環境に依存せず、すべての場合にあてはまる一般的なルール、すなわち、原理・原則をおさえたうえで、それを個別の場合に適用していくという頭の使い方です。先の例であれば、エンジニアの発想がこれにあたります。エンジニア視点で製品の一般的な機能を説明した場合、その話を聞くお客様も同様の思考方法の持ち主であれば、きっとその説明はうまくいくでしょう。

一方、帰納的思考というのは、少数の具体的な事例を徹底的に調べ上げて、その中から、より広く一般的にあてはまる「成功パターン」を

▼図1 演繹的思考と帰納的思考

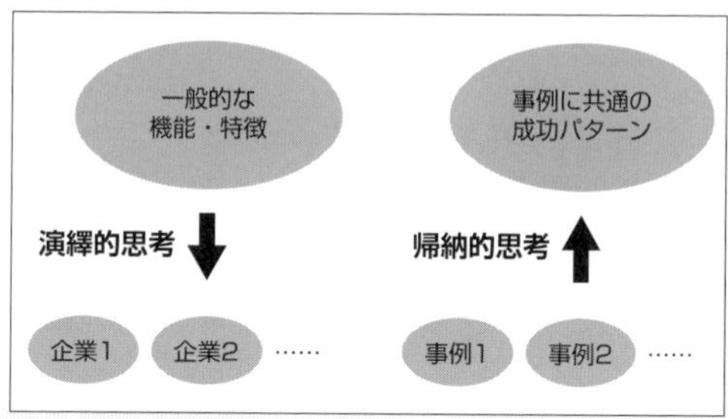

見つけ出そうという発想です。もちろん、いつも正しい結論が得られるとは限りません。限られた例から、本当の意味での原理・原則を見つけ出すには、広く想像力を働かせる必要があり、そして、見つけ出したパターンが正しいかどうかを実際に検証する行動力も求められます。製品説明を受けるお客様がこちらの思考方法の持ち主であれば、ユーザ事例から入るという先ほどの営業戦略もあながち間違いではありません。お客様と一緒に事例を分析して、そのお客様にもあてはまる成功パターンを見つけていく——理屈一辺倒のエンジニアには、なかなかまねのできないスタイルです。

## 演繹的思考と帰納的思考の組み合わせ

数学を勉強する際にも、この演繹的思考と帰納的思考の切り替えがポイントになります。たとえば、数学者が大発見をする映画の1シーンを想像してみましょう。数学者と思わしき人物が、紙の上に何かを書きなぐっています。さあ、そこに書かれているのは何でしょうか？——映画監督の趣味にもよるでしょうが、2つのパターンがありそうです（**図2**）。

1つは、具体的な数字を書きならべて、そこに何かの法則性を発見しようとする様子です。一見すると、未知の暗号の解読に取り組んでいるようにも思われます。これは、「帰納的思考」と言えるでしょう。具体例の中から、まだ誰も気づいていない、一般的な法則を発見するという発想です。

**▼図2　数学者が書いているものは何？**

$\frac{\partial \boldsymbol{u}}{\partial t} + (\boldsymbol{u} \cdot \nabla)\boldsymbol{u} = -\frac{1}{\rho}\nabla p + \nu\nabla^2\boldsymbol{u} + \boldsymbol{f}$
1+2=3
4+5+6=7+8
9+10+11+12=13+14+15
16+17+18+19+20=21+22+23+24


そしてもう1つは、謎めいた文字と記号を書き連ねていき、最後に、たった1つのシンプルで美しい方程式にたどり着くパターンです。これは、「演繹的思考」と言えるでしょう。すでに知られている定理・公式を組み合わせることで、まだ誰も気づいていなかった、新しい定理を導きだそうという発想です。

そして、すでに誰かが発見した定理・公式を学ぶ場合でも、この2つの考え方をうまく切り替える必要があります。筆者の体験を振り返ると、数学の勉強が得意な方は、一般に、演繹的思考が得意のような気がします。まずは、一般的な定理をそのままの形で理解して、それを具体例にあてはめることで、「うんうん。そうだよね。そうなるよね」と悦に入ります。

一方、数学はちょっと苦手……という方は、もしかしたら、帰納的思考が得意なのかもしれません。数学の教科書によく見られる、簡単な例を手早く済ませて、すぐに一般論に入るというスタイルではなく、まずは、それなりに複雑な具体例をじっくりと調べ上げて、対象物の性質をよく知ってから一般論へと進めば、きっと理解が深まるに違いありません。

そして、この具体例を調べる際に役立つのが……そう（！）プログラミングです。Mathematicaなど、数学に特化した数式処理ソフトウェアもありますが、Pythonなどの一般的なプログラミング言語の中にも、数学に対応する要素はたくさんあります。あるいは、Jupyter Notebookを使えば、数値計算やグラフの描画も簡単です。紙と鉛筆だけで数学を学んだ時代に比べると、プログラミングを活用して、数学を具体的に楽しむ方法は格段に増えています。このあとは、いくつかの問題を「具体的に実行しながら」味わってみたいと思います。

## モンティ・ホール問題で遊ぶ

さて、いきなりですが、確率の有名な問題「モンティ・ホール問題」を考えてみます。モンティ

▼図3　ゲームショーの様子

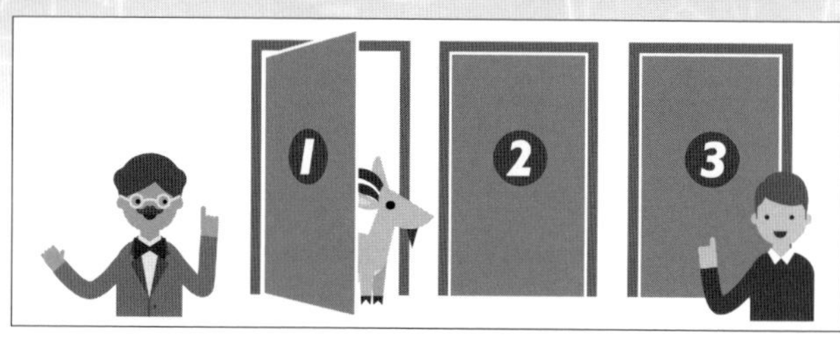


氏が司会をつとめるゲームショー番組の1シーンがその舞台です(図3)。

ゲームの挑戦者の前には、閉まったドアが3枚あります。そのうちの1つは当たりで、賞品の自動車が隠されています。残り2つのドアの後ろには、「はずれ」を意味するヤギがいます。プレーヤが1つのドアを選択して、いよいよドアを開けようかというところ、司会のモンティは、残りのドアの1つを開けて、そこにヤギがいることを見せました。ここで、モンティは、いまなら選択を変えて、もう1つのまだ開いていないドアに変更してもよいと挑戦者に告げるのです。このとき、挑戦者は、選択を変えるべきでしょうか?

これは、内容としては、確率論の問題です。最初に選択したドアが当たりである確率と、変更したドアが当たりである確率、どちらの確率が大きいかを計算すれば答えがでます。「演繹的思考」派のみなさんは、さっそく、紙と鉛筆で計算をはじめているかもしれません。そちらのみなさんにヒントを差し上げると、これは「ベイズの定理」で計算することができます。モンティがドアを開ける前の事前確率に対して、モンティがドアを開けたという事象を観測したあとの事後確率を計算すれば答えが得られます。

……おおっと。ここでそっとページを閉じないでくださいね。もちろん、本稿の主題は、ベイズの定理の解説ではありません[注1]。ここでは、ぜひ、この問題を「帰納的思考」派のみなさんであれば、どのように解くのかを考えてください。先ほど説明したように、帰納的思考の基本は「具体例」です。まずは、実際にこのゲームショーに参加して、選択を変える場合と変えない場合、それぞれを試してみればよいのです。もちろん、数回試しただけではだめです。1万回ぐらい参加して、どちらの場合のほうが当たりになる割合が大きいかを確認すれば、ほぼ確実に答えがわかるでしょう。

……えーっと。すいません。ここでもまた、そっとページを閉じないでください。もちろん、実際にゲームショーに参加するわけではなく、プログラミングを駆使するのです。このショーと同じゲームをアプリケーションとして作成して、何度も何度も繰り返しプレイしてみます。プレーヤとして取るべき行動は決まっていますので、プレーそのものを自動化したシミュレーターを作れば、1万回だろうと、100万回だろうと簡単に実施することができます。

**リスト1**は、筆者が実際にPythonで作成したサンプルです。それほど複雑なコードではありませんが、念のためにポイントだけ説明しておきます。6行目からはじまる関数gameは、1回だけ、このゲームショーを実施します。引数change_doorには、ドアの選択を変更するかどうかをTrue/Falseで代入します。7行目と8行目では、正解のドアと最初に選択するドアを乱数で決定しています。そして、10行目〜13行目では、モンティが開くドアを決定しています。ここでは、未選択で、かつ、正解ではないドアの1つをランダムに選択します。そのあとは、変数change_doorがTrueの場合はドアの選択を変えて、最後に、最終的な選択が正解であれば、得点1を返すという流れです。32行目〜38行目は、ドアを変更する場合としない場合、それぞれ、1万回ずつゲームを行って、最終的な勝率を表示します。

注1)　そうは言っても、ベイズの定理を用いた計算が気になる方は、筆者のブログを参考にしてください。「モンティ・ホール問題をまじめに計算してみる」
URL http://enakai00.hatenablog.com/entry/20130405/1365118945

▼リスト1　モンティ・ホール問題のシミュレータ

```
#!/usr/bin/env python3
# -*- coding: utf-8 -*-

from random import randint

def game(change_door = False):
  prize = randint(0,2)   # 正解
  choice = randint(0,2)  # 最初の選択

  while True:            # モンティが開くドアの決定
    open_door = randint(0,2)
    if open_door != choice and open_door != prize:
      break

  if change_door:        # 選択を変更する場合
    for new_choice in range(3): # 未選択でまだ空いていないドアを選ぶ
      if new_choice != choice and new_choice != open_door:
        break
    choice = new_choice

  if choice == prize:    # 正解なら1点追加
    return 1
  else:
    return 0

def play(num, change_door):
  point = 0.0
  for _ in range(num):
    point += game(change_door)
  return point

num = 10000

score = play(num, False)
print( u'変更しない場合の勝率\t', score/num)

score = play(num, True)
print( u'変更した場合の勝率\t', score/num)
```

筆者が実行した結果は、次のようになりました。

```
変更しない場合の勝率　　0.3358
変更した場合の勝率　　　0.6706
```

これで答えは明らかです。ドアを変更しない場合の勝率は約34％、およそ3回に1回当たるということなので、直感とマッチする結果です。そして、ドアを変更した場合の勝率は約67％で、なんと、ほぼ2倍の勝率になっています。ドアを変更するほうが、当たる確率はずっと高くなるのです。

## モンティ・ホール問題の真相

モンティ・ホール問題は、ベイズの定理で計算できると言いましたが、ベイズの定理とほぼ同じ内容をぐっとわかりやすく説明すると、**図4**のようになります。真ん中のドアが正解だとした場合、プレーヤが選択するドアには、3つのパターンがあります。何も考えずに、このままドアを開ければ、正解する確率は1/3です。このあと、モンティがほかのドアを開けたとしても、そのまま選択を変えなければ、やはり、正解する確率は1/3のままです。これが、先ほどのシミュレーションによる、勝率34％の真

▼図4　3種類のドアの選択

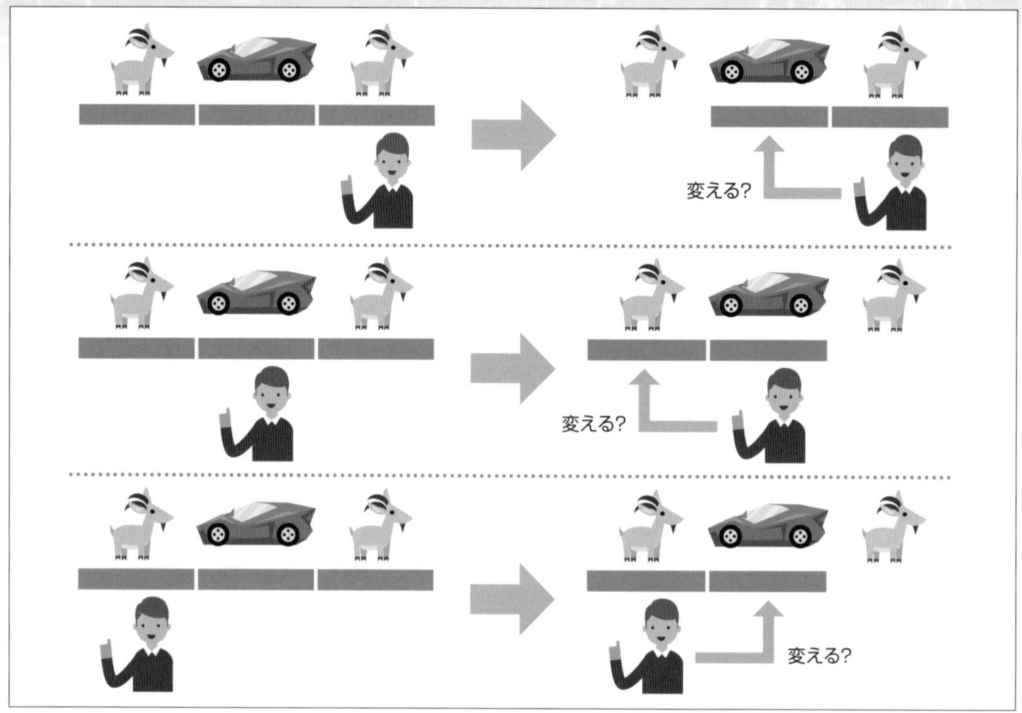


相です。

一方、ドアの選択を変えた場合、もともとが当たりだった場合は、残念ながら、逆にはずれになってしまいます。ところが、もともとがはずれだった場合は、選択を変えることにより、逆に当たりになります。これにより、正解と不正解の結果が入れ替わり、正解する確率は、もともとの不正解の確率である、2/3になります。これが、ドアを変更すると勝率が2倍に増える原因だったのです。

先ほどのシミュレーション結果を見たみなさんであれば、「なるほど。確かに！」と納得したでしょう。しかしながら、1990年にはじめてこの問題が取り上げられたとき、ある数学者が「ドアを変更すると正解する確率は2/3に増える」という解説をしたところ、その結論に納得がいかない人々からの反論が巻き起こったそうです。反論する人々の中には、なんと多数の数学者も含まれていたのです。結局のところ、別の数学者が自前のパソコンでシミュレーションを実施して、まさに帰納的思考によって、この論争に決着をつけたのです。

ただし、反論した数学者の名誉のために付け加えておくと、この問題は状況設定に少し不備があります。先のシミュレーションでは、「プレーヤが選んだドアにかかわらず、モンティは必ずはずれのドアを1つ開ける」という実装になっています。しかしながら、現実のゲームショーの中では、そのような説明はありません。モンティがドアを開けるかどうかは、あくまで、モンティの自由だと仮定しましょう。仮に、「プレーヤが正解のドアを選んだときだけ、モンティはわざとはずれのドアを開ける」とすれば、当然ながら答えは変わります。

これは、「演繹的思考」の落とし穴と言えるかもしれません。具体例を使わずに議論をしていると、人によって想定する前提条件に違いがあって話がかみあわなくなるのは、数学の世界に限らずよくある話です。具体例を調べることによって、前提条件の不備や見落とし、あるい

は、自分自身の思い込みに気づくことができます。モンティ・ホール問題の場合、その問題をプログラムコードとして実装することにより、暗黙の前提条件が明確になり、無事に人々の誤解が解けたというわけです。

## 再帰処理は演繹的？ 帰納的？

「数学とプログラミング」というテーマで、まっさきに思いつく例の1つが「再帰処理」です。よくある例ですが、次の階乗計算を考えます。

・1!＝1
・2!＝1×2＝2
・3!＝1×2×3＝6

一般の自然数nに対して、n!を計算する関数fact(n)を実装する場合、素朴にループで実装すると、こうなります。

```
def fact(n):
  result = 1
  for i in range(1,n+1):
    result = result * i
  return result
```

一方、n!を計算するには、「(n-1)!を計算しておいて、それにnを掛ければいいじゃん」と気づいて再帰的に実装したのがこちらです。

```
def fact(n):
  if n == 1:
    return 1
  return fact(n-1) * n
```

では、現実のプログラムでは、どちらのコードを採用するべきでしょうか？　真面目に言うと、答えはどちらでもなくて、Pythonであれば、ライブラリ関数math.factorial(n)を使うのが正解です。上記のコードは、あくまで説明用のサンプルで、nが自然数であるかなど、必要なエラーチェックがなされていませんし、ライブラリ関数のほうが性能的にも最適化されているでしょう。

また、上記の2つの例は、実際に行われる計算処理はほとんど同じです。あえて言うなら、再帰処理のほうは、関数をネストして呼び出す分だけメモリを余計に使うというデメリットがあります。シンプルなループで処理できる内容であれば、無理に再帰処理を使わなくてもよいでしょう。

現実のプログラミングで再帰処理が役に立つのは、「繰り返し処理をどう書けばよいのか、もはや自分の頭では追いかけられない」というシーンです。たとえば、みなさんご存じのマインスイーパー注2で、「あるセルを開いて、そこに爆弾がなかったとき」の処理を考えてみてください（図5）。この場合、

❶周りの8個のセルにある爆弾の数を計算して、開いたセルに表示する
❷爆弾の数が0の場合は、周りの8個のセルも開く

という処理を行う必要があります。ここで気がつくのが、セルを開くという処理の中に、セルを開くという処理❷が入れ子になっている点で

注2) 万一マインスイーパーをご存じない方は、Wikipediaを参照ください。
URL https://ja.wikipedia.org/wiki/マインスイーパ

▼図5　マインスイーパーのセルを開く処理

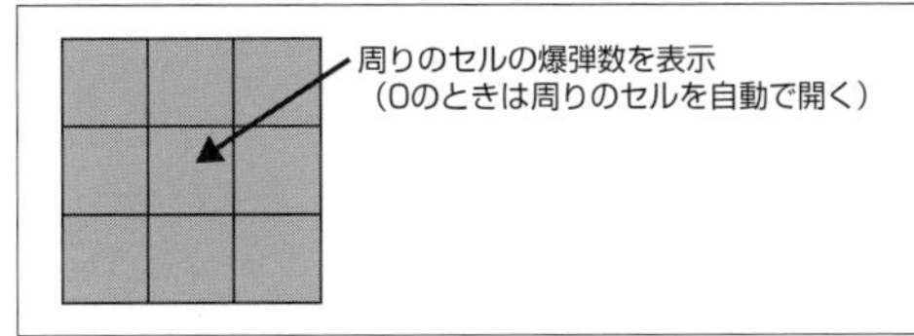
周りのセルの爆弾数を表示
（0のときは周りのセルを自動で開く）

▼リスト2　セルを開く処理のコード例

```
def open_cell(x,y):
  num = mines_around(x,y)  # 周りの爆弾数
  show_num(x,y,num)        # 爆弾数を表示
  if num == 0:             # 0のときは周りのセルを開く
    for dy in [-1,0,1]:
      for dx in [-1,0,1]:
        if dx == 0 and dy == 0:  # 自分自身はスキップ
          continue
        open_cell(x+dx,y+dy)  # 隣のセルを開く(再帰処理)
```

す。これは、明らかに再帰処理の出番です。**リスト2**は、座標(x,y)のセルを開く処理を実装したコードの例です(境界条件などのチェック処理は省略しています)。これと同等のコードを再帰処理を使わずに、ループだけで実装するのは、なかなかの困難が予想されます。

ただし、**リスト2**のような再帰処理を用いたコードは、見かけはスッキリしていますが、実際にどのように動作するのかは、なかなか一般人の頭では追いかけきれません。筆者の場合、「理屈上はこれでうまくいくはず……」と信じて、まずはコードを実行してみます。だいたいは、細かな境界条件の設定を間違っていて、予想外の動きに驚くのですが、テストと修正を繰り返して、やがて、期待どおりの処理が実現できることになります。

実は、このような再帰処理のテスト/修正の作業をする際に、いつも筆者の頭に浮かぶのは、「演繹的思考」と「帰納的思考」のせめぎ合いです。先ほど「理屈上はこれでうまくいくはず……」と言いましたが、これはまさに演繹的思考です。本気で演繹的思考を突き詰めるのであれば、この再帰処理が正しく動くことを数学的帰納法で証明することもできなくはないでしょう。しかしながら、そこまでの労力をかけるのはたいへんなので、「まずはテストする」という帰納的思考に頭を切り替えます。テスト結果をていねいに観察することで、条件の見落としや勘違いに気づいて、それを修正していくというわけです。

ここで、どのタイミングで演繹的思考と帰納的思考を切り替えるかは、重要なポイントになります。理屈がまったく定まらないまま、やみくもにコードを書いて試してもうまくいきませんし、かと言って、コードを書かずに理屈だけで考えていても、先に進まないこともよくあります。この2つの思考方法を適切に組み合わせられることが、実は、優れたプログラマの資質であり、数学を学習する際のポイントではないでしょうか?

数学とプログラミングの間には、直接的なつながりもたくさんありますが、それよりも、数学の学習を通して、この「理屈と具体例のせめぎ合いの妙」を会得することが、プログラマにとっての数学の大きな価値なのだと思います。

## アナグラムファインダー

少し抽象的な話が続いたので、最後に数学がヒントになる例題をもう1つだけ紹介しておきましょう[注3]。「skate」と「stake」、あるいは、「reset」と「steer」のように、文字を並べ替えると一致する単語をアナグラムと言います。いま、1行に1つの英単語が記載された辞書ファイルがあるとして、互いにアナグラムになっている単語をグループ化して、1行に1つのグループを集めたテキストファイルを作成してください。辞書ファイルの例としては、GitHubで公開されている、「words_alpha.txt」を使用します[注4]。

——いま、読者のみなさんは、頭のなかでさまざまな試行錯誤をしていることでしょう。2つの単語を比較して、アナグラムになっているか判定する処理は、なんとか書けるとしても、大量にある単語について、すべてを個別に比較するとなると、これはたいへんです。ここで、数学が得意な方のためにヒントとなるキーワードを差し上げると、「アナグラムは同値関係」と「同値類の代表元(代表ラベル)を活用する」です。これにより、個別に単語を比較する必要がなくなります。さらにヒントを与えると、筆者の作った解答例は、2つのPythonスクリプトから構成されており、次のように、sortコマンドをパイプで挟んで実行します。

```
$ ./map.py < words_alpha.txt | sort | ⏎
./reduce.py > output.txt
```

注3) この問題は、「Programming Pearls(2nd Edition)」Jon Bentley(著)より引用させていただきました。

注4) english-words
URL https://github.com/dwyl/english-words

さあ、これは、いったいどういうことでしょうか？　順を追って解説してきましょう。まず、同値関係というのは、かたい言い方をすると、

・A〜A
・A〜B⇒B〜A
・A〜BかつB〜C⇒A〜C

という性質を満たす関係性です。たとえば、「A〜B」を「AさんはBさんを知っている」という関係だとします。普通はそんなことはありませんが、仮に、「AさんがBさんを知っていれば、BさんもAさんを知っている」「AさんがBさんを知っていて、BさんがCさんを知っていれば、AさんはCさんを知っている」というルールが成り立つとします。すると、世界のすべての人々は、「お互いに知っている人どうしのグループ」にきれいに分類することができます。このようなグループを「同値類」と呼びます。

いま、「A〜B」を「単語Aの文字を並べかえると単語Bに一致する」という関係だとすると、これは、先ほどの同値関係の条件を満たします。つまり、すべての単語は、お互いにアナグラムとなる単語のグループにきれいに分類することができるのです。そして、このような同値類のグループからは、それぞれの集合を代表する要素を1つ取り出すことができます。これが「代表元（代表ラベル）」です（**図6**）。

どの要素を取り出してもよいのですが、なるべく代表らしい標準的なものがよいでしょう。お互いにアナグラムになっている単語は、文字の並びをソートすれば、すべて同じ表現になります。たとえば、「loop」「polo」「pool」は、アルファベットの昇順にソートすると、すべて「loop」になります。そこで、それぞれの同値類について、このようにソートして標準化した単語を代表元として選択します。ソートしたものがそのグループに含まれる単語になっていない場合もありますが、ここでは、あくまでその同値類のラベルとして使用するだけなので、そこは気にしないことにします。

この代表ラベルの都合の良い点は、任意の要素から、それをソートするだけで代表ラベルが得られるということです。たとえば、辞書ファイルを1行ずつ読み込みながら、各単語をソートして、代表ラベルを行頭に付加することができます。これが先ほどの「map.py」の処理内容です。そして、この出力をsortコマンドでソートするということは……。そう！　もうおわかりのように、行頭に代表ラベルが付加されているので、これをソートすれば、同じ代表ラベルを持つ行が連続して並ぶのです（**図7**）。

最後は、「reduce.py」によって、この出力を

**▼図6　アナグラムの同値類と代表ラベル**

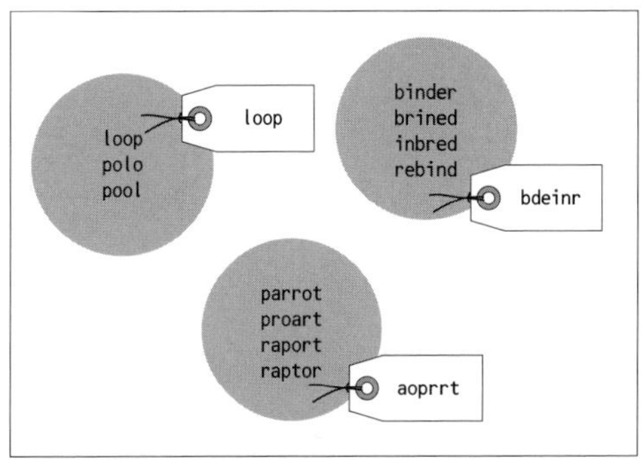


**▼リスト3　map.py**

```
#!/usr/bin/env python3
import sys

for line in iter(sys.stdin.readline, ''):
  word = line.rstrip()
  canonical = ''.join(sorted(word))
  print (canonical + ' ' + word)
```

**▼リスト4　reduce.py**

```
#!/usr/bin/env python3
import sys

pre_canonical = ''
result = []
for line in iter(sys.stdin.readline, ''):
  canonical, word = line.rstrip().split(' ')
  if pre_canonical != canonical:
    if pre_canonical != '':
      print (' '.join(result))
    pre_canonical = canonical
    result = []
  result.append(word)
```

▼図7　アナグラムファインダーの動作原理

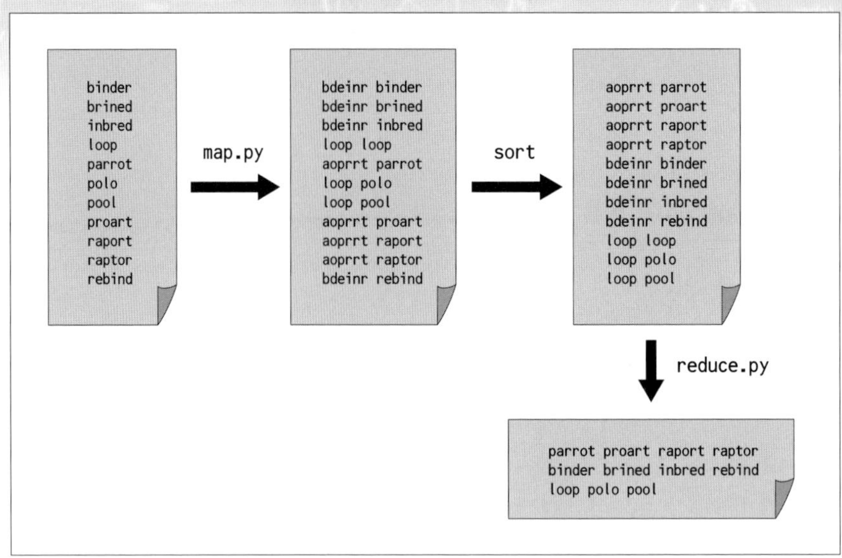


1行ずつ読み込みながら、代表ラベルが同じものを1行にまとめて再出力すれば完了です。**リスト3とリスト4**は、その実装例ですが、手元のMacで実行したところ、約37万行の辞書について約2秒で実行が終わりました。スクリプト名からも想像されるように、sortコマンドをはさんだこの実装は、実は、MapReduce（Map-Shuffle-Reduce）の処理パターンに一致しています。MapReduceの要となるShuffle処理を（性能的にすぐれた）sortコマンドに外出しすることで、全体の性能を向上させることに成功しているのです。

## まとめ

本稿では、「演繹的思考」と「帰納的思考」という切り口で、数学の勉強法について考えてみました。わかりやすく言うと、「理屈で考える」ことと「実際に試してみる」ことをうまく組み合わせていきましょう、ということです。モンティ・ホール問題は、プログラミングによって「実際に試してみる」ことで、理屈だけの議論で見落とされていた条件が明確になった例と言えます。マインスイーパーの実装は、「理屈ではうまくいくはず」と当たりをつけたうえで、実際に実行して条件の見落としを見つけていくという、プログラミングの思考過程の好例です。

そして、最後のアナグラムファインダーは、どうでしょうか？　最後の実装例だけを見ると、「なるほど！　こんなシンプルな方法があったか！」と感じるものの、同値関係などの説明は、「そこまで大げさな理屈をつけなくても……」と思うかもしれません。しかしながら、それは、シンプルな答えを見たあとだから言えるのであって、何もヒントがないところからシンプルな答えを見つけるのはたいへんです。同値関係といった、数学の一般的な概念を知っているからこそ、アナグラムに隠された性質を見抜き、驚くほどシンプルな答えを導くことができるのです。

数学を学習する際は、教科書に書かれた一般論をそのまま読むのではなく、まずは、紙と鉛筆を用意して、ぜひ、自分の手で計算をしてください。具体例を徹底的に調べ上げる中で、一般論に隠された、さまざまな事実が浮かび上がることでしょう。この体験こそが、数学を理解するプロセスであり、プログラミングを始めとする現実の問題へと応用する第一歩となるでしょう。SD

3-2

# 数式が怖いならコードで理解

## 機械学習の難解な数式をひもとく


Author 真嘉比 愛(まかび あい) ちゅらデータ株式会社
Twitter @a_macbee URL https://churadata.okinawa


機械学習の関連論文や参考書を読むには数式を読み解く力が求められますが、数式からすぐにはイメージがわかないかもしれません。そんなときは、数式をコード化すれば振る舞いを見ることができます。プログラマならそのほうが近道かもしれません。

### データ分析における数学の重要性

GoogleのAlphaGoに端を発し、AIという言葉がメディアで盛んにとりざたされるようになってから、データサイエンス未経験でも機械学習や人工知能を使ってみたいという方が増えてきました。実際に、Azure Machine LearningやGoogle AI Platformといった機械学習サービスを利用すれば、難しい理論を理解せずとも簡単に予測モデルや推薦モデルを作って試すことができます。「とりあえず機械学習を使ってみる」ことは、以前に比べ非常にハードルが低くなりました。

では、とりあえず機械学習を試せるような環境があれば、機械学習の理論やしくみを理解せずとも機械学習を使いこなせるようになるのでしょうか？　いいえ、そうではありません。機械学習を利用したサービスやプロダクトを作っていく過程では、作成した機械学習モデルの改善(=最適なアルゴリズムに変更したり、パラメータを最適化したり、モデルに投入するデータに適切な前処理を施したり、etc.)が必ずといってよいほど必要になってきます。そしてそのような改善を施すためには、利用している機械学習アルゴリズムについてその振る舞いを理解しておく必要があります。アルゴリズムを理解していれば、モデルの出力結果を正しく解釈し、精度改善に必要なアプローチをとることができます。

### 数式をイメージすることの難しさ

機械学習を使いこなすためには、その裏にある理論やしくみを理解することが重要であるとわかりました。より具体的に言うと、数式で表現された機械学習アルゴリズムの振る舞いを理解する必要があります。わかりやすくイメージするために、ここでは最急降下法(Gradient descent method)というアルゴリズムを例に見てみましょう。最急降下法というのは、関数の最小値を求める最適化手法の中でも、最も基本的なアルゴリズムになります。どういった場面で使うアルゴリズムなのか、サンプル問題を例に説明します。

まずはアルゴリズム解説によくある数式で説明します。難解に感じられるかもしれませんが、ひとまずこらえて読み進めてください。**図1**に示される点(ここでは便宜的に観測値と呼びます)を近似する直線を求めることを考えます。直感的には、図中の直線で示されるような近似直線がイメージできるはずです。観測値から最適な近似直線を求めるにはどうすれば良いでしょうか？　図中の観測値と近似直線を結ぶ破線を見てください。この破線は、観測値と近似直線のずれ(ここでは便宜的に誤差と呼びます)を表しています。最適な近似直線を引くことがで

▼図1　サンプル問題のイメージ

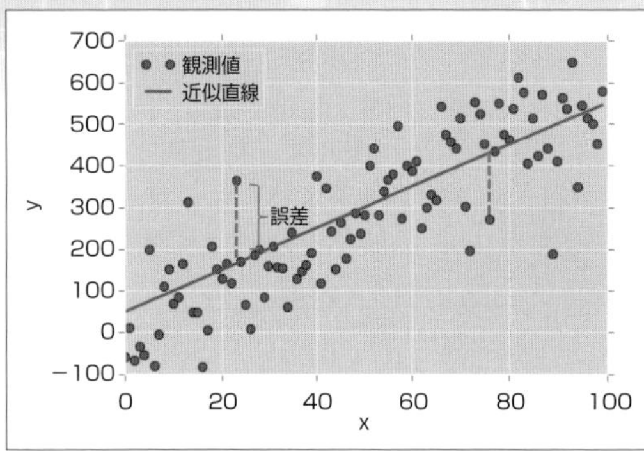


きれば、各観測値と近似直線との誤差は小さくなるはずです。この性質を利用して、最適な近似直線を求める問題を「各観測値と近似直線の誤差の総和が最も小さくなるような近似直線を求める」問題として定式化します。

観測値を$d_n$、近似直線を$f(x_n; w) = x_n \cdot w$（パラメータ$w$は近似直線の傾きを表す）としたとき、各観測値と近似直線の誤差の度合い$E(w)$を下式のとおり表すことができます。

$$E(w) = \frac{1}{2}\sum_{n=1}^{N}(d_n - f(x_n; w))^2 \quad \text{—(式1)}$$

観測値と近似直線の誤差には正負があるため、二乗することで誤差を正の値に統一しています。関数$E(w)$は、機械学習の分野で誤差関数と呼ばれる値です。誤差関数$E(w)$を最小化するパラメータ$\hat{w} = arg_w min\ E(w)$を見つけることで、最適な近似直線$f(x_n; \hat{w}) = x_n \cdot \hat{w}$を求めることができます。

最小化したい誤差関数$E(w)$を定義することができたので、さっそく、最急降下法を利用して誤差関数を最小化するパラメータ$\hat{w}$を探してみましょう。最急降下法のアルゴリズムは次のとおり定義されます。

①乱数などを利用して$w^{(1)}$を適当に決める
②次式を繰り返し計算し、$w^{(2)}$、$w^{(3)}$、……を求める

$$w^{(t+1)} = w^{(t)} - \epsilon\frac{dE(w)}{dw} \quad \text{—(式2)}$$

※$\varepsilon$は学習係数とよばれるハイパーパラメータで、$w$の更新量を決める定数
③ $w$の変化が一定値以下になったら終了する。最終的に得られる$w$が誤差関数を最小化するパラメータ$\hat{w}$になる

最急降下法は、特定の式を繰り返し適用することでパラメータ$w$の値を更新し、最終的に最適な近似直線を与えるパラメータ$\hat{w}$を求めます。このアルゴリズムではパラメータ$w$の更新式（式2）がキーとなってきます。

しかしこの更新式を見て、具体的にどのような処理が行われるのかイメージできるでしょうか？　学習係数と呼ばれる値と誤差関数を$w$で微分した値をかけて、それを$w$からひいた値を次の$w$として定義しています。学習係数$\varepsilon$とはどのような役割を果たすハイパーパラメータなのでしょうか？　誤差関数を$w$で微分した値とはどのような性質をもっているのでしょうか？

数学の基礎知識がなければ、式を見ただけでどのような処理が行われているのか直感的に理解するのは困難です。機械学習の理論やしくみを理解しようとするうえで、初学者が最もつまずきやすいポイントの1つが、この数式理解の部分と言えるでしょう。

本記事では、このような数式を理解する一つの手助けとして、数式をプログラムで実装して視覚的かつ直感的に機械学習モデルの振る舞いを理解する方法を紹介します。

## 数式をプログラムで書いて理解する

最急降下法のアルゴリズムがどういった振る舞いをしているのかを理解するために、アルゴリズムで定義されている数式をプログラムで実装し、実際の挙動を確認してみましょう。ここでは、プログラミング言語としてPythonを利用します。

まずは、サンプル問題を定義します。

```
# Python 3.6.2を利用
# 必要なライブラリのimport
import matplotlib.pyplot as plt
import numpy as np

x = np.linspace(0, 99, 100)
  # ↑0から99までの100個の点
f_noisy = np.vectorize(lambda x: x * 10 ↵
+ np.random.normal(0, 100))
d = f_noisy(x)  # 観測値
```

0から99までの100個の点xについて、$y=10x$の式にノイズを乗せた観測値dを作成しました（ノイズは平均0、標準偏差100の正規分布に従っています）。ここで指定されているパラメータ**w=10**が求めたい真の値になります。xとdをグラフで描画すると、**図1**の点で示されるような観測値を確認することができるはずです。

同様に、近似直線$f(x;\, w)$と誤差関数$E(w)$についても実装します（**リスト1**）。

ここで、最小化させたい誤差関数$E(w)$がどのような関数なのか確認してみましょう。パラメータwの値を変化させたときの誤差関数$E(w)$の変化について、グラフで描画して確認します。

```
ws = np.linspace(-5, 20, 25)
  # ↑パラメータ w を-5から20の間で変化させる

plt.plot(ws , E(ws), '-')
plt.xlabel('パラメータ w')
plt.ylabel('誤差関数 E(w)')
plt.show()
```

パラメータwの値を変化させたときの誤差関数$E(w)$の変化を**図2**に示します。両者の関係をグラフで描画したことで、さまざまなことがわかりました。まず、今回最小化したい誤差関数$E(w)$はパラメータwに対して下に凸な関数であることがわかります。誤差関数$E(w)$はパラメータwの真の値w=10のあたりで最小値0をとっています。最急降下法を利用して、パラメータwをw=10に近い値に近づけていくことが目標です。

このように、定義した誤差関数について最適化したいパラメータとの関係をグラフで描画して確認することで、最適化のイメージを確認することができます。

近似直線$f(x;\, w)$と誤差関数$E(w)$を実装できたので、最急降下法のアルゴリズムを実装してみましょう。最急降下法のアルゴリズムを実装するために、誤差関数$E(w)$の微分を次式のとおり求めました。

$$\nabla E(w) = \frac{\mathrm{d}E(w)}{\mathrm{d}w} = \sum_{n=1}^{N} x_n^2 w - \sum_{n=1}^{N} d_n x_n \quad \text{—(式3)}$$

最急降下法のアルゴリズムを関数として実装します（**リスト2**）。そのまま実装すると、収束条件を満たせない場合無限ループに陥ってしまいます。そこで、ここでは最大繰り返し回数iter_maxを定義し、収束条件を満たせなかった場合でも処理が終了するように実装してあります。epsilonに適当な値を渡して、wがどのように変化するのか確認してみましょう。

**▼図2 パラメータwの値を変化させたときの誤差関数E(w)の変化**

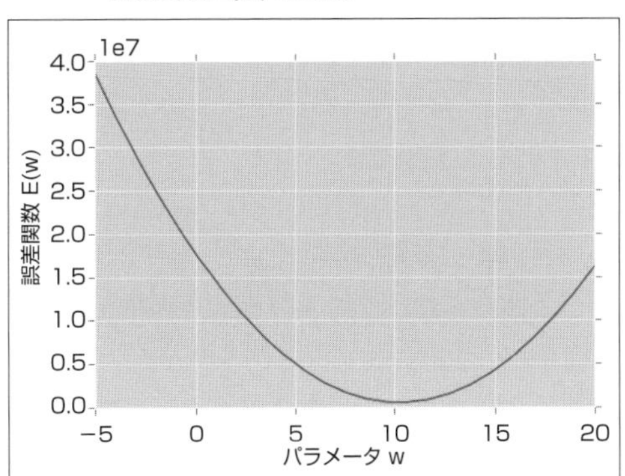


**▼リスト1 近似直線と誤差関数の実装**

```
f = np.vectorize(lambda x, w: x * w)  # 近似直線
E = np.vectorize(lambda w: 1/2 * sum([(i - j) ** 2 for i, j in zip(d, f(x, w))]))  # 誤差関数
```

▼リスト2　最急降下法の実装

```
def gradient_descent(epsilon, error=1e-8, iter_max=1000):
    """
    esilon: 学習係数
    error: 収束条件
    iter_max: 最大繰り返し回数
    """

    w = np.random.randint(-20, 20)    # 1. w の初期値を決める
    w_history = [w]

    for _ in range(iter_max):
        w_next = w - epsilon * (sum(x * x * w) - sum(d * x))  # 2. wの値を更新する
        if abs(w_next - w) < error:  # 3. wの変化がerror以下になったら処理を終了する
            break
        w = w_next
        w_history.append(w)

    return w, w_history
```

▼図3　最急降下法におけるパラメータwの変化

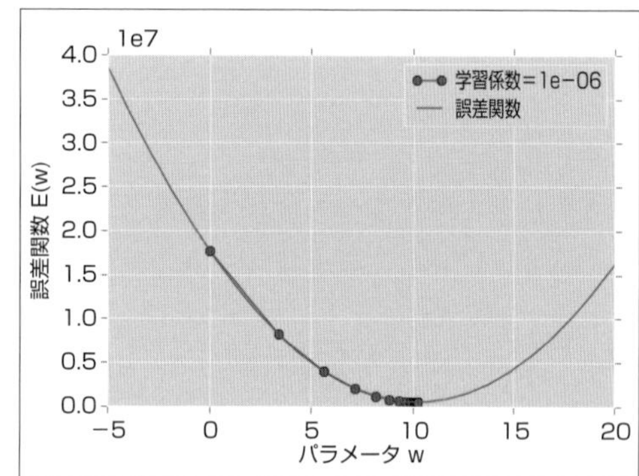


```
w, w_history = gradient_descent(1e-06)

plt.plot(w_history, E(w_history), 'o-', ⮐
label='学習係数=1e-06')
  # ↑最急降下法におけるwの変化
plt.plot(ws, E(ws), label='誤差関数')
  # ↑誤差関数のプロット
plt.legend()
plt.xlabel('パラメータ w')
plt.ylabel('誤差関数 E(w)')
plt.show()
```

図3の点で示されているグラフが、ステップごとのパラメータwの値になります。wは初期値で0をとり、その後更新を繰り返すたびにw=10に向けて値を更新しています。最終的に、$\hat{w} = 10.2176$という最適値に近い値を得ることができました。

最急降下法では、ステップごとに誤差関数$E(w)$を微分することでその地点における傾きを計算し、誤差が小さくなる方向にパラメータwを更新しています。パラメータwの更新式を見ただけではぴんとこなかった方も、図3のパラメータ変化の様子を確認することで、最急降下法がどのようなことを実施するアルゴリズムなのか、直感的に理解できたのではないでしょうか？

さらに、モデルのハイパーパラメータである学習係数$\varepsilon$がパラメータwの最適化に対してどのような影響を与えているのかについても確認してみましょう。学習係数$\varepsilon$が小さい場合（$\varepsilon=10^{-7}$）と大きい場合（$\varepsilon=10^{-5}$）について、誤差関数の値の変化をグラフ化してみます（図4）。

学習係数$\varepsilon$を$10^{-7}$とした場合、$10^{-6}$だったときと比較して、パラメータwの変化幅が小さくなり、時間をかけて緩やかに収束していることがわかります。反面、学習係数$\varepsilon$を$10^{-5}$とした場合は、パラメータwの変化幅が大きすぎてうまく収束できていないことがわかります。この結果から、学習係数$\varepsilon$について次のような性質があることがわかりました。

- 学習係数$\varepsilon$の値を小さくすればするほど変化幅は小さくなり、より確実にパラメータwの値を収束までもっていくことができるが、

▼図4　学習係数を変化させたときのステップごとの誤差関数値の変化(左：$\varepsilon=10^{-7}$、右：$\varepsilon=10^{-5}$)

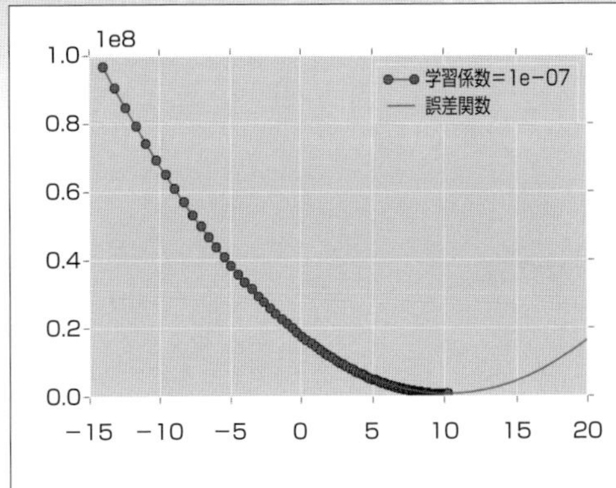


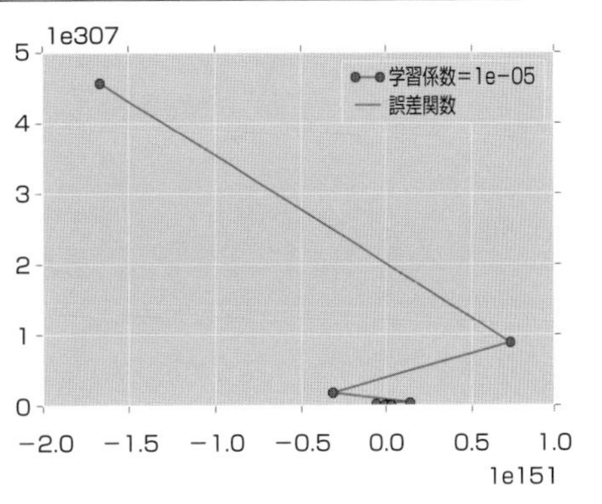


反面収束までに必要なステップ数が増え、実行にかかる時間が増大する

・学習係数$\varepsilon$の値を大きくすればするほど変化幅は大きくなり、収束するまでのステップを短縮することができるが、あまりにも変化幅を大きくし過ぎるとうまく収束できなくなる

このように、ハイパーパラメータ（今回の場合は学習係数$\varepsilon$）の値を変化させた結果を図示することで、ハイパーパラメータが実行結果にどのような影響を与えるのかを明確化させることができます。

機械学習をとりあえず使ってみるという段階では、作成するモデルのハイパーパラメータがそれぞれどのような意味を持つのかという確認をおろそかにしてしまいがちです。ですが、パラメータの値を少し変更するだけで上記のように結果が大きく変わってしまうこともあり得るため、可能な限りパラメータが与える影響を確認するようにしましょう。数式を見て直感的に理解できない場合でも、上記のように値の変化が与える影響をグラフ化することでパラメータが与える影響を解釈することが可能になります。

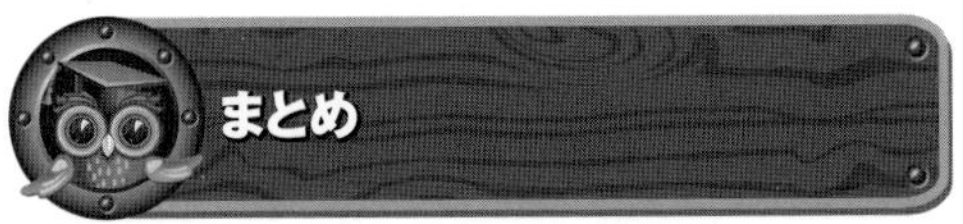

## まとめ

本記事をとおして、機械学習を利用するうえで、その理論やしくみを理解することの重要性や、そのためにプログラムを使って数式の挙動を確認するテクニックを紹介しました。実際の分析現場でも、直感的に理解しがたいモデルが出てきた場合には、今回紹介したようにパラメータを変化させた場合のモデルの振る舞いを確認して、分析の道筋をたてるといったことを行っています。また、ご自身で数式の入り混じった機械学習の本を読む際にも、説明されている数式をプログラムで実装して動かすということは理解の大きな助けになります（実際に筆者が『データ解析のための統計モデリング入門』[注1]や『パターン認識と機械学習』[注2]などの本を読んで勉強した際には、説明されている数式をプログラムで実装して理解するということを行っていました）。

これまで数学が苦手で機械学習を敬遠されていたという方や、なんとなくライブラリを使ってみていただけという方がいましたら、この機会にぜひ簡単な数式・アルゴリズムから、プログラムで書いて理解するということにチャレンジしていただければと思います。SD

注1）久保拓弥 著、岩波書店 刊、ISBN 978-4000069731

注2）C.M. ビショップ 著、元田浩／栗田多喜夫／樋口知之／松本裕治／村田昇 監訳、丸善出版 刊、上巻：ISBN 978-4621061220、下巻：ISBN 978-4621061244

課外授業1

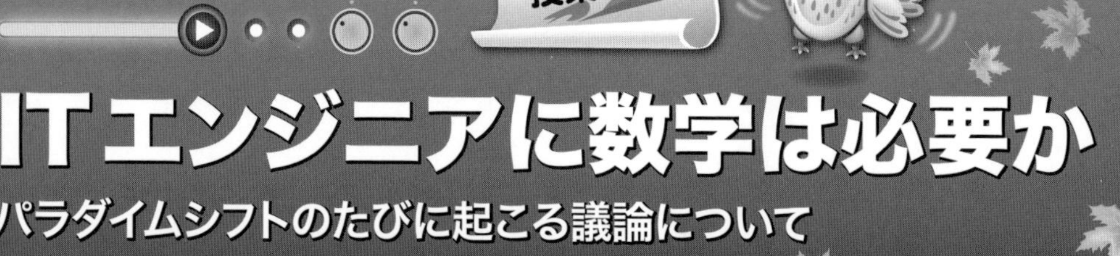

# ITエンジニアに数学は必要か

## パラダイムシフトのたびに起こる議論について

Author 伊勢 幸一(いせ こういち) さくらインターネット株式会社
Twitter @ibucho

### IT業界のパラダイムシフトと数学

IT業界で新しいトレンドやテクノロジによって技術のパラダイムシフトが起こるたびに、ITエンジニアには数学が必要かどうかという議論が浮上してきているように感じます。

筆者の周囲で今までに聞きおよぶだけでも、映像の3D化に伴う余弦変換や四元数変換、無理数や超越数の近似値を求める級数展開、P2P/DHTにおける多次元幾何学や位相幾何学、SNSにおけるグラフ理論、そして今は機械学習や深層学習に必要なN次行列計算や分布、確率統計学などがあります。これら数学的根拠をもとに理論が展開され、有効性が示される技術に注目が集まると、プログラマやインフラエンジニアが数学とどう向き合うかについての議論が、どこからともなく繰り返し噴出します。

なぜでしょう? はたしてITエンジニアに数学は必要なのでしょうか?

### 数学は(それほど)必要ない?

筆者は工業大学にて一通りの工業数学を履修したとはいえ、数学科の学生のように基本的な代数学、幾何学、解析学、関数論、確率統計などを十分に習得したとは言えず、未知の問題に対して、数学的根拠をもとに解決のための思考を数学的に展開できるほどではありません。文献や書籍に数式が出てきてもアレルギーこそ感じはしませんが、式を見ただけでそれが示す状態や関係をイメージできるほどではなく、その意味を理解するために学生時代の教科書を引っ張り出す始末です。どちらかと言えば、エンジニアの中では数学を苦手としている方に分類されるでしょう。

それでも、曲がりなりにも1980年代末から現在に至るまで約30年近く、このインターネットを取り巻く業界内でITエンジニアとして在り続けることができました。その経歴をもとに言えば「ITエンジニアに数学は(それほど)必要ない」という主張ができないわけではありません。現在のITエンジニアには文系出身の方々も多く、とくに数学や物理学、力学、電気電子工学といった理系分野を苦手としている人も多いでしょう。それでも、IT業界の第一線で活躍している方々が大勢います。

### 業務と数学

基本的にエンジニアの業務として、自然界にある状態を分析したり、自然現象を制御したりするシステムやプログラムを設計・開発するエンジニアならば、対象に関する自然科学、つまり物理学や化学、数学などとその活用力が求められることは当然です。しかし、現在のIT業界で取り扱う問題要素は、単純な数値やデジタルデータ、テキストデータであり、処理はそれらを整数値化した"群"の操作に限定されるため、整数の加減乗除程度の算術知識があればほとん

どのケースに対応することができます。

また、ネットワークやサーバなどの基盤開発や運用をしているエンジニアであっても、基本的にはメーカーの人が開発製造した機器やソフトウェアを操作したり、他人が開発した言語やフレームワーク、プロトコルをもとにコーディングしたりデバッグしたりする業務がほとんどであり、この段階で自然科学的問題に対処することはほぼないでしょう。

したがって、先人が発案した技術、他人が作った基盤や実装の上で、もしくはそれらを利用して作業する多くのエンジニアにとって、数学を含む自然科学はそれほど必要ではありません。では、その基盤や実装は誰がどうやって作ったのでしょうか。

## 引き出しとしての数学

数式によって結論への誘導や有効性の根拠が示されている論文、書籍、記事に出会うたび、なぜこの執筆者はこの問題へのアプローチにこの数式が利用できることを思いつくのだろう、と不思議に思います。それに比べて自分は、問題解決のヒントやアイデアに対して数学が活用できないことを痛感します。自分は自然科学知識に乏しいことで、今までにないまったく新しいアイデアや技術、理論、アプローチ方法などを発案することができなかったのだろうと考えてしまいます。

数学に暗くても、ITエンジニアの業務は遂行できます。技術を理解するために必要な数学程度ならば、時間さえかければなんとか追いつくことができるでしょう。しかし、未知の問題に直面したとき、その問題を解くための引き出しとしての数学を持っていないと、経験的に把握している社会科学的知見（要は体験的知識）のみに頼るしかありません。問題解決の道具として数学を持っていたならば、よりエレガントな解法を見つけ出し、よりスマートに問題解決にアプローチすることによって、今とは違ったキャリアを歩めたのかもしれません。

## 「ITエンジニアと数学」議論をどう見るか

ときどき、業務上のある問題を解かなければならないとき、もしかすると（自分の乏しい知識にある）あの数式を使うと説明できるのではないか？と思い、慌てて学生時代の教科書を引っ張り出したり、書店で数学書を買い求めたりしますが、いつもまず、問題の数式に至るまでの基礎知識を復習しなければなりません。そうしていろいろもがいている間に問題解決の機を逸し、ターニングポイントだったかもしれない重要なチャンスを逃してしまったことが多々あったように思います。結局、エンジニアにとって数学的知識が必要かどうか、その是非を議論することにはあまり意味がないのかもしれません。

しかしなぜ、エンジニアにとって数学は必要かどうかという議論が時折湧き上がるのでしょうか。その理由は、筆者と同じく、基本的に数学を知らなくても業務は遂行できる、が、根本的理論を理解せずして、どこかの誰かが生み出した成果物を利用するだけでなんとか仕事をこなしている自分自身に、不安と自虐と憤りを抱いているから、なのではないでしょうか？　筆者はいまだ、数学をうまく使えない自分自身を、エンジニアとして情けないと常に自嘲しています。

数学に限らず、ある知識や知見がエンジニアにとって必要かどうかを議論してしまうというのは、本能的にそれらが必要であると感じているにもかかわらず、習得する手間、苦労と得られるメリットを秤にかけ、できれば避けて通ってしまいたい根拠が必要だからでしょう。

そうして問題や課題を避けて通ると結局ロクなことにはならないので、必要か不要かを議論するのではなく、とりあえず習得する努力をしたほうがエンジニアとして成長できるのではないでしょうか。

ああ、もっと数学やっておけば良かった。SD

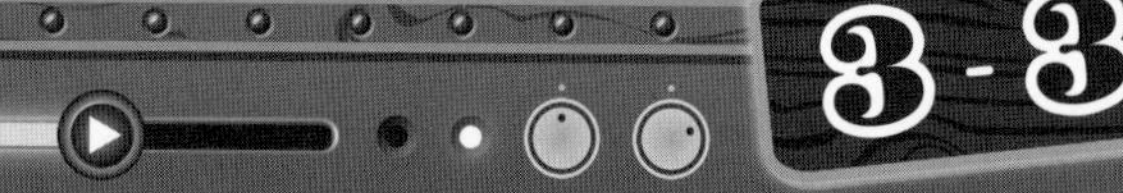

3-3

# 数学系エンジニアの思考法

## 抽象化を心がけていますか?

Author 橘 慎太郎(たちばな しんたろう)
Twitter @umekichinano

数式を見るとついひるんでいませんか? 実は案外簡単なことを記号で表現しているだけに過ぎません。エンジニアとして自分の技術で数学を咀嚼(そしゃく)してみるのも解決策の1つです。でも、もっと効果的なのは「抽象化」です。数学は抽象化にあります。これは日常業務でも役立つ考え方です。

## Σはこわくない

### コーディング思考で理解してみよう

今回の原稿執筆が決まったときに、あるエンジニアの方をふと思い出しました。その人は数学を苦手としている方で、高校時代に習うΣがよくわからないと言っていました。本誌読者の方は覚えている方も多い?——とは思いますが、念のためΣは次のように書くと、a[0]からa[100]まで順番に加えていくという意味になります。

$$\sum_{n=0}^{100} a_n$$

その人に「Σって要するにfor文ですよ。配列をa[0]からa[100]まで順番に加えていくことと同じです」と説明しました。ソースコードで書くと次のとおりです。

・Pythonでのコーディング例

```
answer = 0
for i in range(101):
    answer += i
end
```

・Kotlinでのコーディング例

```
fun main(args: Array<String>){

    var answer: Int = 0

    for( i in 1..100){
        answer += i
    }

    println(answer)
}
```

そうすると彼は、「あー、なんだ、それだけなんだ」と納得してくれました。

### ライブラリの挙動で理解してみよう

別の人の例を挙げましょう。あるプロジェクトで機械学習を具体的に利用したいという構想があるのですが、そもそも機械学習の理論がわからない……勉強してもわからない……。どのように自分の事業に活用できるのかわからないという悩みでした。彼には、「scikit-learnというPythonのライブラリがあるから、それをとにかく試してみてください」と教えました。しばらくしてその彼と会ったのですが、「残念ながら自分の思いどおりにはいかなかったけど、あとから本を読み返したら、少し理解できるようになっていた」とのことでした。

### 数学の考え方にどうなじむか?

筆者の経験から、数学を苦手としている人はたくさんいることを実感しています。でも、とくにエンジニアの方は「勉強すると良いことがありそうだな……」と考えている方が多いようです。昨今、エンジニアの周りでは機械学習やブロックチェーンなど、数学の必要性が以前よりも高くなっています。もちろん、機械学習もブロックチェーンも数学を知らなくても扱うことができるかもしれません。しかし「なんだかわからないけどうまくいく」ということに気持ち悪さを少なからず感じることがあるはずです。本質的な理解が少しでもできるようになっておくことで、そうした気持ち悪さを打開することができるようになります。

今回は機械学習といった具体的なものについて解説するわけではなく、どのように数学をエンジニアリングに活かしてきたかということと、数学をどのようにして勉強したら良いかといったことについて説明します。

## 問題解決のための数学的アプローチ

### ポアンカレ予想の考え方

筆者が影響を受けた数学のエピソードを挙げましょう。「ポアンカレ予想」をご存じでしょうか？　1900年頃にフランスの数学者、アンリ・ポアンカレが提唱した「位相幾何学（トポロジー）」と呼ばれる数学の分野の難問です。これは2002年にグレゴリー・ペレリマンによって証明されました。筆者の専門分野ではないのですが、位相幾何学は簡単に言うと、「物体の穴の個数で物の形を決める」というものです。初めて聞くと、奇妙な印象を受けるかもしれません。

**図1**の場合、指輪とコーヒーカップと6は同じ形です。**図2**のように伊達メガネと8は穴が2つなので同じ形です。このように、「穴の数を変えない限りはどのように形を変形しても良い」という考え方でものを観察していきます。

▼図1　すべて同じ形？（その1）

▼図2　すべて同じ形？（その2）

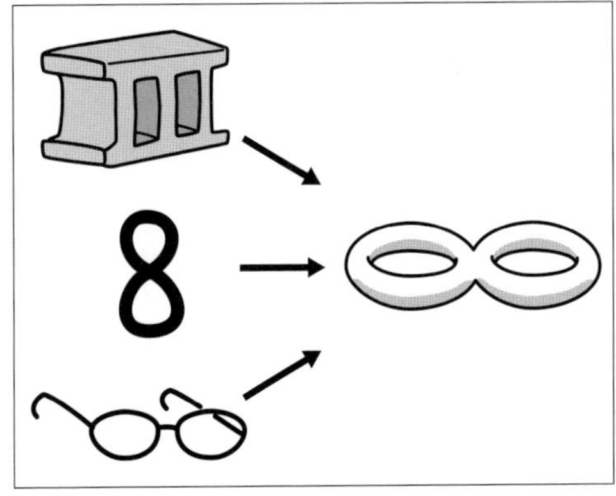


### 宇宙の形は球型？それともドーナツ型？

ポアンカレ予想は「単連結な3次元閉多様体は3次元球面に同相である」という、書いている筆者自身も「？」な定理ですが、**図3**、**図4**で少しわかるのではないでしょうか。

「宇宙で紐をぐるっと回して両端をひっぱったら回収できる場合、宇宙は丸い（穴がない）と言える」というのがこの予想の意義です。先ほども述べたとおり、ポアンカレ予想は位相幾何学という分野の問題ですので、世の中の多くの数学者たちは位相幾何学の手法で証明しようと考えました。そのような状態が100年ほど続いたあるとき、ペレリマン氏は位相幾何学を使わずに、物理学の流体力学や熱力学などの知識を使ってポアンカレ予想を証明しました。

▼図3　宇宙全体にひもを回す

▼図4　穴があるとひもはひっかかる

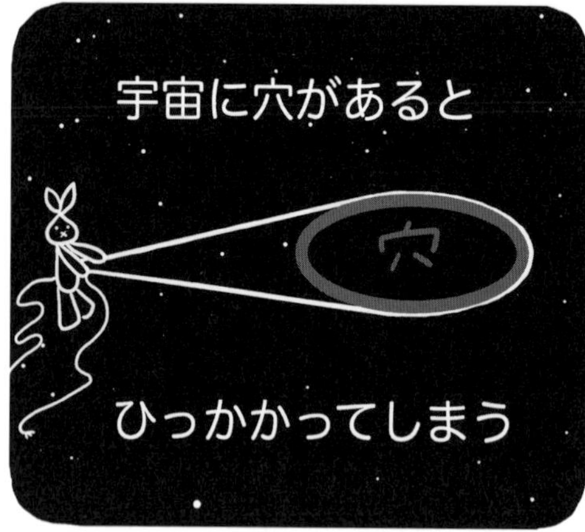

宇宙に穴があると
穴
ひっかかってしまう


ポアンカレ予想の例はわかりやすいために例に挙げましたが、数学は「幾何学の問題を代数学の手法で解く」といったような、違うアプローチから問題を解決することが重要な学問です。手段に縛られることなく、さまざまな視点から問題を見て、そして過去の人々の知見や自分自身の経験則から焦点を絞っていきます。このものの見方は、エンジニアリングにも応用できる考え方だと思います。

## 現場で役立つ数学的考え方＝抽象化

本誌読者には釈迦に説法ですが、先入観で視野が狭くなってしまうことはないでしょうか。エンジニア業務では、とくに多いのではないかと思います。筆者自身、気をつけているつもりですが、問題に直面したときには真正面からぶつかってしまい、何時間も時間を費やしてしまうこともよくあります。

「指輪とコップと6は同じ形」のように、物事を抽象化してみてみたり形を置き換えてみたりするなど、視点を変えることで解決しやすくなる問題はたくさんあるはずです。

## わからなくても次に進んでみること

大学院時代に、ゼミで先生と共著論文を執筆したときの話です。ある証明問題で、n=2のときは成り立つのですが、n=3のときがどうしても証明できないという状況に遭遇しました。こういうときに暗雲立ち込める雰囲気になるのですが、何かいい方法はないかと何日も考え抜きます。しかし結局のところ解決できず、n=2のときだけで書くか、それともこの論文自体をやめるかという決断に迫られました。そのとき何気なく「n=4のときはどうですか？」と筆者が言ってみました。少し試してみると、n=4のときは成立していることがわかりました。ここからはいろいろと端折りますが、これをきっかけにnがすべての自然数（1, 2, 3, ……と続く数）に対して成り立つことを証明できました（そのときの論文：http://www.jams.or.jp/scm/contents/e-2012-4/2012-35.pdf）。「漫画かな？」と思えるくらいよくできた話ですが、本当の話です。

本来であれば、科学や技術は基本的に堅実にひとつひとつ積み重ねていくもので、とくに数学はその最たるものだとも考えています。ですので、理解できない部分でつまずいて立ち止まってしまったり、時間をとられてしまったりする場面というのが多いです。しかし、たとえばコンパイルエラーなどでどうしても次に進めないといった事情があるのであればともかく、「次の一歩に進んでみる」という考え方は功を奏す場面が少なからずあったように感じています。「理解していないと次に進めない気がする」という先入観に縛られて、今持っているモチベーションを失ってしまうのはもったいないことです。

## 数学をどう勉強するか、何を勉強したらよいか

さて、数学をどう勉強したらよいでしょうか。数学の勉強のコツは、「きちんと手でノートに書いて計算・証明する」ことと「参考書の行間を読む」ことがポイントです。

「きちんと手でノートに書いて計算・証明する」というのは文字どおりで、ノートに書くことで、「あっ、この問題は○○先生の授業でやった問題だ！」というような、直感的な理解をより深めることができます。参考書を眺めているだけでは培えないものです。

一方、「参考書の行間を読む」は慣れるまで少し難しいかと思います。数学の専門書は、ページの都合や著者の意図で多少なりとも説明が省かれていることがあります。これは決して不親切ではなく、逆に「本当に理解しているのか？」が試される場面です。まず、この行間に気づけない場合は理解していない証拠といえます。また、行間に気づいたとしても説明できない場合、これも理解しきれていない証拠といえます。この行間を説明できてこそ、本当に理解したと言えます。

**図5**は今回の第3章の第1節を執筆されている中井悦司さんの名著である、『ITエンジニアのための機械学習理論入門』の計算を確かめている途中に書いた筆者のノートです。本の中では一般化してn行m+1列という行列で解説されていますが、本当にそのようになっているか確かめるために、あえて2行3列の場合を具体的に計算しています。ある程度慣れてきたら、本の中で書かれている証明や計算をなぞるだけでなく、自分なりに計算を確かめてみることで、より理解が深まったり、違った解釈が見えてきたりするときがあります。

**図6**は筆者が書いたノートです。ちょうど今ブロックチェーンに関する論文を読んでいる途中です。その中で計算が省略されている部分があり、行間を確認するために計算しています。

論文はある程度読者が限られていたり無駄を省いた書き方をしたりしているため、専門書以上に行間が省略されています。違う見方をすれば、論文の著者と読者の試し合いともいえます。著者は読者に間違いがないかを試され、読者は著者にきちんと理解して説明できるかを問われています。

このように本当に理解しているかどうかを手で確かめながら読んでいきます。とても時間のかかる作業ですが、理解度は格段に上がります。

高校時代、公式などを丸暗記して覚えていた方もいるかと思います。もちろん、そのままの形で覚えることはとても重要ですが、どのように使うかという感覚は、実際に計算することで身につきます。証明なども同様で、何度か繰り返して証明することで、他の問題や定理の証明の方向性が見えるようになります。少しの時間でもノートに理解していることを書き写してみてください。

## おわりに

数学にはつまずくポイントがたくさんあります。中には本当に難しくて、とても理解できないものもよくあります。しかし、たとえばエンジニアとして初めて機器やライブラリ、もしくはアプリケーションに触るときに「こんな感じかな」と使い始めてみることがあるはずです。同じように、今数学を始めてみることで、過去に苦手意識を持っていた方もそうでない方も、また違う視点やモチベーションで触れるようになっているかもしれません。

一例を出すと、当たり前に使われている公開鍵認証には代数学や暗号理論といった理論が使われています。また、機械学習の土台には微分積分や線形代数から統計学、確率論などが幅広く使われています。とくに統計学に関してはあらゆる分野でカジュアルに使われています。「少し数学をやってみようかなぁ……」と感じているのであれば、身近なところから始めてみるといいかもしれません。もし、どうしても数学の始め方がわからない場合は、ご相談に乗りますのでFacebookでメッセージをください。この冬、コタツで数学を始めてみませんか？ SD

▼図5　筆者のノート『ITエンジニアのための機械学習理論入門』の計算過程を確かめている

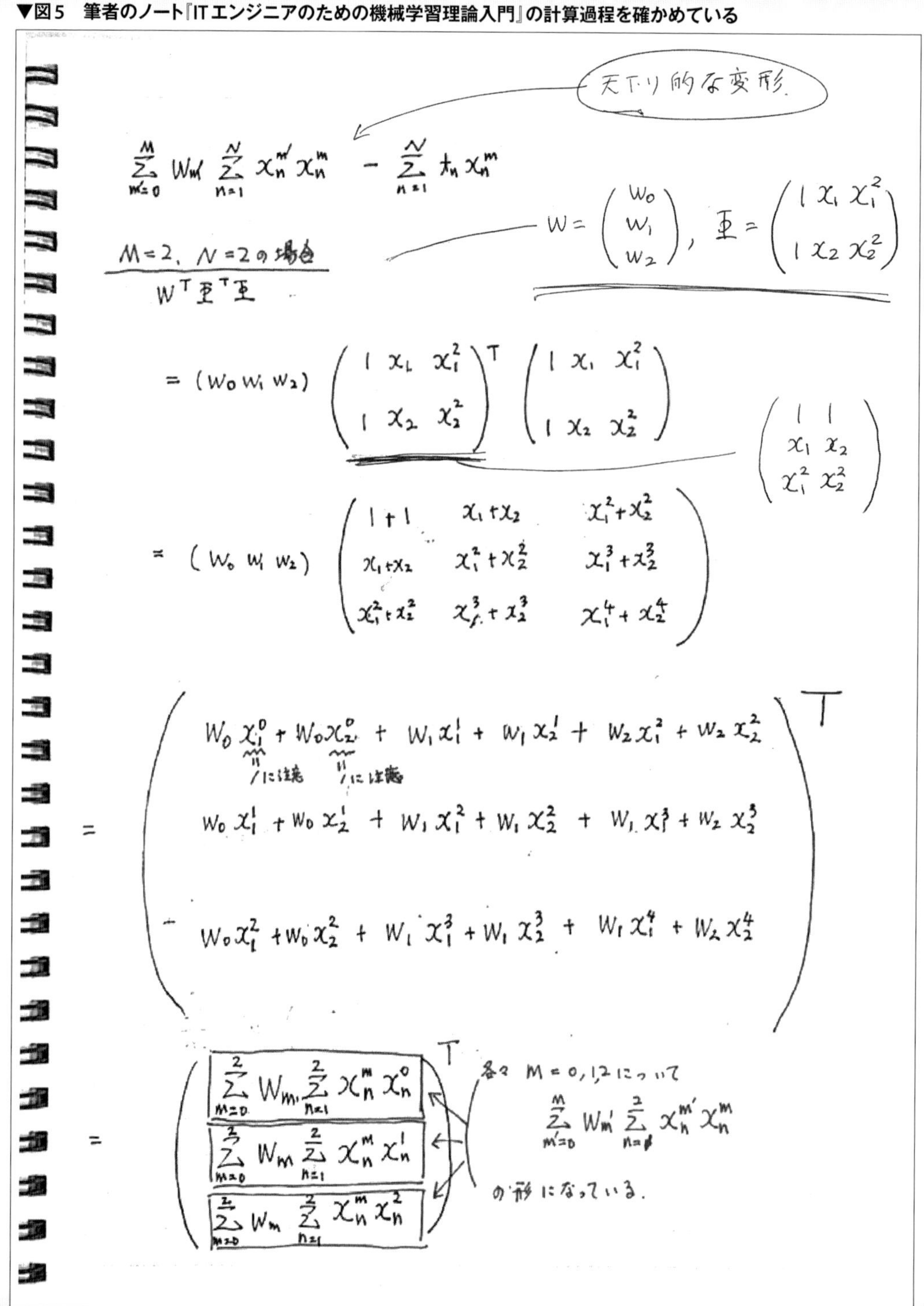

**▼図6　筆者のノート（ブロックチェーンの論文の計算過程を確かめている）**

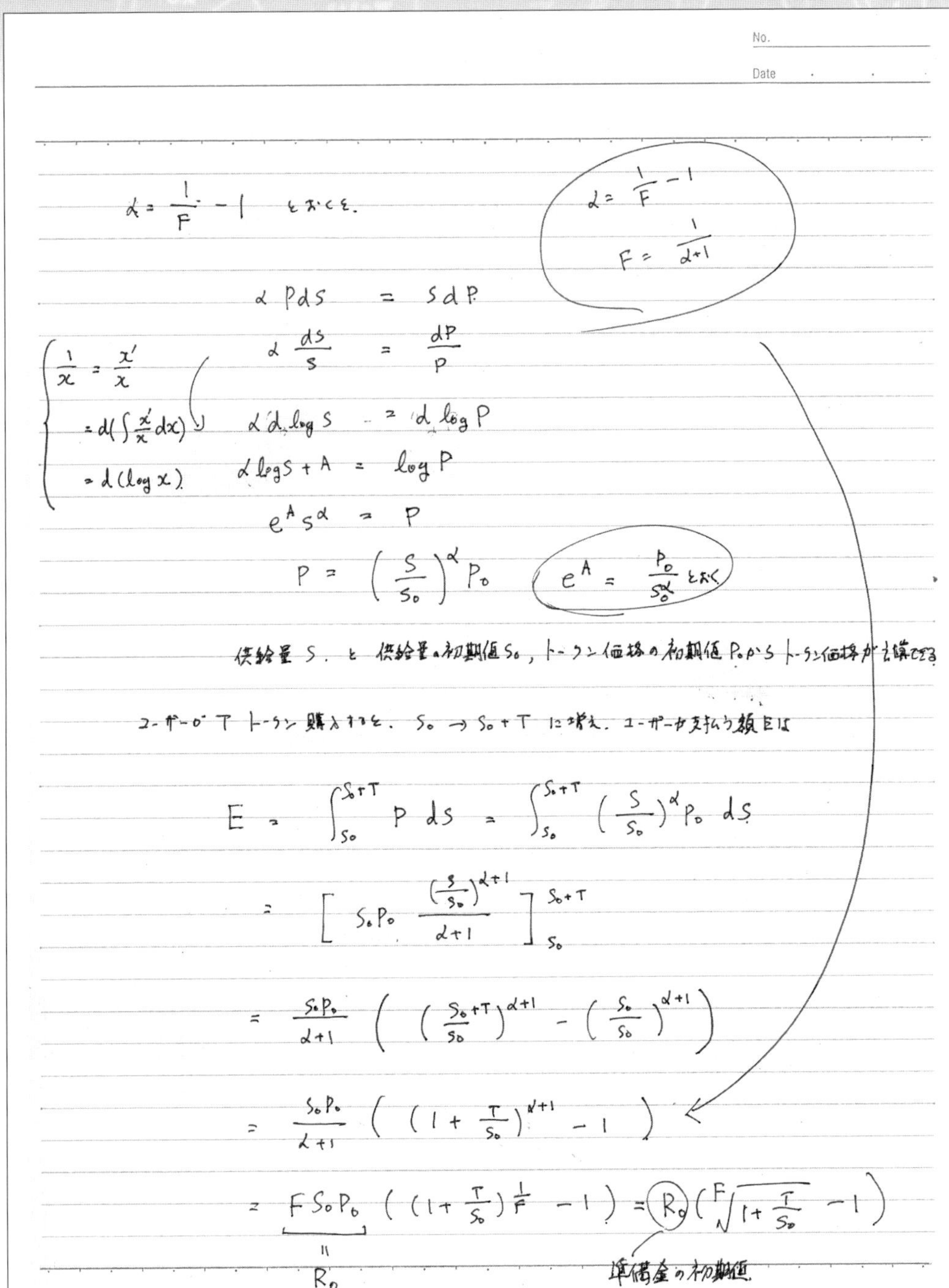

No.
Date

$\alpha = \frac{1}{F} - 1$ とおくと．

$\alpha = \frac{1}{F} - 1$

$F = \frac{1}{\alpha + 1}$

$\alpha P dS = S dP$

$\alpha \frac{dS}{S} = \frac{dP}{P}$

$\frac{1}{x} = \frac{x'}{x} = d\left(\int \frac{x'}{x} dx\right) = d(\log x)$

$\alpha d\log S = d\log P$

$\alpha \log S + A = \log P$

$e^A S^\alpha = P$

$P = \left(\frac{S}{S_0}\right)^\alpha P_0$　　$e^A = \frac{P_0}{S_0^\alpha}$ とおく

供給量 S，と供給量の初期値 $S_0$，トークン価格の初期値 $P_0$ からトークン価格が計算できる

ユーザーが T トークン購入すると，$S_0 \to S_0 + T$ に増え，ユーザーが支払う額 E は

$$E = \int_{S_0}^{S_0+T} P\, dS = \int_{S_0}^{S_0+T} \left(\frac{S}{S_0}\right)^\alpha P_0\, dS$$

$$= \left[ S_0 P_0 \frac{\left(\frac{S}{S_0}\right)^{\alpha+1}}{\alpha+1} \right]_{S_0}^{S_0+T}$$

$$= \frac{S_0 P_0}{\alpha+1} \left( \left(\frac{S_0+T}{S_0}\right)^{\alpha+1} - \left(\frac{S_0}{S_0}\right)^{\alpha+1} \right)$$

$$= \frac{S_0 P_0}{\alpha+1} \left( \left(1 + \frac{T}{S_0}\right)^{\alpha+1} - 1 \right)$$

$$= \underbrace{F S_0 P_0}_{R_0} \left( \left(1 + \frac{T}{S_0}\right)^{\frac{1}{F}} - 1 \right) = R_0 \left( \sqrt[F]{1 + \frac{T}{S_0}} - 1 \right)$$

$R_0$：準備金の初期値

# 本を読んで数学と戯れる

## 「虚数の情緒」と「ゲーデル、エッシャー、バッハ」

Author よしおかひろたか

### 最後に数学に触れたのはいつですか?

現役のプログラマで学生時代、数学に縁がなかった人を想定読者として書いてみます。

文系を専攻したみなさんは、高校時代に触れた数学が最後の最後という人も少なくないと思います。

### なぜ数学を学ぶのか

人生において、日常的に数学を必要とする機会はほとんどありません。四則演算は使うとしても、電卓があればとくに困らないので、算数以上の高度な数学を日々使うということはないと言っても過言ではないでしょう。自分は数学の才能がないので、数学を勉強しても無駄だと感じている人も中にはいるでしょう。

『数学の認知科学』[1]という本によると、人間は乳幼児のころから数を認識できるそうです(p.17)。認知科学と神経科学の発展によって、ヒトがどのように数学を理解しているのかというのが明らかになるにつれて、数学を理解する素養は誰にでも備わっていることがわかってきました。

筆者は工学部を卒業したのですが、数学は不得意でした。数学の単位を落としました。数学が得意であれば、相当人生が変わっていたかと思いますが、数学がなくても生きていけます。にもかかわらず、最近数学と仲良くなりたい、和解したいと強く思うようになりました。

### 数学の専門家ではない自分がどのように数学と戯れているのか

高校や大学の授業をもう一度受ける機会があれば、それが一番のような気がしますが、自分が試みていることは、本を読む、自学するということです。数学は純粋に頭の中にだけ存在しています。理解するのに道具はいりません。数学の本を読みこなせるような認知の力を得たいというのが、自分のモチベーションになっています。

筆者が読んだ書籍を紹介します。正直言って、これらを読んだからといって、日々の仕事に役に立つとか、長年の疑問が氷解するということはいっさいないです。

すぐに役に立つ本をご所望ならば、本屋に行ってそれらしき書棚から自分に合いそうな書籍を何冊か選ぶのが良いでしょう。「すぐに役に立つ本はすぐに役に立たなくなる」という経験則があるので、注意が必要です。

その点、数学はバージョンアップしないので(厳密に言えば、パラダイムシフトはあり得るのですが、ここではそれは問いません)、10年前の書籍も100年前の書籍も、依然として陳腐化していないところがすばらしいです。昔の本でも役に立つのです。

#### 虚数の情緒

『虚数の情緒』[2]は「中学生からの全方位独学

法」と銘打っています。1,000ページを越える大著です。本書では次の「オイラーの等式」が取り上げられています。

$$e^{i\pi} = -1$$

$e$は自然対数の底（ネイピア数）、$i$は虚数（iの2乗は-1）、$\pi$は円周率とします。いきなり面食らいますね。何が何だかよくわからない。自然対数も虚数も馴染みがないし、高校時代に習ったのかどうかもよく覚えていない。とくに文系のみなさんは、そのように感じると思います。

大丈夫です。本書は高等数学の知識をいっさい仮定しないで、中学生でも理解できるようにひとつひとつ丁寧に説明して、最後には上記のオイラーの等式の理解にまで至ります。時間はかかりますが（筆者は2ヵ月ほどかかりました）、中学生でもわかるように書かれていますので、頑張って読了してみてください。

## 『ゲーデル、エッシャー、バッハ』

虚数の情緒に比べて、『ゲーデル、エッシャー、バッハ』[3]の難易度は高いと感じました。こちらも700ページを越える大著です。原著は1979年に発行されました。当時第2次AI（人工知能）ブームでした。

正直言って読みこなしたとは言えないのですが、自分なりの理解を記せば、形式システム（コンピュータプログラムなど）とヒトの知性との違いなどを、さまざまな観点から多層的に考察したエッセイです。

形式システムをどんどん精密にしていけば人工知能ができるのではないかという楽観論に対して、ゲーデルの不完全性定理などを引き合いに出しながら、形式システムを越える知性がそこには必要である、ということを主張していると読みました。

1人で読み進めるのはたいへんですので、知人と読書会を開いて、月に1回のペースで読み解いています（執筆現在は同書第1部が終わったあたりです）。読書会によって自分の本の読み方には、よく理解できていないところは無意識にスルーするという特徴があることに気がつきました。

知っていることと理解していることには雲泥の差があります。書かれていることを知ったとしても、誰かに説明できなければ理解しているとは言えません。その差分を意識するのは、読書会のような機会があってこそと思います。

知人たちと、同書を紹介する薄い同人誌を執筆しました（技術書限定の同人誌即売会「技術書典3」（2017年10月22日）で発売）。その原稿を書くことによって、同書をより深く理解できました。

『虚数の情緒』や『ゲーデル、エッシャー、バッハ』などの本を読むことによって、自分の認知能力が拡大していく感覚を持ちました。これは、若い人に数学を学ぶことを勧める理由の1つでもあり、難しい本を読むことのメリットです。すぐに役立つ本はたくさん読んでも、そんな感覚を味わうことはほとんどないのが実感です。

数学を学ぶことによって、自分の認知力を広げたり、深めたりすることができます。数学の本を読むことには時間がかかりますが、メリットが多いと感じています。SD

・参考文献
[1]『数学の認知科学』、G・レイコフ、R・ヌーニェス 著、ISBN 978-4621065044
[2]『虚数の情緒』、吉田武著、ISBN 978-4486014850
[3]『ゲーデル、エッシャー、バッハ - あるいは不思議の環 20周年記念版』、ダグラス・R・ホフスタッター著、ISBN 978-4826901253

3-4

# 物理と数学、そしてプログラミング

## バスケのフリースロー計算で遊んでみよう!

Author 平林 純(ひらばやし じゅん)
Twitter @hirax

数学と物理は非常に近いのはみなさんご存じでしょう。難しい物理計算をコンピュータにさせるのは、至極当然の流れでよく行われています。本稿では、基礎的な物理現象をどのようにプログラミングするのか、Pythonを利用して、その過程をトレースすることで理解を進めてみましょう。

### さっぱりわからない?……実は「簡単でおもしろい!」物理計算の世界

「コンピュータによる物理(科学)計算」というと、「難しくて、面白味にかけるもの」「さっぱりわからない」という印象を持っている方も多いかもしれません。けれど、それとはまったく正反対、「簡単なのにおもしろい」のが、物理計算(シミュレーション)プログラミングの世界です。

身の周りにある建築物や工業製品設計、あるいは天気予報などの自然現象予測……今やありとあらゆる用途に物理科学計算が必要不可欠になっています。ゲームでも「物理エンジン」を使わないソフトのほうが珍しい時代です。

本記事では、バスケットボールの「フリースロー」を題材にして(図1)、物理計算プログラムを作り、楽しんでみたいと思います。

▼図1　バスケットのフリースローを計算してみよう

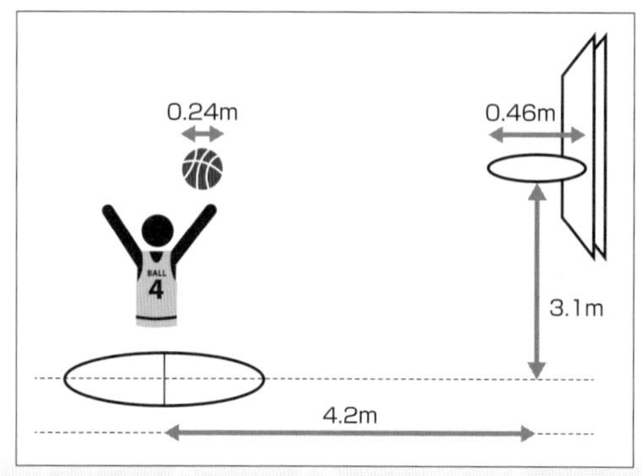

### 方程式をプログラムして計算すれば「すべて」がわかる!

物理計算プログラミングが「簡単なのにおもしろい」理由、それは覚えることは最小限でよくて、それなのにプログラムを動かした途端、「まるでゲームのようにいろいろな現象を再現できて楽しい」からです。

それでは、最小限の覚えることが何かというと、それは「計算したい現象」を説明する方程式です。つまり、福山雅治演じる「ガリレオ」湯川先生が描く「方程式」というわけです。

ちなみに、今回の題材とするバスケのフリースローを計算するために必要な方程式は、「ニュートンの運動方程式」、身の周りのいろいろなことを計算できる古典(ニュートン)力学の基本方程式です。そこで、まずはニュートンの運動方程式がどういうものかを、簡単に納得してみることにしましょう。

#### 連続写真で「位置と速度と加速度の関係」を納得しよう!

ニュートンの運動方程式で使われる「位置・速度・加速度」という言葉を、順を追ってあきらかにしていきましょう。図2は、「走る車」を、シャッタースピード1/100秒で連続撮影した場合のイメージ画像です。

最初の時刻①での撮影画像を見ると、車は動いているようですが、（シャッターが開いていた1/100秒には）車は少ししか動いていないようです。車がいる場所は「位置」と言い、車の位置が「その瞬間にどれだけ動いているか」が「速度」です。時刻①の瞬間は、「車の速度」が遅かったことが写真からわかります。

そして、次の時刻②、つまり時刻①から1/100秒後の1/100秒間を撮影した画像を見ると、時刻①から、車が速度の分だけ移動していることがわかります。また、運転手がアクセルを踏んだのでしょう、車が移動する速度が速くなっています。この（単位時間あたりの）速度の変化量のことを「加速度」と呼びます。時刻②では、速度が増えている（加速している）ので、加速度は「増えた＝プラスだ」ということになります。

最後の時刻③になると、車の位置は速度分だけやはり移動していますが、運転手がブレーキを掛けたのでしょうか、速度は時刻②のときよりも遅く・減っています。つまり、速度の変化量＝加速度は「減った＝マイナス」になっているのです。

ここまでさらっておけば、もうニュートンの運動方程式を納得したのと同じです。

▼図2　連続写真で納得する「位置・速度・加速度」

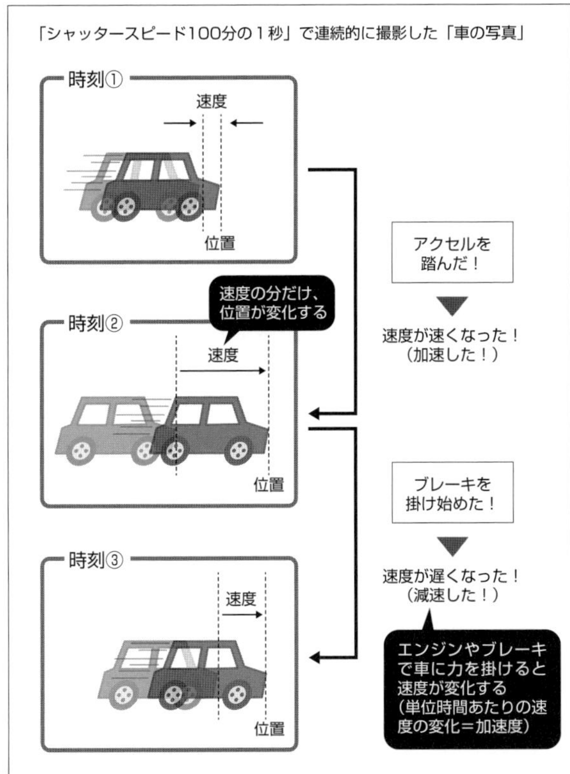


## ボールの動きを計算する「ニュートンの運動方程式」

ニュートンの運動方程式は、

速度の変化（加速度）＝（物体に働く）力／物体の重さ　……………………………………式（1）

という式です。この式が表していることは、

- 「物体に力を掛けると（右辺）、速度が変化する（左辺）」
  （速度の変化量＝加速度は力に比例する）
- 「物体が重いと、同じ力を掛けても速度は変化しづらい」
  （速度の変化量＝加速度は重さに反比例する）

ということです。

図2の車の例では、アクセルを踏み、車に進む力を掛けると加速する（加速度がプラスで＝速度が増える）し、ブレーキを踏んで車を止める方向＝逆向きの力を掛けると、車は減速する（加速度がマイナスで＝速度は遅くなる）というわけです。……当たり前ですよね。

そして、「同じ力を掛けても、（たとえば人がたくさん乗っていて）重い車だと、車の速度は変化しづらい」ということも「重いものを動かしたり・止めようとしたりしたら、重い分だけ力が必要だ」「そりゃ、そうだろう」と、自然に納得できることと思います。

▼図3　ニュートンの万有引力の法則とガリレオのピサの斜塔実験

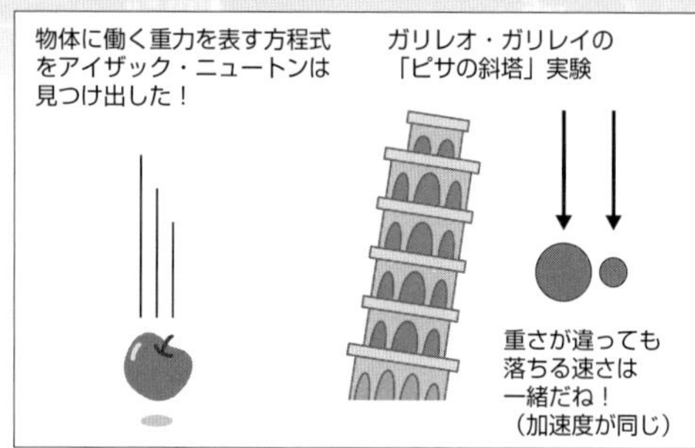

物体に働く重力を表す方程式をアイザック・ニュートンは見つけ出した！
ガリレオ・ガリレイの「ピサの斜塔」実験
重さが違っても落ちる速さは一緒だね！（加速度が同じ）


### 落ちるリンゴと同じ!ボールを下に落とす重力を「ニュートンの万有引力の法則」で計算だ!

フリースローのボールの動きを計算するためには、もう1つ別の式が必要です。それは「飛ぶボールに働く重力」を表す「万有引力の法則」を使った式です（図3）。

リンゴが地球に向かい木の枝から落ちるのと同じく、放り投げたバスケのボールも地球に引かれて下に向かって落ちていきます。その「重力」の強さを表すのが、万有引力の式です。その式を簡略化して、地上で働く引力を簡単に表すと、

物体に働く重力＝重力加速度×物体の重さ
……………………………………式 (2)

のようになります。つまり、「物の重さに比例した力（重力）で、物は地球に引っ張られる」というわけです。「重い物ほど地球に引っ張られる」というのも当たり前ですよね。

そして、式1の「物体に働く力」に式2を代入すると、

速度の変化（加速度）＝重力加速度式
……………………………………式 (3)

という単純な式になります[注1]。これは、「地球に引っ張られながら飛んでいる物体」の動きを表す方程式で、フリースローシュートで投げられたボールの動きも、この方程式にしたがいます。

そこで、この方程式を細かい時間ステップごとに繰り返し計算して、ボールの動きを刻々と追いかけていけば、フリースローのボール軌道のシミュレーションができることになります。つまり、「ボールの速度を重力加速度で変化させつつ、ボールの位置を速度分だけ（前の位置から）移動させる計算を繰り返せば、ボールがどう動いたかがわかる」というわけです。

それでは、そんな計算処理をするPythonコードを書き、そのしくみを納得しつつ遊んでみることにしましょう！

## 20行で書く!バスケのフリースロー計算プログラム

### 最初は「ボールを投げるだけ」のコード……でも「実におもしろい!」

まず、「ボールを投げるだけ」のプログラムを書いて、その結果を眺めてみることにします。**リスト1**はJupyter Notebook上にPythonでコーディングした「バスケのフリースロー計算」ソースコードリストの叩き台です。三角関数やグラフ表示に必要なライブラリを読み込んだあと（1～2行目）、8～25行目で「ボールを投げる」処理関数`throw()`を作り、その`throw()`を3回呼ぶ（33～35行目）ことで「ボールを投げる角度違いの3投」の計算を行い、さらに描画関数（27～31行）を使ってボールの軌跡を描画（37～39行目）しています。本体部分だけならば約20行のコードです。

ちなみに、5～6行目の関数`interaction()`は「ボールが壁や床へぶつかったり、ゴールに入ったりしたときの処理」を行いますが、この時点では「何もしない」コードにしておきます。また、3行目の`%matplotlib inline`は、結果表示のグラフをJupyter Notebookに埋め込み表示するためのコマンドなので、本記事中では無視してかまいません。

さて、**リスト1**の核とも言える`throw()`関数

注1）ちなみに、式3から、地表で落下する物体の速度は重さによらず「重力加速度」で決まることがわかります。ガリレオ・ガリレイがピサの斜塔から「違う重さのものを落としたけれど、落ちる速度は同じだった（同時に地上に落ちた）」という伝説も、（空気抵抗を無視すれば）納得できるのではないでしょうか。

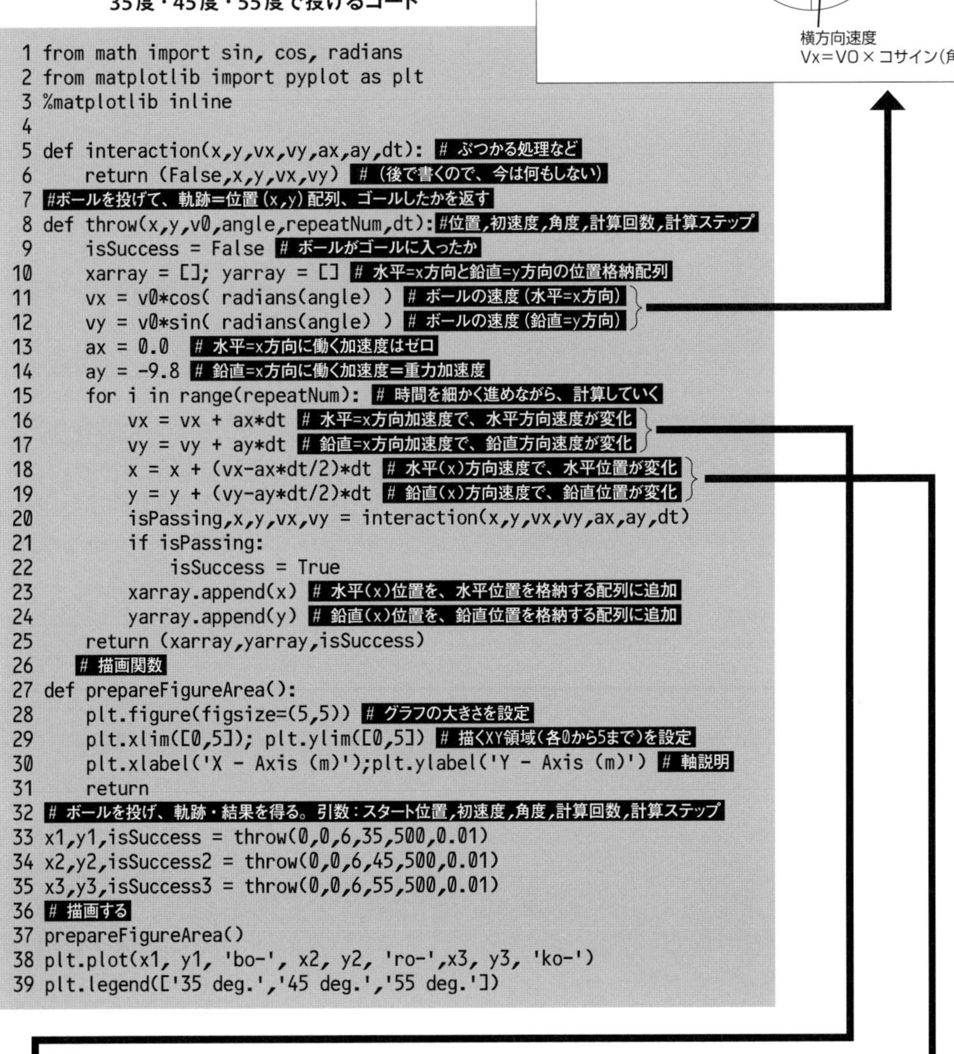


▼リスト1　「ボール投げプログラム」とボールを35度・45度・55度で投げるコード

```
from math import sin, cos, radians
from matplotlib import pyplot as plt
%matplotlib inline

def interaction(x,y,vx,vy,ax,ay,dt): # ぶつかる処理など
    return (False,x,y,vx,vy) # (後で書くので、今は何もしない)
#ボールを投げて、軌跡=位置(x,y)配列、ゴールしたかを返す
def throw(x,y,v0,angle,repeatNum,dt):#位置,初速度,角度,計算回数,計算ステップ
    isSuccess = False # ボールがゴールに入ったか
    xarray = []; yarray = [] # 水平=x方向と鉛直=y方向の位置格納配列
    vx = v0*cos( radians(angle) ) # ボールの速度(水平=x方向)
    vy = v0*sin( radians(angle) ) # ボールの速度(鉛直=y方向)
    ax = 0.0  # 水平=x方向に働く加速度はゼロ
    ay = -9.8 # 鉛直=x方向に働く加速度=重力加速度
    for i in range(repeatNum): # 時間を細かく進めながら、計算していく
        vx = vx + ax*dt # 水平=x方向加速度で、水平方向速度が変化
        vy = vy + ay*dt # 鉛直=x方向加速度で、鉛直方向速度が変化
        x = x + (vx-ax*dt/2)*dt # 水平(x)方向速度で、水平位置が変化
        y = y + (vy-ay*dt/2)*dt # 鉛直(x)方向速度で、鉛直位置が変化
        isPassing,x,y,vx,vy = interaction(x,y,vx,vy,ax,ay,dt)
        if isPassing:
            isSuccess = True
        xarray.append(x) # 水平(x)位置を、水平位置を格納する配列に追加
        yarray.append(y) # 鉛直(x)位置を、鉛直位置を格納する配列に追加
    return (xarray,yarray,isSuccess)
    # 描画関数
def prepareFigureArea():
    plt.figure(figsize=(5,5)) # グラフの大きさを設定
    plt.xlim([0,5]); plt.ylim([0,5]) # 描くXY領域(各0から5まで)を設定
    plt.xlabel('X - Axis (m)');plt.ylabel('Y - Axis (m)') # 軸説明
    return
# ボールを投げ、軌跡・結果を得る。引数:スタート位置,初速度,角度,計算回数,計算ステップ
x1,y1,isSuccess = throw(0,0,6,35,500,0.01)
x2,y2,isSuccess2 = throw(0,0,6,45,500,0.01)
x3,y3,isSuccess3 = throw(0,0,6,55,500,0.01)
# 描画する
prepareFigureArea()
plt.plot(x1, y1, 'bo-', x2, y2, 'ro-',x3, y3, 'ko-')
plt.legend(['35 deg.','45 deg.','55 deg.'])
```

「加速度」は「単位時間あたりの速度変化量」なので、「加速度(=a$x$)×次の時間までの時間間隔(=dt)」が「速度変化量」になります。「速度の変化量」を「今の時点の速度」に足すと、「次の時間の速度」を計算することができます。それを式にすると、v$x$+a$x$*dtとなります。水平(y)成分も同様です。

位置計算も、速度と同じように「次の時刻の位置＝今の位置＋速度×次の時刻までの時間」としたくなります。ただし、この式そのままでは、計算誤差が出ます。なぜかというと「速度は刻々変わっているから」です。そこで、「今の時刻の速度と次の時刻の速度の平均(v$x$+(v$x$+a$x$*dt))/2＝v$x$+a$x$*dt/2」を使い、それに時間間隔(dt)をかけることで、「刻々変わる速度の平均×移動する時間＝移動距離」と計算しています。なお、コードでは＋が－と逆になっているのは、vxとvyを(コード行数を少なくするために)先に(上の行で)更新しているためです。

は、ボールの初期位置(x, y)や投げる速度(v0)や角度(angle)、ボールの動きを何回(何ステップ)繰り返して計算するか(repeatNum)、どのくらい細かい時間ごとに計算を行うか(dt)を引数で与えられたうえで、次の手順で計算を行います。

まず、ボールがゴールに入ったかを記録するフラグ変数と刻々のボール位置(x, y)を格納していくための配列を初期化します。そして、ボール位置と速度を、与えられた引数で初期化します。加速度は「重力加速度＝下向き9.8m/sになる」という**式3**の処理をさせます。

さらに、15～24行目の繰り返し文で、「次の瞬間のボール速度は、その瞬間の速度に、加速度分を足した値になる」「次の瞬間のボール位置は、今の位置に速度(と加速度分だけ増えた速度)分を足した場所になる」という処理をして、時々刻々のボール(x, y)位置を格納した配列を返す、という処理[注2]を行います。20～22行では、床・壁・ゴールに対するボール処理を呼んでいますが、今の時点では「何もしない」空処理になっています。

また、prepareFigureArea()はボールの軌跡を描くグラフ描画のための関数です。

このコードを実行すると、ボールを投げる角度違い(35度、45度、55度)の3投を行った結果が表示されます(**図4**)。まだ「バスケのフリースロー」には見えない状態ですが、「なるほど、ボールは角度が低過ぎても高過ぎても遠くに飛ばなくて、45度あたりが一番遠くへ飛ぶのか!」とあらためて気づかされるかもしれません。実は、空気抵抗を無視すると[注3]、45度の角度が一番遠くへモノを飛ばすことができるのですが、そんなこともこのシミュレーションからわかるのです。「実におもしろい」ですよね。

注2) 速度・加速度ともに、「次の時刻の量=元の量+(単位時間あたりの)変化量×次の時刻までの時間」という式で計算します。ただし、速度の計算式が少しわかりにくいので、リスト1に説明を書き入れました。

注3) 今回のPythonコードでは空気抵抗を無視していますが、「速度に応じた大きさの抵抗力を受ける(=進行方向に対してマイナスの加速度を受ける)という処理」を数行追加するだけで、空気抵抗を踏まえた計算を行うこともできます。コードを書き換えてみると、おもしろいと思います。

**▼図4 ボールを35度、45度、55度で投げた場合の計算結果**

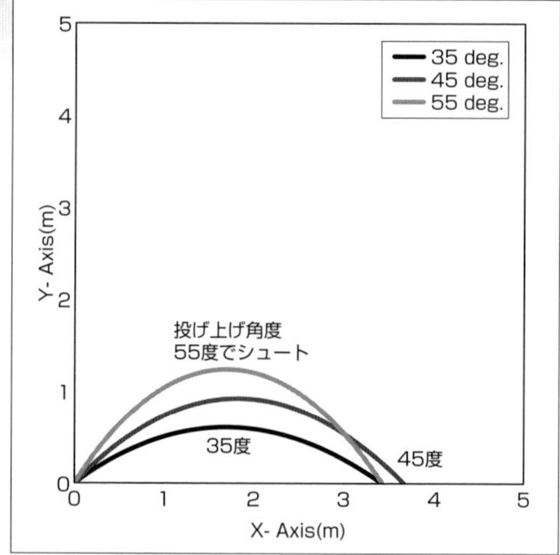


## 床や板を配置して「ぶつかり」「ゴール」処理を書いてみよう!

次は、ゴール・ゴール裏板・床を作ってみます。10cm刻みで50×50、つまり5m四方の領域を、そこに何があるかを表すフラグ値として2次元配列objに格納します。そのうえで、各領域に何があるかが表示されるように、表示関数prepareFigureArea()を書き換えます。

この状態で**リスト2**を実行すると、**図5(a)**が表示されます。まだ「ぶつかり」処理を書いていませんから、ボールがゴール裏板をすり抜ける「超常現象」が発生します。

そこで、**リスト3**のようにinteraction()関数を書き換えてみます。ボールが移動する次位置(領域)に「何があるか」を調べ、床や板なら、それぞれ上下(y)方向や水平=左右(x)方向に跳ね返らせるわけです。「跳ね返り」というのは、「ぶつかる相手に対し、速度が反転する」ということです。そこで、「次の移動先が床だったら=床にぶつかったら、速度を上下に反転させる」「ゴール裏板にぶつかっていたら、速度を左右に反転させる」という処理を入れてみます。

すると、**図5(b)**のように、「ボールを投げて・

跳ね返る」ようになります。ただし、このままでは、まだ跳ね返り方が不自然です。

身の周りにあるような物体が、何かにぶつかり「跳ね返る」ときには、向きが変わるだけでなくて、速さが少し遅くなります。その速さが遅くなる度合いを「跳ね返り（反発）係数」と呼び、リスト3では跳ね返り係数r=1.0（速度が変わらない）としています。そのため、「跳ね返り過ぎて、自然じゃない」わけです。そこで、rをバスケットボールの公式ルールで決められたボール規格（約0.8）にしてコードを再実行すると、**図5 (c)** のように「バスケのボールらし

**▼リスト2　床・ゴール・ゴール裏板表示を追加する**

```
import numpy
nx = 50 # 10cm刻みでX,Yに50分割し、10cm×50=5m
ny = 50 # の領域を確保する
xa = numpy.linspace(0, 5, nx)
ya = numpy.linspace(0, 5, ny)
X, Y = numpy.meshgrid(xa, ya) # x,yの「平面座標メッシュ」を作る
# xyの位置で表される空間に何があるかを、配列として格納しておく
obj = numpy.zeros((ny, nx)) # 最初は「空気=0」で埋める
obj[0:1,0:49] = 1 # 床は、フラグ値1とする
obj[28:42,45:46] = 2 # ゴール裏板は、フラグ値2とする
obj[30:31,42-2:42+2] = 3 #ゴール領域は、フラグ値3とする

# ゴールや壁や床を描くよう、描画関数を変更する
def prepareFigureArea():
    plt.figure(figsize=(5,5))
    plt.xlim([0,5]); plt.ylim([0,5])
    plt.xlabel('X - Axis (m)'); plt.ylabel('Y - Axis (m)')
    plt.contourf(X, Y, obj, alpha=0.2) # フラグ値を表示する
    plt.tick_params()
    return
x,y,isSuccess = throw(0.2,2,8,65,1500,0.01)
x2,y2,isSuccess2 = throw(0.2,2,12,34,1500,0.01)
prepareFigureArea()
plt.plot(x, y, 'bo-', x2, y2, 'ro-')
```

**▼リスト3　ボールの跳ね返りやゴール処理を追加する**

```
r = 1.0 # 反射する時の「跳ね返り（反発）係数」

def interaction(x,y,vx,vy,ax,ay,dt):
    isPassing = False #ぶつかったか?フラグを「ぶつかっていない」にしておく
    # ボールの位置が計算領域外なら、ぶつかり・ゴール処理はしない
    if y < 0 or 4.9 < y or x < 0.1 or 4.9 < x:
    return (isPassing,x,y,vx,vy)
    # ボールが移動する次位置（領域）に「何があるか」を調べる
    objAtNextPos = obj[round(y*10), round(x*10)]
    if 1 == objAtNextPos or 2 == objAtNextPos: # 床・ゴール板なら
        x = x-(vx-ax*dt/2)*dt # 板や床にめりこんだ状態にならないように
        y = y-(vy-ay*dt/2)*dt # 位置を「前の瞬間」の位置に戻す
    if 1 == objAtNextPos: # 床なら
        vy = -vy*r # 鉛直方向で跳ね返らせる（方向を反転させる）
    elif 2 == objAtNextPos: # ゴール裏板なら
        vx = -vx*r # 水平方向で跳ね返らせる（方向を反転させる）
    elif 3 == objAtNextPos and vy < 0: # ゴールに下向き突入していたら
        isPassing = True # ゴール追加のフラグをTrueとする
    return (isPassing,x,y,vx,vy)
x,y,isSuccess = throw(0.2,2,8,65,1500,0.01)
x2,y2,isSuccess2 = throw(0.2,2,12,34,1500,0.01)
prepareFigureArea()
plt.plot(x, y, 'bo-', x2, y2, 'ro-')
```

▼図5 「床・ゴール・ゴール裏板」を追加し、跳ね返り処理やゴール処理を実装する

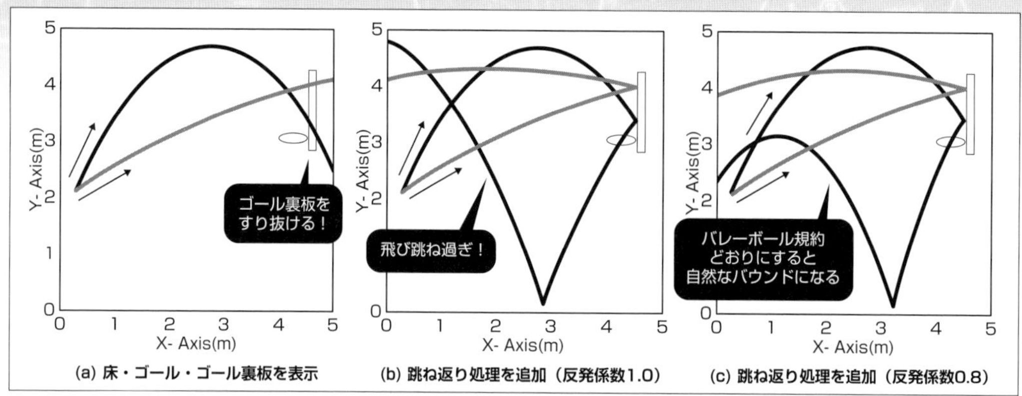


(a) 床・ゴール・ゴール裏板を表示　(b) 跳ね返り処理を追加（反発係数1.0）　(c) 跳ね返り処理を追加（反発係数0.8）

▼リスト4　角度と速度を変えてボールを投げてゴールするか確認する

```
r = 0.8
angleRange = numpy.linspace(30, 70, 400) # 角度振り条件
    velocityRange = numpy.linspace(5, 15, 400) # 速度振り条件
Xa,Yv = numpy.meshgrid(angleRange,velocityRange)
areSuccess = [] # 角度・速度の各条件で成功するか格納する2次元配列
for v in velocityRange: # 角度条件ループ
    a = []; for angle in angleRange:# 速度条件ループ
        x,y,isSuccess = throw(0.2,2,v,angle,500,0.01) # 投げる
        a.append( isSuccess )
    areSuccess.append(a) # 上行と合わせ、成功したかを2次元的に格納
fig = plt.figure(figsize=(5,5)) # 結果を描く
plt.contourf(Xa,Yv,areSuccess,alpha=1.0)
plt.xlabel('Throw Angle(deg)'); plt.ylabel('Throw velocity(m/s)');
```

い動き」が再現されるようになります。

なお、**リスト3**の17〜18行目では、「ゴールに向かって下向きにボールが入ったら、ゴールしたことを示すフラグをTrueにする」処理も加えられています。これで、ゴール判定ができるようになりました。

## 「物理計算エンジン」で、フリースローの最適条件を考えよう

バスケのフリースローで、投げ方に応じた「ボールの動き」「ゴール成功か否か」を計算するコードができたので、この物理計算エンジンを使って「バスケ・フリースローの科学」を簡単に調べてみることにしましょう。

まずは、ボールを投げる角度・速度を変えながら「フリースロー」を行い、「ゴールしたか？」を表示するコード（**リスト4**）を書いてみます。このコードは、「ゴールしたら明るい灰色、シュートに失敗したら暗い灰色」でグラフの角度・速度に応じた個所を表示します。

ボールを放す位置が高い（高さ2m）場合と、ボールを低い位置からシュートする（高さ1.5m）場合の結果を眺めてみると、高い位置から投げたほうが成功する確率が高い（成功する条件幅が広い）ことがわかります（**図6**）。

ちなみに、「ボールを投げる角度 v.s. 速度」のゴール成功マップを眺めると、「ゴールが成功するあたりの真ん中に、ゴールが失敗する谷間」があります（**図7**）。これは、ゴールの付け根にボールが当たってしまうケースです。そういったことは、ゴールが成功したボールのコースだけを描くコード（**リスト5**）を書くとわかります。こうした解析をすることで、「高い投げ上げ角度の場合、普通の速さで直接ゴールに入れるか、速めの速度でゴール裏板でワンバウンドさせてゴールに入れるか」を決めてシュートする必要がある、なんていう戦略を作ること

▼図6 「ボールを投げる角度v.s.速度」のゴール成功マップ

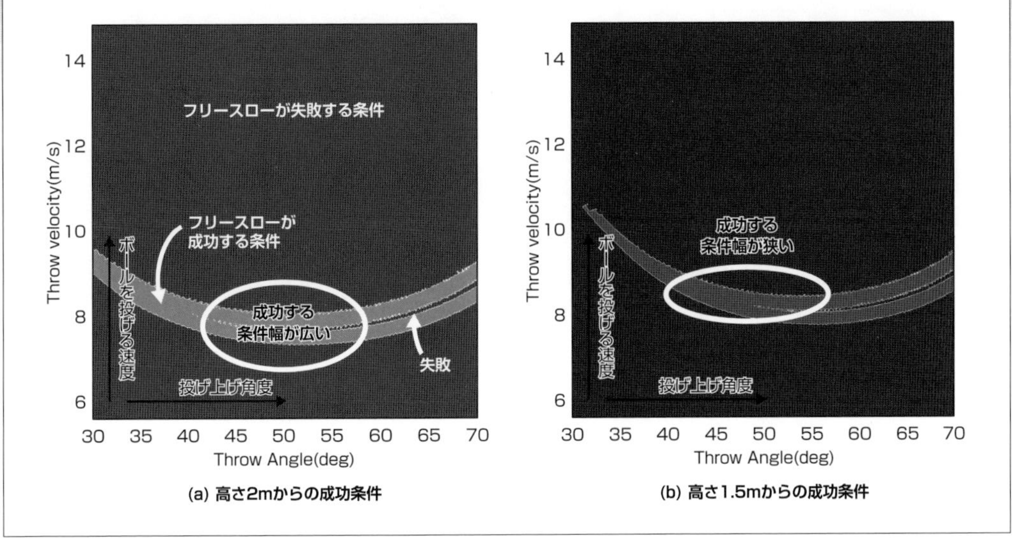


ができるわけです。

## おわりに

世界を方程式で表して、何が起きるかを計算するコード……言葉だけ眺めると「さっぱりわからない」難しいものにも思えます。けれど、実は「わりと簡単なのにとても楽しい」ものです。本記事を読んだあなたが（ガリレオ湯川先生の口癖のように）こう感じていただけたら幸いです。

「なるほど、実におもしろい」SD

▼図7 高さ2mからの「成功ゴールのコース」

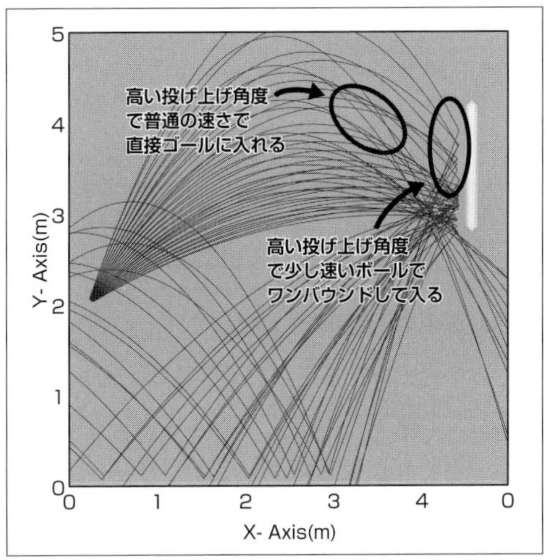


▼リスト5 角度と速度を変えてボールを投げてゴールしたボールコースを描いてみる

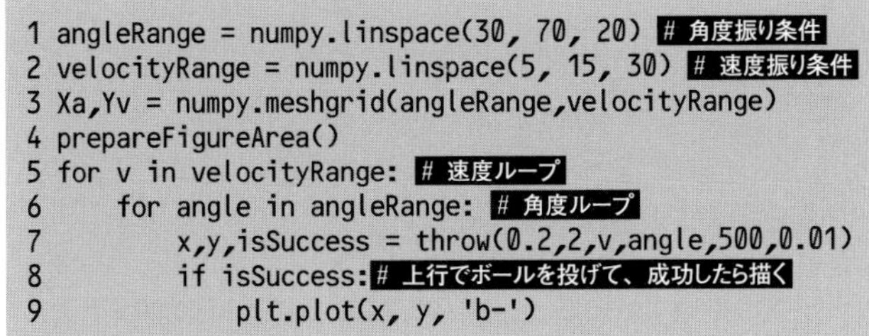

```
angleRange = numpy.linspace(30, 70, 20) # 角度振り条件
velocityRange = numpy.linspace(5, 15, 30) # 速度振り条件
Xa,Yv = numpy.meshgrid(angleRange,velocityRange)
prepareFigureArea()
for v in velocityRange: # 速度ループ
    for angle in angleRange: # 角度ループ
        x,y,isSuccess = throw(0.2,2,v,angle,500,0.01)
        if isSuccess:# 上行でボールを投げて、成功したら描く
            plt.plot(x, y, 'b-')
```

# プロダクトマネージャーと数学

## 数字力・データ分析力の必要性

Author 及川 卓也(おいかわ たくや)
Twitter @takoratta

筆者は現在個人で、エンジニアリング組織作りとプロダクト戦略、そして技術戦略という3つの柱で、スタートアップを中心とした企業にアドバイスを行っています。この中のプロダクト戦略は、プロダクトの成功に対して責任を持つプロダクトマネージャーの仕事そのものです。

筆者は、プロダクトマネージャーに求められる数学は、大枠で物事をとらえるための「数字力」と、プロダクトの戦略を立案・実施するための「データ分析能力」だと考えます。

## 数字力

プロダクトマネージャーは、プロダクトにおけるさまざまな意思決定を行う必要があります。いくつものプロダクトアイデアの中から成功の確率の高いものを採用する際や、複数の選択肢がある中から最適なものを選ぶ際など、多くの局面において最終的に判断するのはプロダクトマネージャーです。その際に必要となるのが、データを用いた意思決定能力です。

たとえば、筆者の過去のプロジェクトでこんなことがありました。いわゆるクライアント/サーバシステムを検討していたのですが、ある処理をクライアントで行うのかサーバで行うのかを決める必要がありました。サーバのほうが計算能力が高いので、その単体の処理はサーバで行うほうが速いのですが、その処理対象をクライアントからサーバに転送し、さらに結果をクライアントに戻すのに時間がかかります。このときは、その転送時間のほうがサーバで行うことによる処理時間の短縮よりも多くかかることが明らかだったので、その方式の採用は即座に見送りました。

同様の例は、単純な圧縮・解凍というよく使われるテクニックで見ることができます。Webで使われるWeb Fontsには標準FontフォーマットとしてWOFF2[注1]があります。同じ標準フォーマットのWOFF[注2]はzlibを圧縮アルゴリズムとして用いていたのですが、WOFF2はそれに比べて30%ほど圧縮率の高いBrotliという圧縮アルゴリズムを用いているのが特徴です。このWOFF2がWOFFに比べて本当に効果があるかどうかは、**図1**の式が真かどうかにより判断されます。

フォントファイルは事前に圧縮され、Webサーバ上に用意されていますので、圧縮にかかる時間は通常のWebアクセスでは関係ありません。純粋に解凍時間と転送時間のトレードオフになります。

この例は極めて単純なものでしたが、プロダ

注1) URL https://www.w3.org/TR/WOFF2/
注2) URL https://www.w3.org/TR/WOFF/

**▼図1 圧縮アルゴリズムの効果を比較**

Brotli圧縮されたファイルサイズ/転送速度+ファイルの解凍時間
<
zlib圧縮されたファイルサイズ/転送速度+ファイルの解凍時間

クトマネージャーが必要とする数字力とはこのようなものです。数学というよりも算数でしょうか。四則演算に毛が生えた程度でも十分です。

数字力は基礎的な計算と併せて、本質的な数字の理解が必要です。たとえば、先の例でも、クライアントとサーバのデータを転送する回線の速度などが頭に入っていないと、とっさの判断はできません。厳密な正確さはともかく、少なくとも桁や単位は合っているような数字は頭の引き出しからいつでも出せるようになっていないといけません。

この数字力は、プロダクトマネージャーのもう1つの役割である事業性の判断にも必要となります。インターネット回線が今ほど高速でなかった時代、筆者が関わっていたある会社でのことです。大きなソフトウェア更新をユーザに行ってもらうために、インターネットプロバイダと協力し、CD-ROMをユーザに配布しようと考えたことがありました。これならば、インターネットでのダウンロードが難しいユーザにも更新を適用してもらえると考えたのですが、検討を進めるにしたがって、現実離れしている企画であることが判明しました。1人のユーザに送る配送費をざっくり100円とすると、10万人のユーザに配布するには1千万円かかります。半額の50円だとしても500万円です。プロジェクトにそれだけのコストを投入できないことは明らかでした。この件は本来ならば、アイデア段階で事業性がないことを判断できなければならなかった例です。

## データ分析力

KPI (Key Performance Indicator) はプロダクトマネージャーが日々追う数字です。このKPIですが、プロダクトの機能や施策と紐付けるためにも、トップレベルのKPIをブレークダウンし、KPIツリーとして整理する必要があります。

たとえば、売上をトップのKPIとするEコマースサービスの場合、それを構成する下位のKPIは図2のように分解されていきます。

プロダクトマネージャーに必要とされるデータ分析力は、まずこのようにKPIをKPIツリーに分解する能力と、それに加えてKPIを始めとするデータの計測・解析能力になります。

このデータ計測と分析能力が、狭義の意味でのデータ分析能力となりますが、これには基本的な統計学の知識が必要です。2つのデータに相関があるように見えたとしても、きちんと相関係数を算出し、立証する必要があります。カイ二乗検定などで統計データの有意性を確認することなども行います。そのためには、統計学の知識とツールを用いた実務能力が必要です。

プロダクトマネージャーには以上のように、数字力とデータ分析力の2つの能力が必要です。機械学習や3次元グラフィックスをばりばりとこなすエンジニアとはまた別の能力ですが、大枠で数字をとらえる力とデータに基づき判断する癖が、プロダクトマネージャーに資質として要求されるものと言えるでしょう。SD

▼図2　KPIツリー

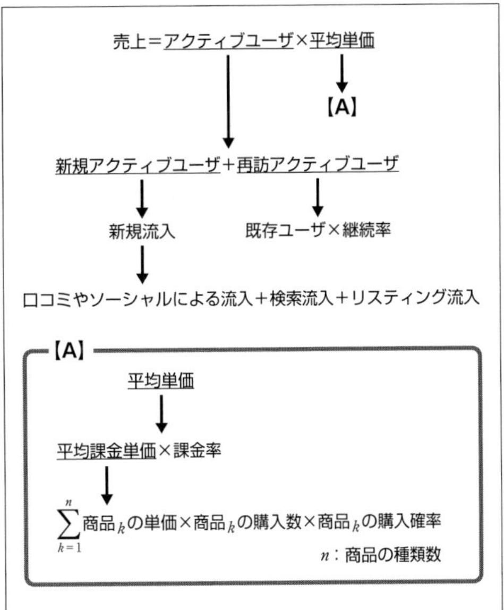

3-5

# 数式をきれいに表現するには

## ScrapboxとLaTeXで文芸的プログラミング

Author 増井 俊之(ますい としゆき) 慶應義塾大学

プログラムのコードやドキュメントの中で数式を利用すると、プログラムが格段に理解しやすくなることがよくあります。本章では、筆者が開発にかかわっているWikiシステム「Scrapbox」のLaTeX記法を使って、コードや文書の中で数式を利用したり実行したりする方法を紹介します。

### はじめに

筆者はSoftware Design 2017年2、3月号の連載記事『コロンブス日和』(第16、17回)で、「Scrapbox」[注1]というWikiシステムの紹介をしました。Scrapboxは個人の情報整理やグループの情報共有にたいへん便利なシステムで、テキストだけでなく、数式や図表も簡単に入力したり編集したりできるという特徴を持っています。本特集ではプログラミングにおいて数学をいかに活用できるかが特集されていますが、本章ではScrapboxで数式をきれいに表現して、プログラミングに活用する方法を解説します。

### 数式を表す困難

コンピュータのプログラムでは、あちこちで数値演算、論理演算、繰り返しなどの処理を行いますが、これらの処理を普通のプログラミング言語でわかりやすく表現できるとは限りません。たとえば配列aの要素を0から9まで足したいとき、JavaScriptでは、

```
var sum=0;
for(var i=0;i<10;i++)
  sum += a[i]
```

のような記述が必要で、あまりわかりやすいとは言えません。このような計算は数式を使えば、

$$\sum_{i=0}^{9} A_i$$

のように簡潔に表現できるのですが、一般的なプログラミング言語ではこのような表記を利用できません。

次のような二次方程式($ax^2+bx+c=0$)の解の公式はよく知られていますが、これを計算するためには、この式とまったく異なる見栄えのプログラムを書かなければなりません。

$$\frac{-b \pm \sqrt{b^2-4ac}}{2a}$$

普通のプログラミング言語では、このような数式をコメント欄に記述することもできませんから、プログラムの中で数式表現を併用することは簡単ではありません。

### Scrapbox

Scrapboxは、Web上で簡単にメモを書いたり情報共有したりできるWikiシステムです。Scrapboxではテキストと同じページに数式もプログラムも記述できるので、前述のような問題をきれいに解決できます。

注1) URL http://scrapbox.io

**▼図1　Scrapboxの画面**

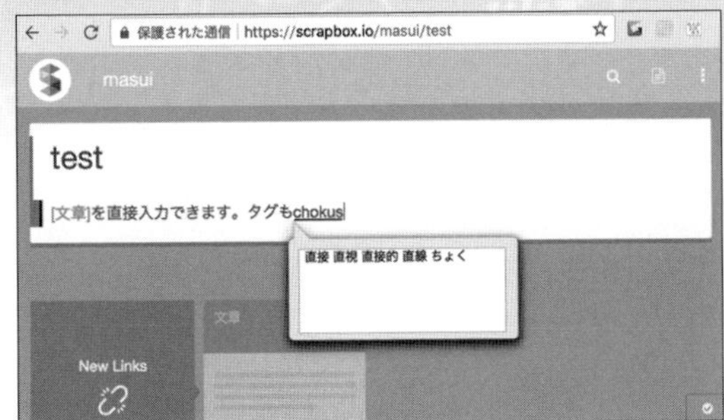


**▼図2　LaTeX形式で入力・編集**

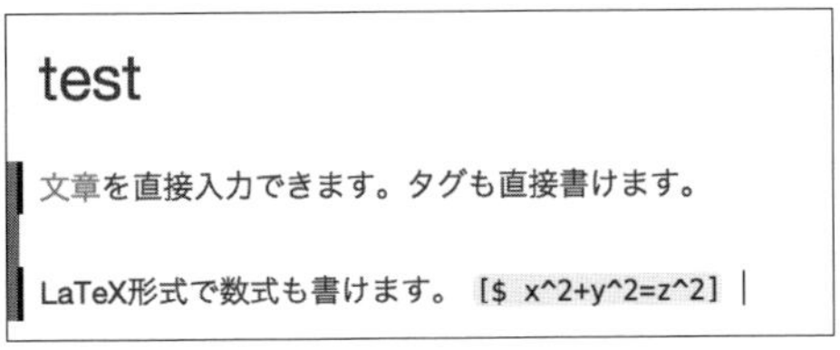

test

文章を直接入力できます。タグも直接書けます。

LaTeX形式で数式も書けます。 [$ x^2+y^2=z^2]

**▼図3　数式として表示される**

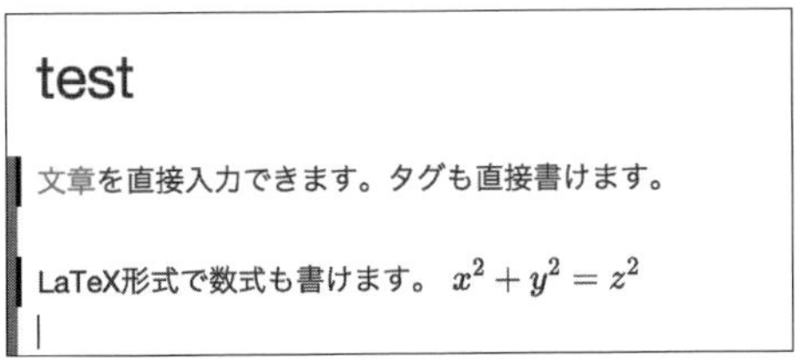

test

文章を直接入力できます。タグも直接書けます。

LaTeX形式で数式も書けます。 $x^2+y^2=z^2$

**▼図4　リスト2をScrapboxで見ると**

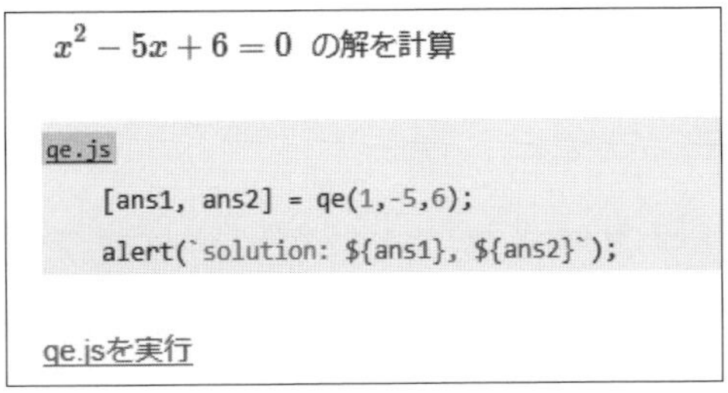

$x^2-5x+6=0$ の解を計算

```
qe.js
    [ans1, ans2] = qe(1,-5,6);
    alert(`solution: ${ans1}, ${ans2}`);
```

qe.jsを実行

**▼図5　実行結果**

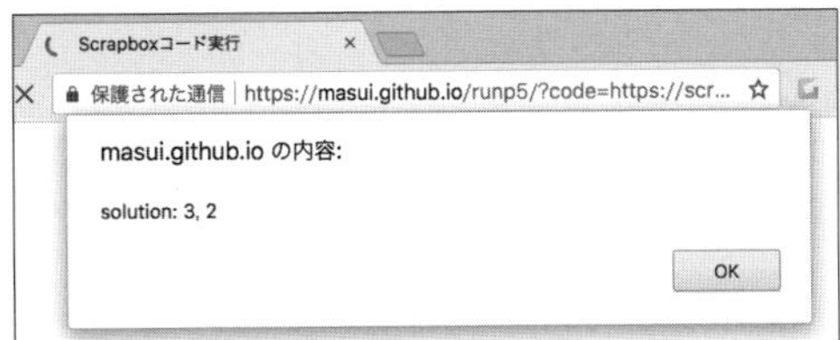


**▼リスト1　二次方程式の解の公式をJavaScriptで実装**

```
code:qe.js
 function qe(a,b,c){
   var r = Math.sqrt(b * b - 4 * a * c);
   return [(-b + r) / 2 * a, (-b - r) / 2 * a];
 }
```

## Scrapboxの数式編集

Wikipediaなどと異なり、Scrapboxではブラウザ画面上でエディタのように直接文書を編集できます。[ ]で単語を囲むことによって、リンクもリアルタイムに生成されます(**図1**)。

Scrapboxでは、「LaTeX形式」で記述した数式を**[$と]**で囲むと、数式が整形されて表示されます。編集中は**図2**のようにLaTeXのソースを編集できますが、別の行に移動すると整形された式が**図3**のように表示されます。

## 数値計算プログラムでの利用

二次方程式を計算する数式とプログラムをScrapboxで記述してみます。さきほど出てきた二次方程式の解の公式を利用します。数式は、Scrapbox上では次のような記述になります。

```
[$ \frac{-b \pm \sqrt{b^2-4ac}}{2a}]
```

公式は**リスト1**のようなJavaScriptコードで計算できます。これをScrapboxに記述すると、1行目の`code:qe.js`によって「qe.js」がソースコードへのリンクになるので、「https://masui.github.io/runp5/?code=https://scrapbox.io/api/code/<ユーザ名>/<ページ名>/qe.js」のようなリンクを利用してコードを実行できます(https://masui.github.io/runp5はJavaScriptの実行環境)。加えて、**リスト2**のように記述すると、`code:qe.js`下の2行が、qe.jsのコードとして追加されます。こうしてできた**図4**の「qe.jsを実行」リンクを押すと、実行結果が表示されます(**図5**)。

このように、Scrapboxの数式記法を利用すると、文芸的プログラミング[注2]的にプログラムを記述できます。

注2) URL https://ja.wikipedia.org/wiki/文芸的プログラミング

▼リスト2　Scrapboxにおける記述

```
[$ x^2 - 5x + 6 = 0] の解を計算

code:qe.js
  [ans1, ans2] = qe(1,-5,6);
  alert(`solution: ${ans1}, ${ans2}`);

[https://masui.github.io/runp5/?code=https://scrapbox.io↵
/api/code/<ユーザ名>/<ページ名>/qe.js qe.jsを実行]
```

## 数式の身近な利用

数値演算を行うプログラムを書く機会が多くない人でも、文章やプログラムの中でちょっとした式を表現するとき、数式表現ができると便利です。A[1]と書くよりは`[$ A_1]`→$A_1$と書くほうがきれいですし、x**2と書くよりは`[$ x^2]`→$x^2$と書くほうが、またsqrt(2)や√ 2などと書くよりは`[$ \sqrt{2}]`→$\sqrt{2}$と書くほうがきれいですから、数式表現を使うとプログラムのドキュメントなどを書くのが楽しくなります。

### 配列や表の記述

配列や行列は次のようにきれいに書けます。

・`[$ a = \{a_1, a_2, a_3 \}]`→

$$a = \{a_1, a_2, a_3\}$$

・`[$ v = \begin{pmatrix}↵ a & b \\ c & d \end{pmatrix}]`→

$$v = \begin{pmatrix} a & b \\ c & d \end{pmatrix}$$

### 論理式の記述

数式表記を利用すると論理式もきれいに書くことができます。たとえば、フィボナッチ関数は次のような数式で定義できます。

・`[$ f_n = \begin{cases} 0 & n = 0 ↵ \\ 1 & n = 1 \\ f_{n-2} + f_{n-1} ↵ & n > 1 \end{cases}]`→

$$f_n = \begin{cases} 0 & n = 0 \\ 1 & n = 1 \\ f_{n-2}+f_{n-1} & n>1 \end{cases}$$

これをJavaScriptで記述すると次のようになるでしょう。

```
code:fib.js
 function fib(n){
   if(n == 0) return 0;
   if(n == 1) return 1;
   return fib(n-1) + fib(n-2);
 }
[…(省略)…/fib.js fib.jsを実行]
```

さきほどと同じように、次のように記述するとブラウザ上で実行できるリンクになります。

```
code:fib.js
 alert(fib(10));
```

フィボナッチ関数の場合、数式とプログラムで大きな違いはありませんが、条件などが複雑な場合は数式のほうがきれいに表現できることもあります。たとえば、「条件1と条件2が両方満たされないという条件」を表現したいとき、数式表現だと、

・`[$ \overline{\text{条件1}} \cap ↵ \overline{\text{条件2}}]`→

$$\overline{\text{条件1}} \cap \overline{\text{条件2}}$$

のように記述できますが、プログラミング言語を利用する場合は、

```
(! condition1) && (! condition2)
```

のような表現が必要になります。

### 複雑な数式の例

もっと複雑な計算が必要な場合、数式を参照しながらプログラムを書けると便利です。

Wikipediaのベジェ曲線のページ注3を参照して、ベジェ曲線をプログラムで描く際のドキュメントについて考えてみましょう。

Wikipediaによれば、ベジェ曲線の定義は**図6**のようになっています。このWikipediaの記述は、Scrapboxで**リスト3**のように記述すると、まったく同じ表示を再現できます。Wikipediaで数式入り文書を書くのはたいへんですが、Scrapboxではエディタの要領で簡単に数式を書いていくことができます。

**リスト3**の`\mathbf{P}(t)`のような数式表現に馴染みがない人も多いでしょうが、論文作成のために広く使われているLaTeXではお馴染みのものであり、長年に渡り広く利用されているものです。最近はPowerPointでも利用できるようになった注4ようですし、数式の記法としては標準的なものだと言えるでしょう。

このように、ScrapboxではWikipediaと同等の数式を記述できることに加え、画像もプログラムのコードも利用できますから、プログラムを文書のように扱うとき、とても有用です。

今回はScrapboxを使って、数式をプログラミングで活用する方法を解説しました。普通のプログラミング用テキストエディタと異なり、Scrapboxではプログラムコードも数式も画像も利用できるのでたいへん便利です。

LaTeXの数式表現はDSL（ドメイン固有言語）の1つだと言えます。楽譜やコード譜を描くためのDSLや、データからグラフを描く機能などがあればScrapboxの表現力がさらに増えると思われるので、これからもさまざまな拡張を検討していきたいと思います。SD

注3） URL https://ja.wikipedia.org/wiki/ベジェ曲線

注4） URL http://www.publickey1.jp/blog/17/latexwordpowerpoint.html

▼図6 ベジェ曲線の定義（Wikipediaの一部ページをそのまま引用）

## 定義 [編集]

制御点を $\mathbf{B}_0, \mathbf{B}_1, ..., \mathbf{B}_{N-1}$ とすると、ベジェ曲線は、

$$\mathbf{P}(t) = \sum_{i=0}^{N-1}\mathbf{B}_i J_{(N-1)i}(t)$$

と表現される。ここで、$J_{ni}(t)$ はバーンスタイン基底関数のブレンディング関数である。

$$J_{ni}(t) = \begin{pmatrix}n\\i\end{pmatrix} t^i(1-t)^{n-i}$$

$t$ が 0 から 1 まで変化する時、$\mathbf{B}_0$ と $\mathbf{B}_{N-1}$ を両端とするベジェ曲線が得られる。**一般には両端以外の制御点は通らない。**

▼リスト3 Scrapboxでベジェ曲線の定義を記述

```
制御点を [$ \mathbf{B}_0],[$ \mathbf{B}_1], ...,[$ \mathbf{B}_{N-1}] とすると、ベジェ曲線は、

 [$ \mathbf{P}(t) = \sum_{i=0}^{N-1}\mathbf{B}_i J_{(N-1)i}(t)]

と表現される。ここで、[$ J_{ni}(t)] は[バーンスタイン基底関数]の[ブレンディング関数]である。

 [$ J_{ni}(t) = \begin{pmatrix}n\\i\end{pmatrix} t^i(1-t)^{n-i}]

[ ] [$ t] が 0 から 1 まで変化するとき、[$ \mathbf{B}_0] と [$ \mathbf{B}_{N-1}] を両端とする
ベジェ曲線が得られる。[* 一般には両端以外の制御点は通らない。]
```

# 数学の勉強法

## 独習の手がかりとお勧めの書籍紹介

Author 藤原 博文(ふじわら ひろふみ) 株式会社タイムインターメディア

### 数学で広がる仕事の幅

コンピュータを使ううえで数学の知識は不可欠です。最近は人工知能、ディープラーニング、ビッグデータなどの話題が多く、少し深く知ろうと思うと数式がいっぱい出てきて「これは無理」と思うことも多いかと思います。

筆者は技術系シミュレーションなども行うため、数式を含む計算の解説を読んでプログラムを実装したり、理論どおりの計算結果にならないプログラムのデバッグを頼まれて、数式とプログラムを比較したりすることもあります。

だいたい大学の理工系の学部で習う範囲はわかりますが、それでも知らない技術分野の場合、数式を理解するのに苦労することも珍しくありません。仕事は多様ですが、数式が出てくる仕事も対応しています。

### 公式の暗記よりも大事なこと

まず、数学は暗記科目ではありません。さまざまな公式を暗記させるような授業や参考書に出くわしたと思いますが、すべて忘れましょう。現実に数学が必要な世界では、公式はいつでも見ればよく、便利に利用するものです。公式をいくら暗記したって、数学ができるようにはなりません。公式の意味、あるいは意図を知り、使いこなすことが重要です。

数学では、さまざまな概念が出てきます。概念は暗記ではなく、理解し、自由にイメージし、利用できるようになることが重要です。

高校時代に三角関数のいろいろな公式を時間をかけて覚えたかもしれませんが、複素数と三角関数の関係を示すオイラーの公式($e^{i\theta}=\cos\theta + i\sin\theta$)の威力を知ってしまうと、三角関数の公式の暗記がムダと気づいたでしょう($i$は虚数)。これは、小学校で算数の範囲に限定することで難解になっていたことが、中学で方程式を習うと機械的に解けるようになることと同じです。数学では、より高度な概念を習得すると、今まで面倒だった計算が簡単かつ統一的に考えられるようになります。

高校までの数学で数学が嫌いになり学習を放棄した人もいると思いますが、コンピュータが高速になり、より高度なことができるようになればなるほど数学の重要性が増しています。数学についての知識の有無で、自分の理解できるプログラムの範囲が限定されます。確率・統計の知識は、大量のデータを高速に扱えるようになり、ますます重要になっています。

### 数学自習のコツ

数学は、わからないとなったら、何がわからないかもわからなくなります。何度読み直してもわかるようにはなりません。努力だけではどうにもなりません。数学に限りませんが、わからなくなったら、わかる時点まで戻って勉強するのが早道です。確実にわかる、自信が持てる

ところから再出発しましょう。高校レベル、あるいは中学レベルまで戻って勉強し直してみましょう。

数学は理詰めでわかることは当然必要ですが、それだけでは使いこなす、まして好きになるのは無理です。数学の世界をイメージできる、感じるレベルまでいけば、数学が好きになります。数学の点数が良かったら数学が好きというのは本物ではありません。数学の感覚、イメージを楽しむようになってやっと数学の本質がわかると思いますが、最初からそこまで行くのは無理なので、徐々に近づけるようにしましょう。

数学の勉強に必要なのは教科書・参考書と先生・仲間です。プログラミングの勉強会などと同じように、最近は数学の勉強会もいろいろ開催されています。とはいっても、地方であるとか、時間的に無理という場合も多いでしょう。でも、数学の場合、十分な時間を確保できれば自習することもできます。

## ノートとボールペンをどれだけ消費するか

数学書は読んだだけで理解するのは難しいものです。紙に数式を書いたり、グラフ、図などを描いてきちんと確認することが重要です。それも、単に書き写すのではなく、途中の計算は本を見ずに自力で計算して、最後に結果が本と一致しているか確認すると、力がつきます。計算に自信がなくなったらカンニングは大いにしてください。

書くためには、紙と筆記具が必要ですが、紙としては5mm方眼ノートをお勧めします。数式を書くときは水平線だけを意識し、グラフを描くときは目盛りとして利用し、表では罫線として、図ではグリッドとして活かせます。B5サイズの5mm方眼ノートは種類も多く、持ち歩きにも便利で、100円ショップでも入手できます。数学書1冊勉強するのに数冊必要になるでしょうが、とても安い投資で、保存しておけば学習記録にもなります。

筆記具は、鉛筆、シャーペン、ボールペン、消えるボールペン、そのほか何でもかまいません。とにかく延々と書く癖を付けましょう。本に書いていることを鵜呑み(うの)にするのではなく、もしかして印刷ミスがあるかもしれないくらいの疑いを持ちながら計算しましょう。数学書には特殊な記号が多く、ミスが見つかることも珍しくありません。しっかり計算すると、ボールペンのインクがなくなります。そのくらい計算すると、実力もついてきます。

## プログラミングへの応用は大学数学の復習から

学校の数学は、授業科目として勉強していた場合が多いでしょう。でも、今はプログラミングのために数学が必要、つまり差し迫った理由があって勉強しているのではないでしょうか。過去に数学を勉強しなかったことを悔やんでもしかたがありません。筆者も過去にもっと数学を勉強しておけばよかったと思いますが、プログラミングを始めたころは人工知能やビッグデータなどが今のように隆盛になり数学がここまで重要になると想像できませんでした。

プログラミングといってもいろいろな分野があり、それぞれで使う数学が違います。それでも、ほぼ共通して必要となる数学分野は存在します。

プログラミングの本の多くは、高校の数学範囲までが前提で書かれていることが多いので、高校数学で挫折した場合や、高校数学を忘れている場合は、高校数学の復習から始めてください。高校数学の場合、多数の学習参考書があり、レベルやていねいさもかなり自由に選べます。

もう大学入試はないので、難問、奇問を解ける必要はありません。基本をきちんと理解するだけで十分なので、できるだけていねいに説明している参考書で勉強するのがベストです。学習参考書の例題を自分で解き直し、練習問題を解く程度で、問題集まで解く必要はありません。

高校数学が大丈夫の場合は、高専・大学教養

レベルの数学をマスターしましょう。

大学レベルの数学書となると、高校までと違い、延々と理論的な説明や計算が続いていると感じ、急に難しくなったと思うでしょう。実際にそう感じる学生は多いようですが、大学1、2年で教える数学をきちんと習得していないと、理工系の場合には専門分野の勉強に行き詰まることがあります。文系でも、経済学などでは数学まみれになって、こんなはずではなかったと思うこともあるでしょう。文学、芸術の分野でもコンピュータ利用が進み、数学の利用が増えています。

## どんな本を読むべきか

大学レベルの数学書でも、非常にていねいに、まるで受験参考書そっくりの体裁で書かれた本もあります。一般の大学1、2年向けの本格的な教科書に比べると説明範囲が狭かったりしますが、専門課程へ進むために必要となる数学のほぼ全範囲を非常にていねいに説明しているシリーズがあり、理工系の大学の生協で並んでいるものに、マセマの『大学数学キャンパス・ゼミ』があります（図1）。

全9巻からなり、理工系の1、2年、一部3年くらいまでの数学をほぼ網羅していて、各巻の関連が矢印で示されています。とくに、最初の微分積分と線形代数は、ディープラーニングはもちろん多くの分野で必須とされる知識です。できれば、複素関数、ベクトル解析、常微分方程式くらいまでは勉強してほしいです。

各巻に対応した演習書もありますが、そこまで頑張る必要はないと思います。

前述のシリーズでは、いかにも受験勉強の続きの気がして嫌な気分になる場合、同様の範囲を非常にていねいに説明しているのが海鳴社から出ている『なるほどシリーズ』（村上雅人 著）です（図2）。地味な本ですが、省略のない計算が延々と示されており、独習に向きます。マセマでは詳しく扱っていない整数論や、確率統計関係が3冊もあり、最近のニーズに合っています。

いわゆる立派な数学シリーズとして、岩波書店、朝倉書店、共立出版、東京大学出版会などが大学レベルの数学をきちんとカバーする格調高いシリーズを出しています。しかし、多くは

▼図1　基本をおさえる『大学数学キャンパス・ゼミ』馬場敬之、『微分積分キャンパス・ゼミ』マセマ出版社、2017年
そのほかに線形代数、統計学、複素関数、ベクトル解析、常微分方程式、フーリエ解析、ラプラス変換、偏微分方程式など（http://www.mathema.jp/）

▼図2　独習に向いている『なるほどシリーズ』村上雅人、『なるほど微積分』海鳴社、2001年
そのほかに線形代数、確率論、統計学、整数論、虚数、複素関数、微分方程式、回帰分析、ベクトル解析、フーリエ解析など（http://www.kaimeisha.com/）

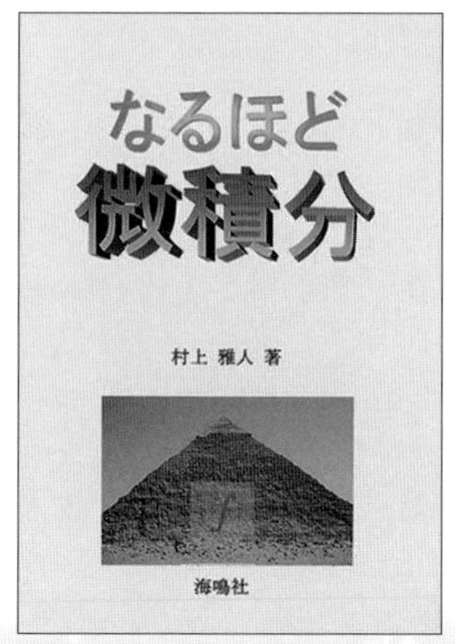

難しいので、やさしいていねいな本が済んでから仕上げとして勉強するにはとても良い本です。

高校数学も無理、延々とシリーズを読破するのはとても無理だけれど、数学的な考え方をしっかり身に付けたい場合に適した数学書もあります。

『虚数の情緒・中学生からの全方位独学法』(吉田武 著)は、中学生レベルから始めて、最後は数学的にも大変と思われている量子力学の説明まで書かれている1,000ページの分厚い本です(**図3**)。虚数についての本というより、数学とは何かを虚数を通して延々と語っています。途中で野球のバットの話がやたらに詳しくなりますが、数学の本質に触れてみたい人にはお勧めの本です。

**▼図3　吉田武、『虚数の情緒・中学生からの全方位独学法』東海大学出版部、2000年（https://www.press.tokai.ac.jp/）**

**▼図4　トランスナショナルカレッジオブレックス編、『フーリエの冒険』言語交流研究所ヒッポファミリークラブ、2013年（http://www.lexhippo.gr.jp/）**

『フーリエの冒険』は、数学ではなく人間の多言語を子供のころから使おうという小学生から大人までの集まりが、ことば(音声)は波なんだから、波について勉強しようと考え、どんどん進んで行ったら、sin、cosはもちろん、虚数も出てきて、波を分析したらフーリエ解析にたどり着いてしまうという話です(**図4**)。記述は小学生が習得し、別の小学生にもわかるように図を多用して非常にていねいに説明します。高校で習う三角関数は試験のためだけの勉強という感じですが、ちゃんとした目的で三角関数、虚数が使われる例になっていて、数学教育のあるべき姿になっています。

## おわりに

コンピュータで利用する数学は、理工系全学科共通の数学とは別に、離散数学、整数論、グラフ理論、集合、論理、代数学などが必要になります。アルゴリズムについて深く知ろうと思うと、このあたりの知識が必要になりますが、大学教養レベルの数学を済ませてからでよいでしょう。レベルがさらに上がってしまうので、今回は説明を省略します。

数学に限らず、勉強はとにかくモチベーションが大切です。数学の勉強に必要な書籍や情報はいっぱいあり、モチベーションがあれば大学レベルくらいは習得が可能になっています。

数学の勉強は、ゆっくりペースが重要です。プログラミング言語の学習のペースではとても無理です。ゆっくり時間をかけて考えたり悩んだりしながらで大丈夫です。1日勉強して1ページも進まないことも珍しくはありません。ゆっくり、でも継続的に勉強すれば、きっと数学ができるようになります。SD

3-6

# 関数型プログラミングと数学

## 両者における「関数」の違いを探る

Author 五味 弘(ごみ ひろし) 沖電気工業株式会社

関数型プログラミングにおける「関数」、それ以外のプログラミングにおける「関数」、そして数学における「関数」は、それぞれ性質が異なります。LispやJavaで数学のモデルを実装しながら、それらの違いについて考察しましょう。

## 関数型プログラミングの関数は数学の関数と同じ?

関数型プログラミングの入門書注1の多くでは、関数型プログラミングにおける関数とは数学の関数と同じである、ということから始まっています。果たして、本当に同じものでしょうか。それよりも何よりも、プログラムの関数とは何者でしょうか。そしてそもそも、数学の関数の正体はなんでしょうか。

関数型プログラミングの世界は数学に彩られています。関数型プログラミングの計算モデルはラムダ計算と帰納関数(再帰関数)から始まり、項書き換え系など、いろいろな数学的な計算モデルがあります。また、これらの計算モデルの基礎となる代数学、さらに群論から圏論などの離散数学の多くの分野が、関数型プログラミングの世界をキラキラときらびやかに、そしてうっとうしいものにしています。

それでは本題に戻って、関数型プログラミングの関数は数学の関数と同じものでしょうか。この答えは「初心者で純粋な方」への答えはもちろんyesで、「中級者以上でひねくれた方」への答えはnoです。これが、理想世界の数学と現実世界のプログラミングのギャップ(萌え)になります。

この、yesともnoともはっきりしない答えの根拠(言いわけ)を知るために、次節から数学の正体を炙(あぶ)り出していきます。

## 数学の関数と関数型プログラミングの違いとは?

ここではsinやcosのような数学の関数とはどんなものか、それが一般のプログラミングの関数や関数型プログラミングの関数とどこが違い、どこが同じなのかをみていきます(先に**図1**にまとめています)。

### 参照透過性と副作用

関数とは入力として引数を与えて、出力として値を返すものです。ここまでは数学でも、プログラミングでも同じです。値を返さない関数は関数ではありません(voidという単語は忘れてしまいましょう)。

私たちが算数の時代から習っている関数に、2項演算子の+(プラス)があります。それでは最初にこの+を、小一時間ほど問い詰めていくことにしましょう。ところで1+2は3になります。これは関数+が入力として1と2の引数を受け取り、+関数の中でそれらを足し算して、その結果、出力として3の値を返すということです。これは小学生でもわかるものですが、これが数学の第一歩です。

注1) 「『はじめてのLisp関数型プログラミング』、五味弘 著、ISBN 978-4-7741-8035-9」でも数学の関数と同じと言っています。

## 関数型プログラミングを彩る数学のいろいろ

本文で出てきた数学用語を少し紹介したいと思います。

ラムダ計算（lambda calculus）は、3個の計算規則だけで関数の定義と適用を定めたものです。帰納関数（再帰関数、recursive function）も、計算モデルとして原始再帰関数など5個の関数を用意して再帰関数での計算可能性を示しています。関数適用を項の書き換えとしてとらえた項書き換え系（term rewriting system）は、関数の評価戦略などで使われます。群論（group theory）は、コンピュータ的に言えば関数（2項演算子）適用の基礎となるものであり、圏論（category theory）もコンピュータ的に言えば型を持った演算子の基礎となるものです。離散数学（discrete mathematics）は連続でない離散した値（例：整数）を扱う数学の一分野です。ここはコラムですので、わからなくても気にする必要はありません。安心してください。

今回はこれらのキラキラしている数学用語を本章の枕と落ちに使いますが、これらを詳しく解説することはしませんので安心してください。でも知っていると、関数型プログラミングを暗記の世界から応用の世界へ導いてくれます。知っているとお得です。それに知っていれば、周りのプログラマに見栄も張れます（たぶん）。

▼図1　分野における「関数」の違い

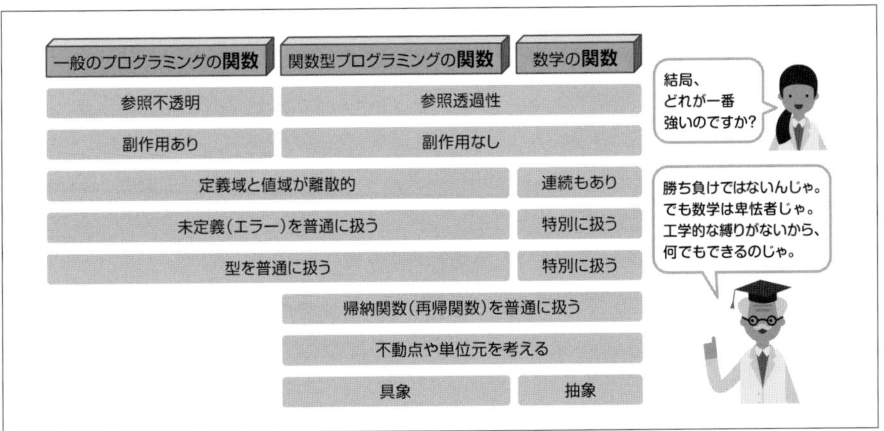

| 一般のプログラミングの関数 | 関数型プログラミングの関数 | 数学の関数 |
|---|---|---|
| 参照不透明 | 参照透過性 | |
| 副作用あり | 副作用なし | |
| 定義域と値域が離散的 | | 連続もあり |
| 未定義（エラー）を普通に扱う | | 特別に扱う |
| 型を普通に扱う | | 特別に扱う |
| | 帰納関数（再帰関数）を普通に扱う | |
| | 不動点や単位元を考える | |
| | 具象 | 抽象 |



ここで気づいてほしいのですが、数学の関数は入力と出力だけの作用だけで、それ以外の作用（これを副作用と言います）がなく、どこからでも・いつでも・誰が関数適用をしても、同じ入力に対しては同じ出力結果を返します。これを参照透過性と言います。これがプログラミングの関数との大きな違いです。プログラミングの関数は代入文などで、副作用を積極的に使っているものが多いのです。「副作用がある関数は関数ではない」と謳（うた）う数学者もいるほどです。

一方、関数型プログラミングは関数で副作用を持たないようにプライドをかけて作るために、数学の関数と同じように参照透過性を持ちます。数学の関数と関数型プログラミングの関数は同じと言えます。

ただこの話は、“純粋な”関数型プログラミングの世界での話です。少しでも副作用が入る不純な関数型プログラミングでは、純粋な数学の関数とイコールではありません。ストリーム（無限リストによる実装）を使って入出力を副作用なしにしたと言い繕っている関数型プログラミング言語でも、その言語処理系内部では副

## Column 参照透過性と副作用

参照透過性(referential transparency)とは、同じ入力に対して、いつでもどこでも同じ出力を返すことです。参照透過性があると、プログラム置換や並列動作が簡単にできるというメリットが生まれます。参照透過性のためには関数に副作用がないことが必要です。

副作用(side effect)とは、関数の主作用——入力から計算して出力する——以外の作用のことです。たとえば、入力と出力以外の状態を変化させる作用です。入力で与えないグローバル変数やファイルなどの状態を変化させると副作用が生じ、参照は透過的でなくなります。もちろん数学の関数には副作用がありませんので、参照透過になります。副作用があるプログラムの関数と区別するために、プログラム側から見た呼び名としての数学の関数を純粋関数(pure function)と言います。

作用が生じています。たとえばGC(ガベージコレクション)は透過的に動作しているように見えても、それを保証できません。しかし外側から見れば参照透過性を持ちますので、安心してください。

**リスト1**を見てください。たとえば関数addには副作用がありません。関数addにはグローバル変数などがありませんので、状態を変化させません。いつどこからadd関数を適用しても、同じ入力に対しては同じ出力です。この意味だけにおいては数学の関数と同じです。一方、関数addUpはグローバル変数totalの値(状態)を変化させています。totalの値によって、同じ引数でもaddUpの返す値が異なりますので、参照透過ではありません。入力で与えない変数の値やファイル、データベース、ネットワークなどの入出力などの状態を変化させるプログラムの関数は参照透過ではないのです。

数学のように参照透過性があると、いつどこで関数を実行しても同じ結果を返すので、引数の実行順序を好きなようにできます。たとえば、引数の値が必要になるまで実行を遅延させることができます。**リスト2**の関数condで`cond(condition, add(1, 2), add(3, 4))`を実行するときに、conditionの値により`add(1,2)`か`add(3,4)`のどちらかの実行は不要になります。このとき、実行が必要なconditionだけを実行する戦略を「遅延評価による必須引数評価」戦略と言います。なんか格好いいです。

ここまでは、数学の関数は一般のプログラミングの関数とは異なることを紹介しましたが、関数型プログラミングの関数との違いは紹介していません。次からその違いを見ていくことにしましょう。

### 値の連続性と範囲

関数の引数の定義域(domain)や値の値域(range)について考えてみます。小学校低学年なら四則演算の定義域と値域は自然数の範囲になります。負数を習えば整数の範囲になります。分数や小数を習えば有理数の範囲になり、平方

**▼リスト1　副作用のない関数と副作用のある関数(Java)**

```
public static int add(int x, int y){ return x + y; }  ←副作用がない

public static int total = 0;
public static int addUp(int x){ return total = total + x; }  ←副作用がある
```

**▼リスト2　遅延評価による必須引数評価戦略にしたほうがいい関数(Java)**

```
public static int cond (boolean c, int x, int y){ return c ? x : y; }
```

## Column Haskellのモナドは副作用を救うのか？

プログラミング言語Haskellでは入出力の副作用に対応させるために、無限リストによる実装よりも、命令型言語の動作を普通に実現できるように、"後付け"でモナドを導入しました。モナドにより、静的な型付けの厳密さで副作用のある個所とない個所をきっちり分離できるようになりました（ここがモナドのすごいところです）。

これは、関数型プログラミングの枠組みで命令型言語を実現するとどうなるか、という解になっています。しかし結局、関数型プログラミングに堂々と副作用を入れてしまいました（なんたることでしょう）。つまりモナドの採用はある意味、関数型プログラミングの敗北です。数学者は見逃してあげてください。しかし善良なプログラマには、そうだとわからないように理屈を並べて煙にまいています（という噂があります）。噂ですから安心してください。

## Column Common Lispと無限長の整数

Common Lispでは一般的に無限長整数をサポートしていますので、（メモリの許す範囲内で）無限長の整数が扱えます。Javaにも無限長整数としてjava.math.BigIntegerがありますが、四則演算にもいちいちメソッド呼び出しが必要です。さらにCommon Lispには分数型がありますので、分数（循環小数）の範囲では近似値でなく正確です。2割る6は1/3と分数を返します。ここはCommon Lispの自慢できる点です。

**▼表1　数学とプログラミングにおける値**

| | 定義域と値域 | 説明 |
|---|---|---|
| 数学 | 自然数、整数、分数、無理数、虚数 | 範囲は無限 |
| Java | 整数、離散的な小数（浮動小数点数） | 範囲は有限 |
| Lisp | 整数、分数、離散的な小数、離散的な複素数 | 範囲はメモリ限界まで |

根などの無理数を習えば実数、虚数を習えば複素数になります。有理数や実数、複素数の段階になると定義域や値域は離散的でなくなり、稠密（ちゅうみつ）になり、連続になります。

一方、デジタルコンピュータはどこまでいっても離散的な値を使います。floatも近似値という離散値になります。数学とプログラミングはまずここが違います（**表1**）。

加えて、コンピュータの整数は数学の無限長の整数とは違い、ある範囲内に制限された整数です。これは整数と呼ぶにはあまりにもインチキで詐欺的な整数です。intさん、あなたのことですよ。longさんでも駄目です。さらに悪いことに、範囲を越えるとエラーになるのはマシなほうで、符号が逆転したりもします。まったく、無責任な整数です。

このように、プログラミングの関数の定義域と値域の範囲は小さいもので、無責任なものです。「コンピュータって、なんて正確でなく、それに小さな世界なんだ！」（数学者からの感想）。

このような違いはコンピュータから見れば、いちゃもんのように思えるでしょう。理想世界の数学でもない限り無限は存在せず、現実世界の工学では有限が当たり前です。離散的なのが悪いのであれば、CDを聞かずにアナログレコードを聴けと言いたくなります。それよりも何よりも、これは関数型プログラミングの責任ではありません（きっぱりと、責任を一般のプログラミングに転嫁）。

### 未定義のエラー

小学校で習った算数では、四則演算の領域は定義されている範囲で計算していました。つま

りプログラミングでよく起こる範囲外のエラーはありませんでした。x+yは必ず計算でき、値も範囲内に収まっていました。

でも割り算だけはそうではありませんでした。小学校のときにx÷0はやってはいけないと言われていました。つまり0除算を含んだ代数ではなく、0除算を除いた代数でした。一方、プログラミングの世界では0除算も含めたプログラムが要求されます。つまり定義域として第2引数に0を含み、値域としてエラーを含むようになります(**リスト3の(1)**)。

もちろん数学でもこれに対応するために、たとえば「⊥(ボトム)」のような、未定義の値を半順序で定義することになりますが……もちろん小学校では習いません。

しかしプログラミングの世界では「正常系はサルでも作れる。例外処理を作れるのはヒトだ」という言葉があります。実際、プログラミングの多くの時間が例外処理に費やされています。残念ながら関数型プログラミングでもそうです。0除算だけではありません。

たとえば、最初のfact(**リスト3の(2)**)は負数の入力に対しては未定義になります。実際にはスタックを使い潰してスタックオーバーフローのエラーになります。そして例外処理を入れることになり、2番めのfact(**リスト3の(3)**)になります(なお、3番めのfact(**リスト3の(4)**)は階乗計算の定義に反します)。このように、プログラムは段々と例外処理だらけとなっていき、きれいな数学の世界から乖離(かいり)していきます。実に残念です。

### Column 半順序

半順序(partial order)とは、任意の2個の要素すべてに順序が定義されていない順序のことを言います。身近なところでは、複素数どうしの順序が挙げられます(一方、任意の2個の要素すべてに順序が定義されているものを全順序と言います)。値が定義されているかどうかを「未定義⊑定義」で示せば、⊥⊑1や、⊥⊑2の順序はありますが、1と2の間では⊑で順序付けできず、半順序になります。

## 型

プログラミングの世界には型があります。も

**▼リスト3　未定義のエラー(Java)**

```
// 未定義を含む除算
public static int div(int x, int y){ return x / y; }

// 未定義を含まない除算(1)
public static int div(int x, int y){
  if (y == 0) throw new IllegalArgumentException("0以外の値で割ってください");
  return x / y;
}

// 未定義を含む階乗計算(2)
public static int fact(int n){ return n == 0 ? 1 : n * fact(n - 1); }

// 未定義を含まない階乗計算(3)
public static int fact(int n){
  if (n < 0) throw new IllegalArgumentException("nは0以上にしてください");
  return n == 0 ? 1 : n * fact(n - 1);
}

// 負数に対してインチキな階乗計算(4)
public static int fact(int n){ return n <= 0 ? 1 : n * fact(n - 1); }
```

▼リスト4　型を多用するプログラミング(Java)

```
Person birth(String name, float height, float weight, Sex sex, ...){ …(省略)… }
```

▼リスト5　コンパイラが行う型ディスパッチャをプログラムで表現(Java)

```
public static Object add(Object x, Object y){
  if (x instanceof String) return (String)x + (String)y;
  if (x instanceof Integer && y instanceof Integer) return (Integer)x + (Integer)y;
  …(省略)…
```

ちろん数学にも型の概念を導入した多ソート代数[注2]があり、圏論などもあり、型を扱えます。しかし多ソート代数は一般的でなく、型がない単一ソートの代数が数学だと思われています。もちろん小学校では多ソート代数は習いません。

プログラミングの世界ではこの型を自由自在に使います(**リスト4**)。型をいちいち宣言するのは手間ですが、苦労して型宣言したプログラムは読みやすくなり、何よりもコンパイラが最適化しやすくなります。もちろん実行効率も良くなります。Lispなどの型なし言語もありますが、もちろん内部実装ではきちんと型を持っています。

プログラミングにおける関数も、異なる型に対して多重定義(overload)できます。たとえば、文字列の連結関数は+であり、整数も加算関数も+です。つまり、"abc"+"def"で"abcdef"を返し、さらに1+2で3を返し、さらに"abc"+3のように型を越えて足し算ができます(この場合は文字列の連結関数が呼ばれます)。この点は、プログラミングが数学よりも勝っているように見えます。しかし、このような多重定義は嫌われます。たとえば、言語処理系が実行時に**リスト5**のような仕事をしなければいけません。これは面倒です。

### 不動点

不動点とは`f(x) = x`が成り立つ点のことを言います。不動点は再帰プログラミングや再帰的構造を持つデータ型の意味論を考えるときや、コンパイラの最適化判断に使います。しかし不動点は、一般のプログラミング言語の関数では考えることもしません(きっぱり)。そもそも不動点って何？　おいしいの？　それってプログラミングできるの？という話になります。これは数学者と関数型プログラマ、コンパイラ屋(言語屋)さんぐらいしか気にしないものですが、単位元と同じくらい大事なものです。また不動点は、型のあるプログラミング言語ではプログラムとして表現できませんが、関数型プログラミングの計算モデルであるラムダ計算では不動点関数(不動点オペレータ)もラムダ式で表現できます(これは自慢です)。この自慢のラムダ計算は後述します。

ここまで、数学の関数とはどんなものであったのか、普通のプログラミングの関数との違い、さらに関数型プログラミングの関数との違いを見てきました。それでは次に関数型プログラミングで使う数学分野を見ていくことにしましょう。

## 関数型プログラミングで使う数学――ラムダ計算

最初に紹介したように、関数型プログラミングで使っている数学にはいろいろなモデルがあります。今は群論や圏論などの参考文献が多くありますので、ここでは関数型プログラミングの基礎であるラムダ計算を少し見ていくことにします。圏論よりは簡単ですので安心してください。

注2)　多ソート代数(many-sorted algebra)や混交代数(heterogeneous algebra)では台(プログラミングの型に相当)があり、複数の型を扱うことができます。

▼図2　ラムダ計算

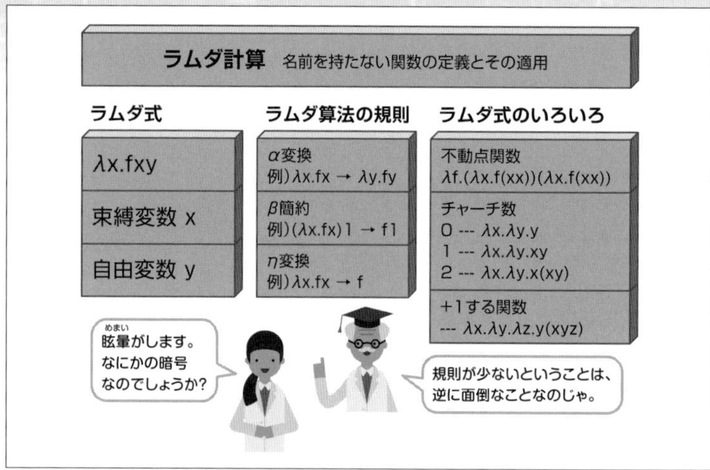


ラムダ計算は、λx.fxのようなラムダ式で計算します。ラムダ式はλのあとに変数xの束縛(ローカル変数の宣言)を書きます。「.(ドット)」のあとに関数定義をfxのように書きます。このときfは自由変数(グローバル変数で関数名に相当)で、λxで束縛されたxは束縛変数(ローカル変数)になります。α変換はλx.fxをλy.fyのように、束縛変数の名前xをyに自由に変えることができる規則です。β簡約は関数適用の規則で、ラムダ計算の中心になります。(λx.fx)1は束縛変数(ローカル変数)xに1を束縛(代入)して、f1に簡約する規則になります。η変換は関数の等価性(外延性)の規則で、すべてのxに対してλx.fxが同じ値を返すときは、fと等価であるとする規則です。プログラマの方に理解してもらうために、ラムダ規則をJavaやLispで表現してみました(**リスト6**)。

▼リスト6　JavaとLispのラムダ規則

```
// Java[事前準備]
  private static interface Lambda { public Object f(Object x); }
  public static Object f(Object x){ ... }
; Lisp[事前準備]
  (defun f (x) ...) ; Lispの準備は簡単だけど、Javaは準備が面倒……

// Java[α変換]
  Lambda lambda = (x) -> f(x); ⇒ Lambda lambda = (y) -> f(y);
; Lisp α変換
  (lambda (x) (f x)) ⇒ (lambda (y) (f y))

// Java[β簡約]
  Lambda lambda = (x) -> f(x);
  lambda.f(1); ⇒ f(1)
; Lisp[β簡約]
  ((lambda (x) (f x)) 1) ⇒ (f 1)

// Java[η変換]
  すべてのxで(x) -> f(x);が同じ値を返すとき関数は等価である
  (x) -> f(x) ⇒ f
; Lisp[η変換]
  すべてのxで(lambda (x) (f x))が同じ値を返すとき関数は等価である
  (lambda (x) (f x)) ⇒ f
```

## ラムダ計算とは

ラムダ計算とは無名関数(匿名関数)で計算するもので、関数定義と関数適用を3個の規則(α変換とβ簡約、η変換)で表したものです(**図2**)。Lispは、このラムダ計算を基本とする最初のプログラミング言語です。ここはLispの自慢できるところです。Javaにもだいぶ遅れて、このラムダ計算が導入されました。

それでは、このラムダ計算は何の役に立つのでしょうか。本来は関数型プログラミングの計算モデルとして理屈を与えて、計算可能性を保証していました。しかしこのラムダ計算は、プログラミングにも大いに役立ちます。実際、ラムダ式の導入がJavaやC#などで行われたのが、その証拠です。

ラムダ計算では関数名を付けずに関数適用を行います。そうなのです。名前をわざわざ付ける必要がありません。プログラマは命名でどん

▼リスト7　JavaとLispでのラムダ式の関数plus

```
// Java［事前準備］
private static interface Binary<T1, T2, R> { R call(T1 x, T2 y); }
// Java［2項演算子plusの実行］
Binary<Integer, Integer, Integer> plus = (x, y) -> x + y; // 関数を値として格納
System.out.println(plus.call(1, 2));

; Lisp［2項演算子plusの実行］
(setf plus (lambda (x y) (+ x y)))   ; 関数を値として格納（Lispは簡単！）
(funcall plus 1 2)
```

▼リスト8　Lispの不動点関数λf.(λx.f(x(x)))(λx.f(x(x)))（ただし内側優先で実行すると無限再帰になります）

```
(lambda (f) ((lambda (x) (funcall f (funcall x x)) (lambda (x) (funcall f (funcall x x))))))
```

なに苦労をしてきたことか。変な名前を付けると情報量がないと怒られ、良い名前を付けたと思ったらコーディング規則に合わずボツにされ……。その苦労から解放されます。どうせ一瞬だけ使う関数にコストを掛けるのは馬鹿げています。文字数もなるべく少なくしてキーボードの打鍵数も少なくしたいものです。これが一番大きい効果です（きっぱり）。

さらに便利なのが（実はこちらが重要だと教科書には書いてありますが）、関数をデータとして扱うという習慣が身に付くことです。**リスト7**の関数plusはラムダ式で表されたデータです。このようにラムダ計算では関数もデータも同等です。どちらもファーストクラスオブジェクト注3です。intを扱うのと同じ感覚で関数が扱えます。関数をデータのように気楽に変更でき、人工知能やIoTのプログラミングで求められる動的なプログラミングもお茶の子さいさいです。

## 不動点関数

ここまでがラムダ計算の実のあるところです。次に、前節でも紹介した不動点関数を見ていきますが、格好付けの意味もありますので、わからなくても大丈夫です。でも知っていると見栄は張れます（たぶん）。それでは不動点関数がラムダ式で表されることを見ていきます。

ラムダ計算の（最小）不動点関数は`F = λf.(λx.f(x(x)))(λx.f(x(x)))`になります。ここから、`F(f)`が`f(Y(f))`になることを示します。

```
F(f) = λf.(λx.f(x(x)))(λx.f(x(x)))(f)
```
（fにfを代入）
```
(λx.f(x(x)))(λx.f(x(x)))
```
（`f(x(x))`のxに`λx.f(x(x))`を代入）
```
f((λx.f(x(x)))(λx.f(x(x)))) = f(F(f))
```

不動点になりました。このようにラムダ計算は不動点も自ら定義できました。この不動点関数をLispで表現してみます（**リスト8**）。

参考までにJavaでの不動点関数の定義も紹介します（**リスト9**）。こちらは遅延評価もしていますので、無限再帰にはなりませんので、安心してください。しかしJavaのジェネリック型は、こうした関数に対して表現力が貧弱ですから、それを使わずにキャスト演算しています。

## チャーチ数

また、データ（数値）もチャーチ数と呼ばれるラムダ式で表現できます。たとえば、0は$\lambda x.\lambda y.y$で、1は$\lambda x.\lambda y.xy$、2=$\lambda x.\lambda y.x(xy)$になります。さらに1プラスする関数はラムダ$x.\lambda y.\lambda z.y$

---

注3）ファーストクラスオブジェクト（第一級オブジェクト、first class object）とは、関数の引数にも値にもなり、ほかのどんな場所でも使える万能のオブジェクトです。

▼リスト9　Javaの不動点関数と階乗計算で動作確認（同僚の鈴木寿郎氏作）

```
public class FixedPoint {
    private static interface Nullary { Object call(); }
    private static interface Unary { Object call(Object x); }

    public static void main(String[] args) throws Exception {
        Unary Y = (f) -> { Unary func = (x) -> {
                Object y = ((Unary) x).call(x);
                return ((Unary) f).call(y);
            };

            // 遅延評価の代用として零引数のラムダ式を結果とする関数を作る
            Unary arg = (x) -> (Nullary) () -> {
                Object y = ((Unary) x).call(x);
                return ((Unary) f).call(y);
            };
            return func.call(arg);
        };
        System.out.println("Y = " + Y);

        Unary g = (f) -> (Unary) (i) -> {
            int n = (Integer) i;
            if (n == 0) return 1;
            else {
                // 遅延された評価をここで実行する
                Unary f1 = (Unary) ((Nullary) f).call();
                Object r =  f1.call(n - 1);
                return n * (Integer) r;
            }
        };
        System.out.println("fac(5) = " + ((Unary) Y.call(g)).call(5));
    }
}
```

(xyz)となります。このラムダ式を使うと0+1=1や1+1=2になります（詳細は『はじめてのLisp関数型プログラミング』を参照してください）。不動点関数もデータも関数もラムダ式で定義できるラムダ計算は万能です。万歳！

関数型プログラミングで使う数学のうち、基礎的なラムダ計算を紹介しましたが、ほかにも帰納関数や群論、圏論などの離散代数や、それらを含む離散数学があります。しかしこれらは、基礎となるラムダ計算を先に学んでおけば、その都度必要になってから学ぶのでも遅くはありません。安心してください。

## 数学こそ関数型プログラミングの大事

関数型プログラミングと数学の妖しい関係を見てきました。両者は切っても切れない縁で結ばれています。しかし、まだまだ紹介していない帰納関数、項書き換え系、そして群論から圏論、代数学などがあります。これらはプログラムの意味論を論じたり、コンパイラの最適化で使ったりするだけではありません。もっと実務的な、副作用のないプログラミングの方法や遅延評価をする理論的背景になり、関数型プログラミングを暗記の世界から応用の世界へ導いてくれます（重要なことですから2回めです）。

若いときに数学を学ぶほうが、そのあとでそれを使える時間が多い分、お得です。この意味では、小学校でプログラミングを習うよりも算数をしっかりと身に付け、数学的なプログラミングを身に付けたほうが良いかもしれません。これからも楽しみながら数学とプログラミングをしていきましょう。SD

# プログラマと数学

## 数学と仲直りしたい

Author よしおかひろたか

### 数学は世界を記述する言語

3年ほど前に「本を読んで数学と戯れる」というタイトルでエッセイを書きました（126ページ参照）。本稿はその続編です。

私は工学部出身ですが、数学が不得意です。工学部出身者は数学が得意というのは誤解です。数学の単位を落とした人は自分も含め少なからずいます。しかし、自分は数学と仲直りしたい、仲良くなりたいと思っています。

——それはなぜか。

数学は世界を記述する言語です。英語を読み書きできれば、英語を理解するいろいろな人と話をできるようになります。コミュニケーションの世界が広がります。それと同様に数学のスキルを持てば、世界をモデル化し、それを理解できるようになります。

自然言語だけではなく、数学という人工言語を使えるようになりたいのは、世界の新しい見方を数理の力で読み解きたいからです。エンジニアや研究者にとって必要なスキルです。思い返してみると、数学が不得意になったのは、数学を言語としてとらえるのではなくて、テストにパスするために公式をひたすら覚える暗記科目だと思ったからでした。暗記科目ってつまらないですよね、私は苦手でした。先のエッセイで紹介した『虚数の情緒』を読んで「数学って暗記科目じゃない」ということに気がついて、数学と仲直りしたいと思ったしだいです。

### 受験勉強数学の向こう側

数学を学ぶのに年齢は関係ありません。まして文系理系も関係ないです。学びたいか、学びたくないか。仲良くなりたいか、そうじゃないか。

私を含めて数学嫌いの人って、受験勉強やテストの思い出がトラウマになっていて、正解が1つしかない無味乾燥のものというようなイメージを数学に持っているのではないかと想像します。数学が持つ魅力を受験勉強は毀損しているのではないかと思います。入学試験は多数の志願者を振り分ける、すなわち落とすために難易度の高い問題を短時間で解くことを要求します。そのためのテクニックを学ぶというのが受験勉強になります。いかに効率よく問題を解くかということに特化したトレーニングです。公式をいっぱい暗記してすばやく問題を解いていくという訓練をひたすらしているというイメージです。

社会に出て、そのような正解のある問題を短時間で解くという状況にあったことはほとんどありませんでした。数学って何かに役に立つのか、なんてことをいい歳をした大人が言ったりしますが、その見方があまりにも視野狭窄だとしても、一定の説得力があるから始末に負えません。

自分を振り返ってみると恥ずかしながら世界をモデル化するということを自分ごととして行ってきたことはありませんでした。

## 「数学と仲直りしたい。」

就職してコンパイラやデータベースエンジンの開発につきましたが、コンピュータサイエンスの知識やデータベース工学の知識は役に立ちましたが、数学や物理の知識を仕事で必要とすることはほとんどありませんでした。コンピュータサイエンスの知識ですらあまり活用した覚えがないのは皮肉ですね。

そんなこんなで、ぼーっと生きてきたわけですが、2018年ごろDeep Learningの教科書[注1]を社内で読む会に参加して、自分の担当だった章がまったくもってチンプンカンプンだったため、さすがにこれはやばいと遅ればせながら気が付いたしだいです。

そのときは、同僚に助けられどうにかこうにか担当の部分を発表したのですが、数学的素養がなさ過ぎて恥ずかしい思いをしました。

満60歳になったのを機に定年退職をして大学院博士課程に入学して、さまざまなことを勉強し直しているのですが、いかに自分は大学時代に何も学んで来なかった、こんなことも知らずによく生きてこれたなと実感する日々を過ごしています。

単に知識がないのなら、学べばいいし、スキルがないのならそのスキルを身に付けるトレーニングをすればいいというだけのことです。当たり前のことを当たり前に愚直に学んでいくことの大事さを1回目の大学時代から約40年たってあらためて知るという機会に恵まれました。気がつくのが遅いですけど、人生おもしろいです。

## 世界をモデル化する方法

いま、世界をモデル化する言語としての数学を扱えるようになりたいと強く思います。私はまだ残念ながら世界を観察して、自分でそれをモデル化する能力がありません。先人が構築したモデルを、どうにかこうにか読み解くという段階です。

たとえば、感染症の流行をモデル化するものとしてSIRモデル[注2]というのがあります。新型コロナの流行シミュレーションで紹介されました。S（感受性保持者）、I（感染者）、R（免疫保持者）として、Sの人（まだ感染していない人で免疫を持たない人）が一定の確率でI（感染者になって）になってさらに亡くなるか回復してR（治って免疫保有者になる）になるという単純なモデルです。それを表すのが下記の微分方程式です。

$$\frac{dS}{dt}(t) = -\beta S(t) I(t)$$

$$\frac{dI}{dt}(t) = \beta S(t) I(t) - \gamma I(t)$$

$$\frac{dR}{dt}(t) = \gamma I(t)$$

$\beta > 0$ は感染率、$\gamma > 0$ は回復率（隔離率）を表す

世界をこのようにモデル化して、それをプログラミング言語で書き下せば、実行可能なシミュレーションになります。そして、それと現実に起こっているパンデミックと比較すると、その適合率がわかります。実際、この単純なモデルでかなり正確に感染伝搬を近似できたようです。

## 数学を学ぶのに年齢制限はない

数学は人工的な言語で、世界を厳密に表現できます。数学を学ぶことはちょうど外国語を学ぶようなものだと感じています。

数学が得意な人もいれば不得意な人もいます。好きな人もいれば嫌いな人もいます。いずれにせよ、数学が得意にせよ不得意にせよ、数学が母国語の人はいません。数学は誰でも学習によって後天的に獲得するものです。その意味で外国

注1） Goodfellow, Ian, et al. Deep learning. MIT press, 2016.

注2） URL https://ja.wikipedia.org/wiki/SIRモデル

語の習得と似ています。

子供の頃に数の概念を学びます。数字を学びます。算数として数を足したり引いたりすること学んでいきます。掛け算の九九を暗記します。筆算を学ぶと紙と鉛筆さえあれば3桁の四則演算なんかもできるようになります。電卓がなくてもちょっとした足し算引き算なら暗算や筆算でできるようになります。そして、さまざまな概念を学んでいくうちに世界を構築できるような道具を手に入れます。

人は誰でも母国語を持ちますが、数学に関しては、子供の頃から好むと好まざるとにかかわらず、何らかの形で学習することによって使えるようになったわけです。

『独学大全』注3を読むと独学にまつわるさまざまな手法が書いてあります。何をどう学ぶかに迷ったときの羅針盤として使えそうです。この本の第4部には、事例紹介で「数学」の学び方が載っています。数学だけではなくて，いろいろなものを独学に挫折して身につかなかった自分のためにあるような本です。本書を参考にしながら数学の勉強会を開催したいと思いました。

数学を学ぶのに遅いということはありません。年齢制限もありません。数学と仲良くなりたければ今から学べばいいのです。わたしはまだ道半ばですが、数学と仲良くなった暁にはまた違った世界が見えてくるという予感がします。インターネットのおかげで独学者を発見しやすくなりました。朋あり遠方より来る、また愉しからずや。どこかでみなさまとお目にかかれれば幸いです。SD

注3）『独学大全──絶対に「学ぶこと」をあきらめたくない人のための55の技法』、読書猿（著）、ダイヤモンド社、2020年、ISBN978-4-4781-0853-6

## ■編集後記

機械学習の基礎を学ぶには「数学」が大事です。本書で解説しているのは高校数学と大学の初年度・教養課程で扱う程度ですが、高校の学習指導要領の変更により、世代により知らない分野もあるようです。そうしたギャップをつなぐことができたらいいなと本書を企画しました。また、数学はシンプルに楽しさがあります。抽象化はITエンジニアにとって重要な技術ですが、まさにそのオリジナルとなるものです。ITと数学を結びつけることでより多面的なアプローチができるようになるのではないでしょうか。新しい知見が得られるようになります。数学でよりパワフルなITに！

■Staff

本文設計・組版　BUCH+
トップスタジオデザイン室
株式会社マップス
シーグレープ

装丁　TYPEFACE

担当　池本公平

Webページ　https://gihyo.jp/book/2021/978-4-297-12066-5

※本書記載の情報の修正・訂正については当該Webページで行います。

Software Design別冊

# ITと数学

2021年　5月11日　初版　第1刷発行

著者

中井悦司、橘 慎太郎、石川聡彦、貞光九月、中西崇文、辻真吾、飯尾淳、上野貴史、真嘉比愛、伊勢幸一、吉岡弘隆、平林純、及川卓也、増井俊之、藤原博文、五味弘

発行者　片岡 巌

発行所　株式会社技術評論社
東京都新宿区市谷左内町21-13
電話　03-3513-6150　販売促進部
電話　03-3513-6170　雑誌編集部

印刷／製本　港北出版印刷株式会社

定価はカバーに表示してあります。



ISBN978-4-297-12066-5　C3055　Printed in Japan

■お問い合わせについて

- ご質問は、本書に記載されている内容に関するものに限定させていただきます。本書の内容と関係のない質問には一切お答えできませんので、あらかじめご了承ください。
- 電話でのご質問は一切受け付けておりません。FAXまたは書面にて下記までお送りください。また、ご質問の際には、書名と該当ページ、返信先を明記してくださいますようお願いいたします。
- お送りいただいた質問には、できる限り迅速に回答できるよう努力しておりますが、お答えするまでに時間がかかる場合がございます。また、回答の期日を指定いただいた場合でも、ご希望にお応えできるとは限りませんので、あらかじめご了承ください。

■問合せ先

〒162-0846　東京都新宿区市谷左内町21-13
株式会社技術評論社　雑誌編集部
「ITと数学」係
FAX　03-3513-6179